平民記忆

万德雄 ● 著

重庆出版集团
重庆出版社

图书在版编目(CIP)数据

平民记忆 / 万德雄著. —重庆：重庆出版社，2008.6
ISBN 978-7-5366-9784-3

Ⅰ. 平… Ⅱ. 万… Ⅲ. 随笔—作品集—中国—当代
Ⅳ. I267.1

中国版本图书馆 CIP 数据核字(2008)第 075692 号

平民记忆
PINGMIN JIYI
万德雄 著

出 版 人：罗小卫
责任编辑：钟丽娟
责任校对：郑 葱
装帧设计：重庆出版集团艺术设计有限公司·钟丹珂

重庆出版集团
重庆出版社 出版

重庆长江二路 205 号 邮政编码：400016 http://www.cqph.com
重庆出版集团艺术设计有限公司制版
重庆新视野快速印务有限公司印刷
重庆出版集团图书发行有限公司发行
E-MAIL:fxchu@cqph.com 邮购电话：023-68809452
全国新华书店经销

开本：889mm×1 194mm 1/32 印张：11 字数：256 千
2008 年 6 月第 1 版 2008 年 6 月第 1 次印刷
ISBN 978-7-5366-9784-3
定价：38.00 元

如有印装质量问题，请向本集团图书发行有限公司调换：023-68809955 转 8005

前　言

　　平，无倾斜，无凹凸，像静止的水面那样，平分，公平，合理平行，两个平面或在一个平面内的两条直线永远不相交，地位相等，互不隶属。人一生就是这样，说话做事都平淡无奇，这就是平民人生。平民，在中国13亿人中，占了绝大多数，虽然平淡无奇，但人多力量大，也就造就了古老而文明的中华文化。平民一生，没有惊天动地地一口喝断长江水，一脚踏上昆仑山的大事，但每个人一生总高低不平地走过不少弯弯曲曲的路，攀过无数的羊肠小道，跨越过不少的石木桥，坡坡坎坎走过一生，留下了数不清的"记忆"。"记忆"没有好坏之分，实话实说，好的多多，孬的也不少，一个人，一千个人，一万个人都如此。平民无时不在想一件事：人一辈子下来，何能对得起儿女子孙，没有高档洋房、别墅，没有金卡，总有个"记忆"吧！把"记忆"留下来，说给儿孙们、朋友们听，希望、期盼、实现。盼他们刻苦读书，升官发财，光宗耀祖；盼他们勤劳耕耘，粮食满仓，猪儿满圈，牛羊成群；盼他们力战商海，财源滚滚，吃穿有余。盼望的东西很多，但最盼望留给儿孙们的还是两个字

1

平民记忆

——"记忆"。"记忆"比金钱还珍贵，你想想，每个人年轻时遇到难事，因没经验，往往决策失误走错路，迷途时无人指点，觉醒过来，又悔之晚矣。如果有个"记忆"，让他们拿着现存的"法宝"，经验、教训、绝招，把它当做一盏灯，一面镜子，去照亮自己的航程，去面对一切，就会少走弯路。就会懂得怎样处事为人，懂得人生的酸、甜、苦、辣，知道尊重人，尊重社会，尊老爱幼等等，当个聪明能干的人，对社会、对个人都有益的人。

"记忆"在这里记的都是鸡毛蒜皮之事，上不了大雅之堂。国有历史，族有家谱。中国 13 亿人，平民"记忆"，"堆"在一块，就像一座山，这座山里藏有金银财宝，当然更藏有平民"记忆"。瑞典探险家斯文·海定有一句话："世界文化体系有四个，中国、印度、罗马和伊斯兰，绝没有第五个。而这四个文化体系的交汇点只有一个，那就是古丝绸之路经过的中国文化区，绝没有第二个。"古丝绸之路，原本就是战争把地球的东西两半球之间划下的一条线。今天的人们或许无意从忘川中钩起古人用鲜血书就的历史，但是古代文明之通道，或陆或海，无一不是由刀枪开拓的。平民一生的经验、教训，"记忆"也尤为深刻。我们似乎应当深刻地记住以下两个伟大的历史事件：一个是公元前 330 年，古希腊那位 20 岁就建立了人类历史上第一个横跨欧亚非三洲的军事帝国的 "军事天才"亚历山大大帝，开始率军远征印度。从地中海到帕米尔，希腊人共建造了七十座"亚历山大城"。这些石头城中充满了希腊移民和希腊式的建筑以及雕塑或雕刻。就这样，西方人早在公元前三世纪就早已经把他们的人种和艺术植入东方。这就是所谓的罗马文化体系。另一个是大约过了两百年，一位与古希腊马其顿王亚历山大一样雄心勃勃的东方伟大君王汉武大帝刘彻，派遣其特使张骞到达西亚，张骞通西域最初的动机和亚历山大东征差不多，仅是为了在军事上联络大月氏（音支）人，以对付双方共同的凶敌匈奴人。然而正是因为此事，世界历史上著名的欧亚大陆桥"丝绸之路"的开通时间，被锁定在张骞通西域之始，即公元前114年。从此，东西方政治、经济、文化、宗教得以风云际会。在这巨大而深远的历史变迁中，伟人、领头人，无所不知，可千军万马之中的平民"记忆"却少有所闻。"记忆"无所不包，家庭、婚姻、天文、地理、物理、数学、医学、哲学、心理学、认识科学、未来学、公共关系学、城市社会学、创造学、法学、道德学等等，这就是"记忆"的理由所在。盼望一切有识之士都能在此补上一个平民"记忆"。

概而言之，每个人，走过一生，到底应该给后人留下什么？是值得每个人深思的话题……

"遗子清白"与"遗子百镞"。

爱子之心，人皆有之；想给儿女遗留些东西，也是人之常情。但是，究竟遗留什么为好？古往今来，人们的考虑却大不一样。有两位古人的考虑，发人深思。

一个是东汉杨震的"遗子清白"。他不仅自己始终保持清白廉洁之风，对后代要求也非常严格。杨震年迈时，有些老朋友劝他置些产业留给子孙。扬震坚决不肯，并意味深长地说："使后世称为清白吏之孙，以此遗之，不亦厚乎！"

另一个是后唐李存审的"遗子百镞"（镞即箭头）。李存审"出于寒微"，后投于卒伍，身经百战，屡建战功，曾官至中书令、马步总管。他虽官高权重，却不利用职权为儿子们谋取官爵。他在晚年，把儿子们叫到跟前，把过去从身上取出的箭头分赠给儿子们，并语重心长地说："尔曹生于膏粱，当知尔父起家如此也。"

杨震、李存审，一个要把为官清白的名声留给子孙，一个要把艰难创业的传统遗给后代，可谓思虑深远。

我们有些为革命事业艰苦奋斗几十年的老同志，却不大注意把好思想、好作风、好经验、好教训、好方法传给子女后代，而是致力于为子女留下一笔钱财，谋个好职位上；当今社会，有的搞企业，有的经商，有的行医，为了给后人留一笔钱，不顾一切，拼命找钱；有的领导干部或是什么有权人，为了给子女后代留下钱财，谋取职位，出国留学，竟以权谋私，搞不正之风，甚至违法乱纪，贪污挪用，行贿受贿，搞得身败名裂，遗臭万年，那就不仅害了自己，也害了后代了。

平民记忆

目录

1

帝王将相多记叙
我想有个"平民记"

　　人,在没有文字出现时,可以说话,可把大事小事记在心里,也可以物定标作记,但一般只有自己才明白。没有文字前,也有统治者,可没有历史,但也有了"记忆"。千千万万的劳苦大众在世一生,像天上的云,风一吹过全没有了。"记忆"也没有了。从祖先发明了文字开始,统治者,帝王将相就有了历史,会一个不漏。但平民没有历史,却有了"记忆",不过都只记在心中,有了文字以后,帝王将相,英雄豪杰,有了历史,不仅完善了他们的政治舞台,还增加了一个文化艺术舞台。在他们的历史和文艺作品中,他们宁愿把江洋大盗、土匪流氓请进自己的殿堂,也不会为平民百姓在旮旯的一角放一个马扎。哪怕有那么一个朝代记录下一个村落,一个小乡,一户人家的繁衍生息、衣食住行、缴税纳粮也好,也好让后人知道我们祖先的生存方式、生活状态是一幅怎样的格局和画面。也许有,却进入不了大众阅读的视角。

　　就连古代的文学作品也如我们的历史一样势利,嫌贫爱富。多情的媚眼总是抛给帝王将相,英雄豪杰,其次便是才子佳人。偶尔有人写了市井百姓的生活，也都被打入二门脚下为小说之类。小说在清朝之前乃下里巴人之作，是市井俗人看的闲书，今人称之路边文学，算不上"主流文化"。对老百姓的艺术形象，从来都缺少写实的现实主义塑造，有几个形象也都搅到了半是神话半是传说的故事之中。比如那个董永的老婆七仙女，就一半是人，一半是仙；许仙的老婆白娘子，也一半是人，一半是妖，更多作品中市井百姓的老婆都是一些脸谱化的人物。她们对人对事没有发言权，没有堂堂正正说过几句话，没有她们的席座，更没有她们的话说。

所以当今之人对中国古代老百姓们怎样春耕、夏锄、秋收、冬储只知道个大概，见不到详细的记载，更少见用文学的形式再现一幅洋溢着人气、人味的风俗画面。写帝王也只是写他们篡位夺权，枭雄争霸，腥风血雨，而少见他们相亲相爱，有点儿人味的故事。好像五千年的文明就是一部宫廷篡权，王侯战争，农民造反，才子佳人缠绵的历史。所以是英雄创造历史，还是历史创造英雄？至今也没有争论清楚。

其实把篡权、战争的历史都加在一起也只有几百年，绝大部分时间还是太平盛世的。那么在那些"和平发展"的岁月中，我们的老百姓的日子都是个怎么过法？小的地方不说，就说唐代的长安、北宋的汴梁、南宋的杭州，这样世界级的"大都会"吧，那里的市民们没有处在发达的工业时代，都靠什么生活？我们除了在影视作品中看到的开酒楼、青楼、药铺、当铺，就是挂马掌的了，古代的市井之人生活再简单也不至于如此境地。广大劳苦大众，在祖国的东、南、西、北、中，那里没有他们的足迹，也就没有他们的"记忆"。

推翻了帝制，皇帝被历史判为最坏的人，封建王朝被认定为腐朽的王朝之后,我们满脑子被灌进来的古代生活,仍是皇帝金碧辉煌的宫殿,娘娘那曲径通幽的后花园,大臣们的三叩九拜,官宦人家的花天酒地,大富大贵人家的三妻四妾。我们的文艺作品是怀着眷眷的情怀,恋恋的情结,在向我们的人民炫耀着我们祖先的辉煌。就说修万里长城吧,在我国历史上,有 20 多个朝代和诸侯国修筑过长城,而且每个朝代和诸侯国修筑长城的位置和长度都不一样。根据历史文献记载,长城超过一万里的有三个朝代,一是秦始皇时修筑的西起临洮,东止辽东的万里长城;二是汉朝修筑的西起今天的新疆,东止辽东的内外长城和烽燧亭障,全长两万多里;三是明朝修筑的西起嘉峪关,东到鸭绿江,全长 12700 多里的长城。如果把各个时代修筑的长城总计起来,大约在 10 万里以上。雄伟壮观的万里长城,它像一条巨龙,蜿蜒盘旋于高山之上,黄河之岸,渤海之滨。假如你能从远距离的航天飞机上眺望地球,唯一能清晰可辨的古代建筑物只有中国的长城。其规模浩大,工程艰巨,堪称人类古代建筑史上的一个伟大奇迹!长城的宏伟与不朽,是世界公认的。它象征着中华民族的悠久文明,凝聚着我们祖先的聪明和才智。它是历史的见证;它是中华的骄傲!

它的辉煌应有历史的记载,但参与长城建筑的无数劳苦民众,却极少甚至没有记载。不过还好,有个"孟姜女哭长城"的民间故事,这个民心中的圣者,万里寻夫,哭倒长城,滴血认骨,捧土葬夫,与山海同在,云水相依,千百年来,广为流传,深合民意,广布民间,这就是一个留在广大民众心中永不磨灭的"记忆"。

平民没有历史,这不光是一个历史缺少记载的问题,更多的是我们的民族文化中的皇帝将相情结,英雄崇拜依然是那块臭豆腐,都说臭,但爱吃这口的人却不少。改造我们的文化就如改造我们的口味一样,有时是必须要做的,少吃荤,多吃素,少吃盐,多吃淡,少吃油炸,多吃蒸煮,如今许多人不但高高兴兴接受了,还流行成了风。当今,我们有文化的人多了,我建议知识分子们下意识地转换一下角色,主动挑起担子,从现在起,在写历史,写文艺作品的时候,我们有责任再现我们民族历史的真实,再现我们祖先市井百姓的真实生活。我们的祖先,特别是我们百姓的祖先和我们已去世的父母,他们在世时劳苦一生,没有过上我们当今这样的幸福生活,我们也在心里、心灵上给他(她)们一个补偿,写个"平民记忆"以表心中的怀念!有了这个"记忆",势必可以让后人们拿着现存的法宝、经验、教训、绝招,把它当做一盏灯,一面镜子,去照亮自己的航程,去面对生活,面对一切,就会少走些弯路,于国家,于个人都是有益的。

何为"平民"记忆?怎样写"平民"记忆?简而言之,明话直说,就是我想给"平民"写个历史。

怎样写"平民"历史?写"平民"历史,就是给"平民"留个"记忆"。记忆历史,记忆现时,记忆"平民"心中的故事;记忆"平民"的前天、昨天、今天、明天和后天;记忆他们在衣、食、住、行中的酸、甜、苦、辣,自然形成的经验、教训;记忆他们在各个历史时期求生存、求发展的精彩画面:如历史上九次大宴中的《酒池肉林》和《韩熙载夜宴图》;如19世纪的《大办钢铁》、《公共食堂》;如20世纪铺满全国各地的《激情广场大家唱》,万只养鸡场的生动画面;记忆"平民"的养儿育女,把心中想说的话,写在纸上传给后人,叫他们该去的地方大胆地去,不该去的地方千万别去,去了是要吃亏的。

想是一回事,做是另一回事,想和做当然有联系又有区别,想了不一定去做,做了不一定能做好,所以,祖先们把"记忆"一代一代地传承到今天,都只有"记忆",参差不齐的"记忆",却没有历史,把"记忆"写在纸上,变成个历史,这是祖先和今人的一个愿望,一个期盼。今后几百年、几千年、几万年,后人们就知道"平民"祖先们,也同帝王将相们一样有历史,知道"平民"祖先们怎样在生活,怎样在劳作,怎样在做事业,怎样成了个穷光蛋,又怎样发家致富,成了富翁;知道坏人可以变成好人,好人也可变成坏人,有时候坏人本来就是个好人,有时候好人本来就是个坏人,是好人是坏人,总得有个依据,"平民"有个历史,就可"以史为鉴"。

平民的历史很简单,简单到了极致,简单得像一个"鸡蛋",鸡蛋虽小,但里面都有一条生命,生命、生存、奋斗、发展,有精彩的,有痛苦的。记得小时候,我家里只有几块贫瘠的土地,因而很穷,家产除了红薯、青菜、萝卜,精彩的只有一个"鸡蛋",一个"鸡蛋"怎么吃? 谁能吃? 家有父母、兄弟、姐妹,谁个都想吃,谁个都不忍心也不敢去吃,爸妈把希望寄托在大儿子,即我的身上,爸妈说:吃这个鸡蛋必须有个条件, 就是吃了这个鸡蛋就要天天去上学,努力读书,结果老的没吃,少的没吃,被我吃了,吃了鸡蛋高高兴兴地去上学读书,读了"人之初""百家姓""四书五经",能识字,有了点本钱,所以,开始有了记忆。解放后,家里分了几块肥沃的土地,粮食也多了起来,就喂了好几只鸡,每天能下好几个蛋,每人一个还有余,爸、妈没舍得吃,我也没舍得吃,每逢"二五八"和"三六九"赶场,把鸡蛋拿到集市卖了,除了称盐打油,我把蛋钱拿去买了一张报纸,报纸上讲的事一天比一天精彩,所以,我又有了新的"记忆"。

在"记忆"中,有顺当的、精彩的,顺当的继续往前走;有不顺的、痛苦的，回头走，不钻牛角尖，钻进牛角尖聪明的人马上回头走，不聪明的人，不知回头，就叫"聪明绝顶"。把精彩的、痛苦的都印在脑子里就叫记忆；把精彩的、痛苦的都写在纸上，就成了历史，"平民"的历史。

让"平民"的历史，在书上、在记忆中，都名正言顺去占一角，有个位子，就要精心地去树立、去耕耘、去创造、去培植和发展壮大，去迎接胜利。

要取得胜利，你必须具有高度的自信和勇气，不能自卑。假使你在容貌举止之间都表现出你自认为自己卑微渺小，而处处显得你不信任自己，不尊重自己，你自然不应抱怨别人，别人也自然不会信任你、尊重你，而只会会低估你、轻视你。你应该明白，你的成就大小，永远不会超出于你自信心的大小。并且要能坚持去做，一做到底。一个人在做事时，能否不达目的不罢休，这是测验一个人品格的一种标准。坚持的力量是最难能可贵的一种德性。坚韧的意志，是一切成就大事业的人所具有的特征。加拿大作家塞维斯的诗句，它告诉我们该怎样去做：

"孜孜不倦会为你赢得胜利，临阵脱逃不是好汉。

鼓起勇气，放弃毕竟是太容易；

抬头继续前进才是难题。

为你受打击而哭泣——而死亡也是太容易；

撤退、爬行也容易；但是在不见希望时却要战斗。

再战斗——这才是最好的人生之戏。虽然你经历每一场激战，浑身是伤、是痛，但是再努力一次——死亡毕竟是太容易，继续抬头前进，才真不容易。"

　　坚持吧,一定给"平民"写个历史。

　　要把"平民"历史写成功,还要记住歌德说的话:"不苟且地坚持下去,严厉地鞭策自己继续下去。就是我们之中最卑微的人这样去做,也很少不会达到目标。因为坚持的无形力量会随着时间增长到没有人能抗拒的程度。"这也就是说,继续努力,一切就没有问题。

二 爸妈一句话来讲 终身奋斗永难忘

有位名家说过:"过去属于死神,未来属于你自己。趁未来还属于你自己的时候,抓住它吧!不要专心懊悔早已过去的事情来糟踏自己,而要在目前所能做到的事情上努力吧!"我的未来在哪里?小至不到三尺高的时候,眼看世界,一切朦胧,豆渣脑壳,无论什么事一问三不知。我妈在那大山长大,从小没读过一天书,只有姓,没有名,同村同院的老年、中年女性,都没听说过她们谁有个名字,一律称张氏、王氏、李氏。我妈姓叶,我爸姓万,妈就叫万叶氏。我母亲虽没读过书,可脑子特灵,眼睛灵验,转得快,她看人,一见面,不去看人高矮,穿着好孬,眼睛一个劲儿往别人心里看,好像把别人肚里肠肝肚肺都要翻一个遍。她同别人交往,笑的多,说的少,自家的鸡蛋,树上的柑橘,喜欢给别人吃,闲时,张氏、李氏都喜欢和她交往。三六九赶场,她去得迟,回得早,家里没有好的东西拿上街卖钱,只是去走一趟,看一圈,特别是遇上过节,街上人挤人,吃的卖的花样百出,万叶氏,见啥看啥,过目不忘,回家做得不走样儿。同村同院的张氏、李氏看过几次都做不好,我妈就往门前地坝边一站一笑:"来,跟我学。"大年的米花糖,端午节的"花麻雀"(灰面做的小鸟),八月十五的桂花皮蛋,一个大院,家家户户一起过个穷欢乐。我家离县城很远,隔几座大山,100多里没有公路,没听说过哪个大男人上过县城,可我妈却知道点县城的事,我三岁时,她就另外给我取了个好名字,叫"知事大老爷"。她,以期盼的目光,随时随地,央求似的对我说:"儿呀!养儿不学艺,挑断箩斗系,你不学艺,就当个'知事大老爷',把家的茅草屋换个砖瓦房,我天晴落雨在坡上,难得挖地割草,你请个人帮我做吧!"从那时起,我妈总是一个劲地要我苦读书。我爸也一样,要我听话,发奋读书,就不打我。那时,我们那山村,没有"新学",但有私塾,愿上学的就到那儿去念书。我爸妈都信上帝都敬老。从小他们就派给我一个特殊的任务,一年365天,不分春、夏、秋、冬,一天不能少,每天早晨和晚上给堂屋的神位烧三支香,堂屋正中的墙上贴着醒目的六个大字:"天地君亲师位"。每次烧香时,要在原本已在神位上放好的"铁庆"(钟)上按"早三晚七"用小木槌敲响,同时举香叩首作揖。这叫做烧长香,说这样可以免灾,吉祥如意。在那草屋里,天晚了,眼前就是一片漆黑,香一烧,感觉很神圣,感觉天地亮了,屋子里也亮了,心也亮了。时间一长,我养成了做事要一干到底的性格。"天地君亲师位"是什么我不懂,就问爸爸,爸爸说:"亲就是自己的爷爷奶奶,师就是孔夫子。"我妈一听忙插嘴:"养儿不孝母,好比养个'抱鸡母'。"爸道:"养儿不读书,只当喂条猪"。所以,长大了,我就懂了,什么是神,就是爷爷、奶奶、爸爸、妈妈去世了,也是神了。要敬神,就敬爷爷、奶奶、爸爸、妈妈。如今我这样认为,也这样做。那时爸妈心下得狠,我五岁多,他们就要我去读《三字经》,然后又读《增广贤文》,接着又读《论语》、《大学》、

《中庸》《孟子》，当然读书不求甚解，却有点"背功"，每一本书，我读完了，都要背"包本"（把一本书一次背完），我读完《论语》时，背了"包本"之后，老夫子先生在书页边上写了一句话："努力读书学习，将来成大儒者也。"我回家问爸，什么是大儒？爸答："不受你大肉小肉，团子肉，你会背书，我就不打你。"我再去问老先生，大儒是什么？老先生答："比你背得差的一个当保长，你比差的一个背得好就当乡长。"哟，好大的官啰！

1949年10月1日，春雷轰隆一声响，新中国成立了。我们村建起了"新学堂"，由国家派来了老师，我一报名，就被老师破格选拔读四册。1956年下半年，我在庙垭完小高小毕业。读书期间，作文常常得满分，上墙报，老师在班上念读，号召同学们向我学习。同时，还当上了全校的少先队大队长。这一年，全国在轰轰烈烈搞农业合作化运动，村里、乡里干部来动员我："成立农业合作社是毛主席的号召，地主富农文化再高我们不要，你回去当农业合作社会计，大家欢迎你。"爸说："儿子，农业合作社就是苏联的集体农庄，好得很，过社会主义，电灯电话，楼上楼下。"听了村乡干部及父亲的话，我当了会计，打不来算盘，经常边吃饭边打算盘，晚上睡觉算盘也不离手，很快学会了加减乘除，九归九除，斤求两，两求斤，全社百余户人家，我做的账在公社评比得第一名。那个时候，年幼无知，别人也说我年幼无知，当然，自己并不明白，不懂什么叫越权，社里的组织、宣传工作本是社长的活，我有事无事拿着那用竹筒糊报纸做成的喇叭，天天早出晚归，摸黑到各个山头宣传："电灯电话，楼上楼下……"一年以后，又成立了高级农业合作社，我被选为高级农业社主任，乡亲们称我"崽崽社主任"。

1958年，全国搞万人上山，大炼钢铁，我随大部队到了铁厂，睡猪圈，拉风箱。别人去砍树，我也去砍树；别人去拆民房，我就去下瓦片；上级命令每个公社三天三夜建成八座炼铁高炉，完不成任务就撤职，所以，那时的社长、区长，真是"能上能下"，官帽像草帽，白天戴上去，晚上撤下来。我总记住我妈那句话："怕苦怕累，'知事大老爷'怎么当？"1960年，我19岁，当了公社党委书记，乡亲们称我"崽崽书记"。后来，到了区里、县里、地区工作以后，大家都常住农村，让我记得最深的一次，是我们在开县岳溪公社住了半年，在一个农民朋友家里，我暗下决心要同他们交个知心朋友，经常和他们一起下田栽秧，下地割麦，回家常给住户挑水、洗菜，离别时全大队的干部、社员打起锣鼓把我送到公社，又送到区委，当时，心中的滋味，比当"知事大老爷"好受得多，那种滋味像蜂蜜那样甜，又像妈妈的乳汁那样香，那样有营养。

　　这使我想起一个名叫《退笔成冢》的历史故事，隋唐时代的著名书法家智永和尚，是王羲之的七世孙。据说他曾住在永欣寺楼上，刻苦学书30年。他身边备有一个大竹篓，将写秃的笔扔进竹篓里，整整装满了五篓，后来他将秃笔取来埋在一起，称为《退笔冢》。经他亲手临写的《千字文》有800多本，分别散在江南各寺庙里。"只要功夫深，铁杵磨成绣花针"，智永终于成为当时著名的书法家，每天来求他写字的人络绎不绝，把他家的门槛都踏穿了，于是用铁皮包上，被人称为"铁门限"（即铁门槛）。古人说："水滴石穿，绳锯木断"，不正是智永和尚的写照吗？

　　我们每个人一生，都像智永和尚那样狠下工夫，认真做事，就一定能把铁杵磨成绣花针。我永远记住爸妈的话，一定不当"抱鸡母"，不当那种三天打不出一个屁来的无用之人。甘愿当一头牛，也不去当一条猪，也是给爸的一个安慰。没有当上"知事大老爷"，但我奋斗了,听话了,也是对妈妈的一个回报,心里就踏实了。我一生虽然没有挑断箩斗系,但我去挑了,也无怨无悔。

每个人都想争取一个完满的人生。然而,自古及今,海内海外,一个百分之百完满的人生是没有的。所以说:不完满才是人生。

关于这一点,古今的民间谚语,文人诗句,说到的很多很多。最常见的比如苏东坡的词:"人有悲欢离合,月有阴晴圆缺,此事古难全。"南宋方岳(根据吴小如先生考证)诗句:"不如意事常八九,可与言人无二三。"这都是我们时常引用的,脍炙人口的。类似的例子还能举出成百上千来。

这种说法适用于一切人,旧社会的皇帝老爷子也包括在里面。他们君临天下,"率土之滨,莫非王土",可以为所欲为,杀人灭族,小事一桩,按理说,他们不应该有什么不如意的事。然而,实际上,王位继承,宫廷斗争,比民间残酷万倍。他们威严地坐在宝座上,如坐针毡。虽然捏造了"龙御上宝"这种神话,但他们自己也并不相信。他们想方设法以求得长生不老,他们最怕"一旦魂断,宫车晚出"。连英主如汉武帝、唐太宗之辈也不能"免俗"。汉武帝造承露金盘,妄想饮仙露以长生;唐太宗服印度婆罗门的灵药,期望借此以不死。结果,事与愿违,仍然是"龙御上宝",呜呼哀哉了。

在这些皇帝手下的大臣们,一人之下,万人之上,权力极大,在这一类人中,好东西大概极少,否则包公和海瑞等绝不会流芳千古,久垂宇宙了。可这些人到了皇帝跟前,只是一个奴才,常言道:伴君如伴虎,可见他们的日子并不好过。据说明朝的大臣上朝时,在笏板上夹带一些鹤顶红,一旦皇恩浩荡,钦赐极刑,连忙用舌尖舔一下鹤顶红,立即涅槃,落得一个全尸。可见这一批人的日子也并不好过,谈不到什么完满的人生。

至于我辈平民百姓,是"不如意事常八九"。早晨在早市上被小贩"宰"了一下,在公共汽车上被扒割了包,踩了人一下,或者被人踩了一下,根本不会说"对不起"了,代之以对骂,或者甚至演出全武行。到了商店,难免买到假冒伪劣的商品,又得生一肚子气,谁能说,我们的人生多是完满的呢?

时常"清点"自己不迷航
人生大志有方向

　　人,从母体来到一个缤纷的世界,在短暂的一生中,谁都想做一点像样的事,做事要做成功事,那就必先立大志,立志,才有航行的目标。在向着目标前行的时候,就要敢于、善于随时"清点"自己,不断拨正航向,就能顺利到达彼岸。

　　大凡成功者,古今中外无不如此。你想想:人生在世,谁能保证自己一辈子都不会在人生的道路误入歧途呢?这时我们就需要停下来,走几步,就来个"回头看","清点"自己走过的路,不断修正自己的人生轨迹。这样才能以最快的时间、最短的距离,到达自己的目的地。周处年轻时,放浪不羁,祸害邻里,为村中"三害"之首,待他知道同村人对自己的看法之后,痛定思痛,决心悔改,后经陆云指点,终成一代名臣。"君子博学而日参者乎已,则智明而行无过矣。"周处一个浪子,尚可知错而改,"清点"自己的行为,改去陋习,更何况其他人呢?明朝有一个人,放有一个瓶子,如果一天做了一件好事,就装一颗黄豆,若一天做了一件不好的事,就往瓶中放一颗黑豆,刚开始时黑豆占据了大半瓶,渐渐地黄豆超过

14

了一半。最后,瓶中连一颗黑豆都没有了,他也成为了远近闻名的大学者。可见,经常"清点"一下自己的行为准则,是十分有必要的。自古以来,卖国之人不绝于耳,潘仁美,里通他国,害死了杨家六将;秦桧出卖宋朝,害死了岳飞……这些人,在少年的时候,也曾有过一点大志,但为何到最后却沦落为众人唾弃的奸臣贼子呢?因为在社会中,时时刻刻都存在着这样或那样的诱惑,他们迷失了方向,与自己的远大理想渐行渐远,直至背离做人的基本准则。倘若他们每做一件事后都及时"清点"一下自己的行为与思想,一旦发现有一点不对,立即改正。这样,历史上就有可能多几位栋梁之才了。

"清点"发现,其实就是对自己精神乃至灵魂的一次升华洗涤。时常对自己的思想言行进行"清点",不仅是对自己负责,同样也是对别人负责。只有不断"清点"自己,才能保证不偏离人生的航向,驶向成功。

一个人,做事要成功,要为自己定立的目标奋斗,首先,在自己的大脑里就要进入"专注境界"。著名教育家蔡元培曾说过:"唯有专心致志,把心力集中在学问上,才能事半功倍。"缺乏专注精神,即使立下凌云壮志,也绝不能成就大事。所以说进入"专注境界",乃是成功的重要因素之一。怎么才能使自己进入"专注境界"?

(一)做事要有雷打不动的决心,才能专注

一个人一生,只要有了自己的奋斗目标,并且有信心、有耐心、有雷打不动的决心,你的事业就一定能成功。我国著名作家周立波,从小就立志当作家,遇上天大的难事也不改变初衷,他成功了,当了著名的作家之后,还总结出了作家从事创作的六种生活方式：

①托尔斯泰式的，彼得堡、莫斯科、农村都待；

②肖洛霍夫式的，住在一个地方不动；

③曹雪芹式的，活半辈子，写作半辈子；

④蒲松龄式的，幻想的生活方式；

⑤杜甫式的，到处走，不固定一个地方；

⑥历史小说家，住在书斋里多。

周立波认为：作家是精神生产，每个人都相当于一个"工厂"。作家的生活方式，应当允许多种多样。以此来鼓励和培养在各个行业有志当作家的接班人。

徐特立，原名徐懋恂，少年时曾乘船去过一次南岳，目睹乡官小吏殴打船夫。他看在眼里，恨在心头，发誓：今后若当船夫，只运猪，不载人；将来若能取得功名，只做教官，不当鱼肉百姓的贪官污吏。为此，他改名特立，意即"特立独行，高洁自守，不随流俗，不入污泥"。

(二)懂得发现和创造的价值，才能专注

一个人要想自己的事业能成功，不仅要专注，还要勤思考，善动脑，在日常工作中，就要有所发现，有所创造，有所前进，并应深知创造的价值。在丹麦的朗格里尼港，原本游客并不是那么多，可有雕塑家动起了脑筋，发现了创造艺术的价值，在那里塑造了世界著名青铜像"海的女儿"，是雕塑家爱德华德·艾里克森的作品，安放在丹麦首都哥本哈根朗格里尼港湾一块突出的海石上。她人身鱼尾，头披长发，赤身裸露，右手撑在石头上，眼睛依恋地望着碧海。这个美丽善良的少女形象，是根据安徒生童话塑造的。海的女儿又叫"美人鱼"，她向往人间，曾化成一位少女与王子相爱。王子却与别人结了婚。巫婆怂恿她杀死王子,说只要他的血流在自己的腿上,就可以重新变成鱼回到海里去。但美人鱼却不愿加害王子,情愿忍受着内心的痛苦。雕像生动地再现了安徒生童话中的意境,向人们诉说着这一遥远而动人的故事。

《海的女儿》使哥本哈根闻名于世,她吸引着世界各地的游客。人们络绎不绝地去看望她,挽留她,而经济价值也成倍不停地翻番。她感激世人,没有再回到大海中去,但她却舍不得远离大海,因为她毕竟是海的女儿。

(三)做事要有无私的动机,才能专注

"心底无私天地宽。"在我国古代和当代,这种人不计其数,凡事业能成功的人,对国家对人民,都作出了重大贡献,他们都有一颗无私的心,古今中外,无不如此。

苏联伟大的生理学家、诺贝尔奖获得者巴甫洛夫(1849—1936)逝世前不久,曾给苏联青年写过一封公开信,对有志于科学事业的青年,提出了如下五点希望:

1. 要循序渐进。他说:"你们从一开始工作起,就要在积累知识方面养成严格循序渐进的习惯。"

2. 要研究事实。他说:"不论鸟的翅膀如何完美,如果不依靠空气,就不能起飞。事实就是科学的空气。如果没有事实,你们就飞不起来。如果没有事实,你们的理论就是白费力气。"

3. 要勇于探索。他说:"不要做一个事实的保管人。你们应当力图探求事物根源的奥秘,应当百折不挠地探求支配事实的规律。"

4. 要谦虚谨慎。他说:"无论别人怎样看重你们,你们应当常常有勇气对自己说:'我是无知的'。"

5.要为科学献身。他说:"要记住科学要求人们花费毕生精力。即使你们有两倍的生命,仍旧是不够用的。科学要求人们最大的紧张和高度的热情。"

(四)有兴趣才能专注

兴趣,源于好奇心、求知欲,它是推动学习的重要内在动机,往往可以决定一个人的一生道德。丁肇中博士说:"任何科学研究,最重要的是要看对于自己所从事的工作有没有兴趣。"一个人的兴趣一旦巩固下来,就会使人废寝忘食地进入"专注境界"。

(五)有目标才能专注

一个人立志自学成才,就得结合自己的实际情况确定主攻方向(即目标)。没有目标,专注无从谈起,目标太低,鼓舞不大;若太高了,又不能靠"反馈"(看到成果)来进行自我鼓励,久之更会心灰意懒。唯有选定恰当的目标,才有奔头,使你容易进入"专注境界"。

(六)有理智才能专注

排除杂念,要靠理智。要尽量少受外界干扰,即使受了干扰,也得及时"收回脑子",这也是锻炼专注力的一个重要方面。

只要进入了"专注境界",做起事来,就会样样动真格。有个有关陶行知"不做假秀才"的故事:1940年,陶行知的二儿子晓光从重庆到成都一家无线电厂工作,晓光想深造,但没有正规的学历,需要有一份资格证明书。这是个难题,怎么办呢?晓光想来想去,最后觉得,凭着父亲在教育界的威望,开个证明书一定不难。于是,他瞒着父亲,写了封信给重庆育才学校副校长,要求他为自己开一张学历证明书。证明书很快开来了,晓光心里很高兴。可是他万万没想到,当他要上交证明书时,突然接到父亲从重庆拍来的电报,要求他把证明书立即寄回去。接着,他又得到父亲的一封快信,信中以严肃的口气说:"我们必须坚持'宁为真白丁,不做假秀才'的主张……追求真理做真人,不可丝毫动摇,不向虚伪的社会学习和妥协。望你必须朝这个方向修养,方是真学问。"晓光看了来信,回想起父亲平时"自助助人,自立立人"的嘱咐,心里很惭愧,他毅然将证明书退了回去。

　　人,犯错难免,关键在于走在了正确和错误的岔路口时,能否立即停步,"清点"自己,回头是岸。中国,外国,典型事例不少。前苏联的优秀儿童文学作品《表》,受到鲁迅器重,并把它译成中文,长期在我国流传,特别为儿童所喜爱。谁知《表》的作者曾经做过小偷,他就是前苏联著名作家卡·班台莱耶夫。班台莱耶夫幼年丧父,13岁时又与母亲失散,漂泊在街头与小偷、流氓、骗子等底层人物厮混在一起。他搞过诈骗、偷窃,也曾幻想当个职业强盗。后来,他被遣送入苏维埃政府办的少年教养院和以陀思妥耶夫斯基命名的社会劳改学校学习。三年后,他离开了这所学校。以后,曾学过、放过电影,当过皮鞋匠、图书馆管理员,并努力学习马克思主义,弃旧图新,练习写作,终于当上了作家。1926年前后,班台莱耶夫开始在报刊上发表特写和小品文,接着又花了很大工夫写了一部描写社会劳教学校生活的长篇小说。他把手稿交给一位"权威"审阅,但遭到"白眼"。后来,这部手稿辗转到了著名儿童文学家马尔夏克手里,他阅后大为赞许,立即送给高尔基。高尔基非常器重这位"小字辈",马上决定出版这部作品。从此,班台莱耶夫登上了20年代的苏联文坛,相继发表了不少优秀作品,成为颇负盛名的作家。

　　从中国的历史来看,在不少皇帝当中,能多多少少"清点"自己的人,康熙还算得上一个。他能发现问题,立马修整。一天,在宫殿上,一位少年皇帝正在兴致勃勃地观看一批少年侍卫习武练功。几位大臣也被召来,陪伴着皇帝一起观看。突然,几位武艺高强的少年侍卫,直奔一个名叫鳌拜的大臣身边出其不意地将他逮捕。皇帝宣布:"鳌拜,你纠集亲信,把持朝政,做了许多坏事,现在要清算你的罪行!"这位少年皇帝就是满族从辽宁进入山海关以后的第二个皇帝——爱新觉罗·玄烨,由于他在位时年号叫康熙,所以人们都称他康熙皇帝。他使用计谋逮捕鳌拜的时候,只有16岁。

1661年,满族进关以后的第一个皇帝——顺治帝病死,八岁的玄烨继承了帝位,改年号为康熙。因为他年龄太小,所以由几个大臣辅佐着掌管朝政。过了五年,康熙皇帝13岁的时候,就开始亲自处理一些朝廷大事,不久,他发现鳌拜专横跋扈,把持朝政,并且纠集一些人反对改革满族落后的旧制度,反对学习汉族比较先进的生产方式和文化。于是,康熙皇帝就和身边的一名叫索额图的亲信秘密策划,借少年侍卫演武的机会,处置了鳌拜,从此,他亲自掌握政权。

他亲自掌权以后,积极奖励垦荒,宣布:农民开垦的一部分荒地归自己所有,不再向原来土地的主人交租,只向国家交税。

当你立下了雄心壮志的时候,你一定要随时注意调整自己的心态,千万不要因受挫而灰心丧气,停步不前,有错就改,改了就是进步。所以,我们应该提防"青年成才十大心理障碍"的出现:

(一)"理想型":沉浸在理想王国里,眼高手低,不愿脚踏实地干平凡的工作。这山望着那山高,一件事情没做完,又想到第二件事,不切实际。

（二）"自卑型"：自以为事事不如人，受到冷遇更受不了，总觉得自己是一个局外人，易郁郁寡欢，自暴自弃。

（三）"闭锁型"：有些青年意识到自己的思想情感与别人不同，又不易为别人所理解，因而他们倾向于把自我体验封闭在内心，而不愿向他人表白。

（四）"失意型"：失意，是当人的期望不能实现，某种需要得不到满足时所感到沮丧的心理体验。它使有些人会产生不正常的自我评价和期望，于是将导致个人社会适应的失调。

（五）"嫉妒型"：这不但有碍于别人，而且害己，对人才的成长是极为有害的。

（六）"唯分型"：考试流于重本本、条文的弊端，给成才者打下了"分数第一"的心理基础。在这种唯分心理支配下，人们只得为过六十分的关而奋力拼搏。

（七）"怯懦型"：这种心理过于谨慎，小心翼翼，常多虑，犹豫不决，稍有挫折就退缩，不想有所作为。有这种心理的人一般都气质脆弱，无所谓创新、成才。

（八）"情绪型"：青年情绪的变化带有两极性，容易动情、喜悦、激动和振奋。同时，也容易悲观、消沉、忧愁和苦闷。对于青年的这种正常心理活动，重要的是在行为过程中应加以正确引导，以减少其不良影响。

（九）"习惯型"：习惯的形成，一是自身养成的，一是传统影响的。由于长期以来形成的节奏缓慢，求稳怕乱，安于现状等保守的心理习惯。于是，就出现了这种妨碍人才成长的不良心理。

（十）"厌倦型"：一旦遇到挫折，困难或不顺心的事，都要抱怨他人，感叹自己"怀才不遇"，悔恨"明珠暗投"，牢骚满腹，对生活失去兴趣,对美好的东西失去追求。这种厌倦心理磨损人的志气,是成才的一个致命伤。

在这十条中,只要你出现了其中的某一种类型的心理障碍,你就应善于及时做好自我心理调整,做到了这一点,就会使你不断有所进步,有所发现,有所发明,有所创造,有所前进!

四　要有性格培养才有奋斗方向

我很喜欢听名人说话。俄罗斯杰出的诗人、卓越的历史学家，布留索夫在其所著《论目录学对于科学的意义》一书中说："有人说，学问与其说是知识的储蓄，不如说是善于在书中找到需要的知识的本领，这话是对的。"这对指导我们读书很有意义，不过我斗胆地在后面加上一句话："读书获知识，活用是本领。"我小时读了《论语》《四书五经》，虽有"背功"，却无本领，吃了不少亏。1966年5月开始文化大革命运动，风暴狂卷神州大地，上至省委书记，下至生产队长，都被弄去坐了"喷气式"，戴了高帽，打了花脸，游街示众，松了筋骨，退了威风。北大、清华的造反派，都来了万州，揪斗走资派，机关组织辩论队"迎接"挑战，说我能背"两报一刊"社论，推荐我参加辩论队。我目瞪口呆，光靠背"社论"？胆小的书记、专员都吓得不见人影，我能是对手吗？莫说与书记、专员比，就同那个被人看不上眼的"老同事"比，我也差了大半截。一个造反派的纠察队员带着一帮人抄别人的家，见桌子上放着两本书，拿起一本《匹克威克外传》向主人吼叫："匹克威克外，是个什么人？

还给他立传？"我心慌了,可那个"老同事",却在"关公面前耍大刀——献丑",慢条斯理地解释道:"是巴黎公社社员。"造反派很神气:"差不多是我们同事。"纠察队员又拿起另一本书:"这个爱因斯坦是什么人？""老同事"又答:"他是马克思的亲密战友,恩格斯的弟弟,都是斯字辈的,这书是学习无产阶级专政下继续革命的辅导材料。"造反派一伸舌头:"好!拿回去研究研究!""文化大革命"中,我白耍了十几年,没干什么事,除了读毛选,没读其他什么书。但我在不停地想:"一定要下个决心,让孩子们读好书,更要做到灵活运用,并从各个方面严格地加以要求。"

(一)积极的心理暗示

要做好积极的心理暗示,既有方法问题,也是个科学问题。如何才能做到位？

按心理学家所说:"积极的心理暗示带给孩子的是积极的认识和体验。"与说理教育相比,暗示教育能融洽教育者与被教育者之间的关系,含蓄而委婉,避免说理教育给孩子带来的压抑感和逆反心理,使孩子于无形中养成良好的道德认识和行为举止以及坚强的情感意志。

幼小的孩子在心理上具有容易接受暗示的特点,可塑性很强,所以,要注意善用积极暗示,避免消极暗示。

(二)语言暗示

语言暗示怎么暗示法呢？方法应是多样的、灵活的,应恰到好处。

1. 设喻法。教育孩子时,晓之以理的"理",不一定非要直白地说出来,有时通过设喻、讲故事、做游戏、角色体验等点拨启发孩子,让其从中懂得道理,能达到很好的教育目的。

2. 对比法。在纠正孩子的错误时,家长采用对比的方式,给孩子树立榜样,利用榜样的力量感染孩子,使其不断进步,注意恰当运用暗示性对比,以免伤害孩子的自尊和信心。

3. 激将法。好胜心强是孩子的天性,生活中家长不妨用暗示性的语言激起孩子的好胜心,往往能起到事半功倍的效果,促使他很快去完成某项事情或达到某种要求。

(三)非语言暗示

榜样的力量是无穷的,家长和老师在对孩子进行非语言暗示时,自己应以良好的形象率先示范。

1. 神态表情。神态表情是人的心灵和内在情感的直接表现,家长可借助神态表情给孩子积极的暗示教育。孩子独立完成一件事情,给孩子赞赏、肯定的眼神,给孩子体会到成功的愉悦,孩子遇到挫折时,给孩子鼓励、安慰、爱抚的目光,让孩子感受到勇气和力量。这些饱含情感和爱的积极暗示,能对孩子产生更大的影响。

2. 行为举止。家长是孩子的第一任老师,他们的一举一动都时刻影响着孩子,为孩子所效仿。家长自觉排队,用行为暗示孩子,插队的人是不受欢迎的。

3. 公共道德。在公共场所不随地乱丢果皮和纸屑,也会让孩子学会自觉把垃圾丢到垃圾桶里。家长良好的行为举止都在无形中影响孩子正确的道德行为规范。

暗示用得好,就像一阵润物无声的细雨,悄悄滋润着孩子稚嫩的心灵,对于培养孩子规范的举止、优良的品性、良好的习惯具有很重要的意义。

(四)像蜜蜂,既采集,又整理

要求孩子读好书,并能灵活运用,就应要求他们做到"读书三忌"：一忌蝴蝶式的"采花"。读书有明确目的，才会有创造精神。为追名求利而读书，就会模糊创造意识，如同蝴蝶采花，绝不会有什么创造。二忌蚂蚁式的"搬食"。求知要苦读，还要勤思。读而不思，即使你"口不绝吟于六艺之文，手不停于百家之编"，也不过像蚂蚁搬运、贮存食物，在学习上事业上无所建树。三忌蜘蛛式的"抽丝"。只知"抽丝"，而不善于吸取丰富的养料，不可能有大的创造。读书要善于博采众长，集思广益。

学会创造。如果你想得到最佳学习效果，那么，请你记住，费·培根的名言："我们不应该像蚂蚁，单只收集，也不可像蜘蛛，只从自己肚子抽丝；而应该像蜜蜂，既采集，又整理，这样才能酿出香甜的蜂蜜来。"

（五）从小事做起

要求孩子多读书，就要从小从少做起，打好扎实基础，就有成功的希望。宋朝苏轼年少时，天资聪颖，广泛阅读诗书，博通经史，又长于作文，因而受到人们的赞赏，自矜之情亦随之而萌。一日，于门前手书一联："识遍天下字，读尽人间书。"活画出苏轼当时的自傲之心。没料到，事过几天之后，一鹤发童颜之老者专程来苏宅向苏轼"求教"，他请苏轼认一认他带来的书，苏轼满不在乎，接过一看，心中顿时发怔，书上的字一个也不认识。心高气傲的苏轼亦不免为之汗颜，只好连连向老者道不是，老者含笑飘然而去。他羞愧难当，跑到门前，在那副对联上各添上两字，境界为之一新，乡邻皆刮目："发愤识遍天下字，立志读尽人间书。"

读了很多书，急于求成想做大事，也有可能失败，定要从小事做起，看不起做小事的人，往往也成不了大器。说话，要一口喝断长江水，一脚踏上昆仑山，做事就比船王鲍文刚，写文章下笔万言方成章。

有这样一个故事:有一家美国杂志,曾以 3000 美元的巨额奖金,征求文字最简短、情节最曲折的微型小说。一篇只有一百二十个字的小说获得金奖。

你看:伊莉薇娜的弟弟佛莱特伴着她的丈夫巴布去非洲打猎。不久,她在家接获弟弟的电报:"巴布猎狮身死——佛莱特。"伊莉薇娜悲不自胜,回电给弟弟"运其尸回家"。三星期后,从非洲运来一个大包裹,里面是一个狮尸。她又赶发了一个电报:"狮已收到,弟误,请寄回巴布尸。"很快得到了非洲回电:"无误,巴布在狮腹内——佛莱特。"

(六)小狗也要大声叫

我很欣赏契诃夫的一句名言:"世界上有大狗也有小狗,小狗不应该因为大狗的存在而慌乱不安,所有的狗都要叫。"小狗也要大声地叫,就按上帝给的嗓门叫好了!契诃夫把大作家比做大狗,把小作家比做小狗。他鼓励"小狗"们大胆创新,在文坛上发出有自己特色的"叫声","小狗也要大声叫",说得多好啊,既幽默风趣又印象深刻,今天,对我们仍有教益。小狗只要横了心,认准目标不退缩,终究会小成大事。

歌德从小就想当个大作家,不管遇上什么艰难,他都死不回头。《浮士德》这本世界名著他写了六十年(1773—1832 年),终于成功。他拼命追求一个目标的毅力和决心,可想而知,这是值得有识之士者们牢记和学习的。小狗只要敢大声叫,就有出路!

日本有个"发明大王",叫中松义郎,他现在已六十多岁,从五岁开始发明,在 50 多年的发明生涯中,获得了 2630 项发明专利,被称为"发明大王"。他在小学时,就开始动脑筋为模型飞机安装重心稳定的装置,到中学时代,试制了一种压力水泵,还发明了无燃料暖气装置。进入东京大学,他发明了一种可在纸上录制声音的装置,并获得专利。大学毕业后,他开办了一家出售专利的发明公司,平均每年发明项目 63 项之多。

中松义郎认为"合理"、"灵感"和"实用"是构成发明的三大要素:

合理:就是要使自己的发明设想与构思基本上符合科学道理,绝不能与科学基本原理相违背,否则就要钻入死胡同,一事无成。

灵感:灵感不是虚无缥缈的,也不会凭空产生。一个发明家必须进行大量实验,积累丰富经验,在牢固的知识基础上,才会产生灵感。每一项成功,百分之九十九是靠汗水,而只有百分之一才是靠天才。

实用:是发明的一个极重要属性,发明没有实用价值,那么这不过是水中月、镜中花,到头来是竹篮子打水一场空。

想探险海底的人就不能怕再也见不到日出。往往,辉煌、绚丽的桂冠已唾手可得,你却没有了再向前一步的勇气和信心,于是,一切成为泡影。

因此,要相信自己能成为生活的胜利者,那么,你必须首先成为与自己战斗的胜利者。这样,你就是一个有自信性格的人。

可见一个人如果没有"性格",什么都想做,什么都做不成,对"性格"要有意识地去培养。养成一种习惯,形成一种"性格";养成一种"性格",决定一种命运。学习习惯决定学习成绩,决定自己的勇气和决心,决定自己的未来和所向往的目标。

五 学会观察事物作判断 常把"总结"当习惯

中国象棋,我很喜欢。退休以后,不打麻将,不斗地主,因为脑子笨,斗不赢,三十六计,走为上策。下象棋,不下军棋。军棋,两军相较,实在憋气。它兵多地窄,常常自我阻塞;能动的棋子都只能走一样脚步,单调乏味;棋子之间,等级森严,还有讨厌的行营,对方只要钻进去,纵有项羽之勇,诸葛之谋,也无可奈何;还要常常像赌博一样撞大运。

而象棋可不同,它战场开阔,任凭各子驰骋,既令将帅,也可御驾亲征,确有不少的战斗力。棋盘之上,没有一处绝对安全的绿岛,多数棋子无处不可猛攻偷袭;绝无好运可撞,全凭运筹帷幄;攻防优劣,风去难测;偶遇绝招,其乐无穷。正所谓:"河界三分阔,计谋万丈深。"

在下棋时,开始输的多,赢的少。不管输赢,输了再来,赢了也再来,混时间极快。赢了,要找个原因,输了更要找个原因,不停地注意观察,不断地学会总结,自以为有点进步,不赢也要下个平局。慢慢地我发现这个小小的棋盘上真是一个"大世界",有古战场,也有现代战争,还有悠久的历史。在中国象棋的棋盘中间,总写着"楚河""汉界"四个大字。这是把下棋比做历史上的"楚汉相争"。那么"楚河""汉界"究竟在哪里呢?

据史书记载,历史上的"楚河""汉界"并非今日扬子江畔的楚汉之地,而是在古代荥阳、成皋一代,它北临黄河,西依邙山,东连平原,南接嵩山,是历代兵家兴师动众的古战场。公元前204年,刘邦和项羽在这一带发生战争,双方都竭力争夺。公元前203年,刘邦凭借大后方丰富的粮草作后盾,出兵击楚,项羽因为粮缺兵乏,被迫退出"中分天下,割鸿沟以西为汉,以东为楚"的要求,从此,就有了"楚河""汉界"之说。如今,在荥阳县广武山上,汉王城和霸王城的遗址,遥遥相对。两城中间有一条宽约300米的大沟,这就是刘邦、项羽对垒的鸿沟。

宋朝诗人刘克庄(公元1187—1269年)所写的"五古一章",就可以肯定,现代的中国象棋在那时候已经完全定型了。这就是说,在刘克庄写这首诗以前(不会是短时间)就已经有了中国象棋,那么,中国象棋至少已有近千年的历史了。在这漫长的时间中,遗留下来的象棋谱是不多的。我们已知道的象棋谱是明朝的"梦入神机",但直到现在还没有发现有完整的刊本可以查考它著作和出版的年代。第一部有完整的刊本可以查考的是《百变象棋谱》,成书于明嘉靖之年,即公元1522年,距离现在四百多年了。它比现在流行最广的《桔中秘》象棋谱(明崇祯五年,即公元1632年成书)早了一百一十年。在这一百多年中,还有《适情雅趣》和《棋谱秘本》两书先后问世,但这几部象棋谱,大体都有相类似之处,代表了同一时代的象棋艺术。而《桔中秘》则是综合了这些象棋谱并再加以丰富而成其书的。所以,可以说,《桔中秘》是继承和概括了从 11 至 17 世纪这一段时间中国象棋艺术的成果。

从《桔中秘》可以看到两个特点:第一,已经掌握了象棋艺术的基本规律,《桔中秘》全旨(是根据《适情雅趣》的棋经论修改而成的)和歌诀,就是综合叙述这些规律的要点。同时,无论在全局、死局、让子局,以及各种开局的分类上,在棋谱的整理方法上,都有了比较完整的规格。第二,各种开局都已略具规模,尤其是顺炮局更有比较完整的法度;让子局和残局也都有相当的规模;残局的特点是以胜局和实用残局为主。但不论全局和残局都比较简单、粗糙,在整个对局上往往比较注意战术上的斗争而忽视整个战略上的部署,在战术上又偏重于攻杀而忽视防守。这就是说,中国象棋在定型以后已经从各个方面发展、丰富起来了,而且已经开始进入成年时期了,但毕竟它还是刚刚进入成年,简单和粗糙的痕迹到处可见。总之"桔谱"的传世,是象棋历史上有意义的一件事,它在奠定象棋艺术的基础上有重大的价值。

象棋以高度的想象力,用一般对局中不常见的盘面,"从小见大",把许多矛盾冲突集中起来,可胜、可和、可负,解决了一个层次又再出现了可胜、可和、可负的局面,经过反复斗争从简入繁、由浅入深,所谓"有相维相制之势,有相生相克之机,两得其道,便成活局,稍失机宜,立时败北,岌岌乎胜负在一招之间",不完全像红胜局那样"使红操必胜之权,黑纵有仙机,亦无措手处"。这就使人们能够从反复变化的矛盾中去训练自己思维的能力和坚韧的战斗意志,训练自己从复杂的想象中找出矛盾的焦点,得出正确解决矛盾的方法。所以,它是训练象棋功能的一种良好方式。

下棋确实有趣,你看,棋盘上的小卒为什么是五个? 小卒,是中国象棋中的一个兵种,红黑双方各有五个,为什么小卒是五个呢？这是因为中国象棋的棋子设置受到古代两军作战实际的影响。周朝时军队的基本编制"五"，是由五名步兵组成的。作战兵器也由弓、殳、矛、戈、戟五种为一组配合使用。这种由五兵构成的交错战斗整体，反映到中国象棋中来，就使双方各有五个小卒。小卒是组成部队的基本力量。

一个小卒，就是一个兵，官没有兵是不能打仗的。兵，怕过河，过了河，如果官指挥得当，兵可横冲直撞，它冲到了一步一岗的"皇宫"，宫中那两个守在"皇帝"左右边的卫士就不是它的对手，杀死了卫士，帝王将相也就离死不远了。

我对象棋还没入门，就更说不上有什么研究，只是有点兴趣而已。没事搞点小打小闹，做点"吹糠见米"的小事，也从没到过正规赛场，就说不上有个什么"经"。由于时常在小巷里出场，也斗胆地献个丑，来个《棋经一十八》：

（一）精布局，细思考，顶马拦炮是"绝招"；

（二）出战前，看仔细，谨防敌阵玄杀机；

（三）过河卒，莫小看，时机成熟是隐患；

（四）棋过半，看与算，输赢作判断；

（五）马前卒，车行慎，翻炮将军车死定；

（六）先看家，后攻他，联合作战效果佳；

（七）双马联走较时尚，独马单行选方向；

（八）塞相当堤防，敞面防双将；

（九）敌马联行车少守，防击死车无奔头；

（十）利进敌退灵活走，配合车炮方显优；

（十一）三步不出车，必定是个狗屎棋；

（十二）光攻敌阵不观己，赢棋到输惨兮兮；

（十三）敌车守马防货殃,失车必败责难当;

（十四）两车同向防采双,关键时刻莫慌张;

（十五）车马一线要防套,防敌双打盯好炮;

（十六）吾炮坐当中,敌将成吉凶;

（十七）本将无潜险,联军齐向前;

（十八）车前马后一扫光,将军记住不换挡。

将军不换挡。我跟着兵去捉"帝王将相",捉得住就是胜利,捉不住就宣告失败。在实战中,要想有所进步,能获取胜利,既要有高超的战略部署,又要有适应反复的、多变的、机智灵活的战术技能。布局是全局的基础,其运用成功与否,直接影响全局的战斗,不管你是"中炮对屏风马"布局,还是"顺手炮"布局,"飞相局"布局,"仙人指路"布局,"进马局"布局,"过宫炮"布局,"士角炮及上士师局,或者再来个"中炮七路马"布局,这些布局都是第一个必须考虑的问题。

总之,布局是全盘中极为重要的一环,战略、战术计划和着法的巧妙运用是布局的主要内容,由此,出现了各种套路变化,如果不熟悉这些复杂的套路,在对弈中必然会吃亏上当。而象棋特级大师们,却都积累了丰富的实战经验,他们创新的套路具有个人的独特风格和见解。学习他们巧妙的布局运用技术,具有很高的实战意义,相信对提高象棋爱好者的棋艺水平将有很大帮助。

不过,我坦白地说句实话,我虽然爱好象棋,却不"专一",说起来很容易,做起来却很难,玩象棋不是我的特长,也不是我这笨头笨脑的人该干的正事,玩起棋子来总是思想不集中,"鼻凹上抹砂糖——舔不着,吃不着。"

我却总是在认认真真地想别的一件事:"我要告诉孩子们,不管做什么事,输了上,赢了上,只要做事细观察、多思量、会总结,各项工作善总结,就算失败了,再战还大有希望。"

六 "百战不殆"何可行
办事要有"预见性"

我不记得是谁说过:"凡事预则立,不预则废。"做事只要有准备,就能"猝然临之而不惊",就可能将危机带来的巨大冲击降到最低限度。做大事的是这样,做小事的也如此。做大事的如果没有预见性,当皇帝也会饿死;做小事的如果没有预见性,就只有喝稀饭的本事,"狗掀窗帘子——全凭一张嘴"。是不会有什么用处的,有了预见性,也不可能百分之百的都能成功,但它能克服盲动行为,"穿钉鞋走泥路——步步落实"。

(一)有"预见性",才会目光远大

古往今来,无不如此。历史上王安石的"鸡鸣狗盗之力"的主张,就是典型的目光短浅所致。"人才难得亦难知",这是王安石在用人问题上总结出来的教训,是他晚年失意之后由衷的感叹。这位政治家并非不懂得用人的重要,这方面他也曾有过著作,他在《材论》中曾主张教之、养之、取之、任之的用人办法,但由于他缺乏制造历史的观点,不懂得"三个臭皮匠,顶个诸葛亮"的道理,所以他在《读孟尝君传》中,把群众的智慧当做"鸡鸣狗盗之力",一味强调"天才",扬言"一士便可安邦",结果误了大事。这里且举一例：

北宋泉州晋江有个吕惠卿，原是个进士，由于擅长拍马溜须，博得了王安石的信任，参加了王安石的青苗、均输等变法活动，奏章多出其手，因为有"功"，王安石提拔他当了参政知事。他爬上去以后，便扩大个人权力，以权谋私，与王安石闹起了分裂。王安石变法以失败告终。

反之，朱元璋的"老少参用"的政策就很有预见性。明太祖朱元璋是中国封建社会一个有雄才大略的政治家，为了巩固其统治，十分重视选拔人才和使官吏年轻化。朱元璋用人不论出生贵贱，资格深浅，总是以德才为本，并特别注意选拔年轻官吏。他说："郡县官年五十以上者，虽练达政事，而精力既衰，宜令有司选民间俊秀二十五以上，资性明敏，有学识才干者辟赴中书，与老年者参用之。""与老年者参用之"，用现在的话说，就是老中青三结合。他认为这样，十年以后，"老者休致，而少者已熟于事，如此则人才不乏，而官吏使得人。"朱元璋这种老少参用办法不得不说是一种有远见的创举。

由于朱元璋坚持以"德才为本"的用人政策，用人不分贵贱不论资历，所以"山林岩穴，草茅穷居，无不获自达于上，由布衣而登大僚者不可胜数"。《明史·列传》记载：书生杨士奇，是个孤儿，贫困，但由于勤奋自学，精通史书，朱元璋提拔他为翰林院编纂官，后官至上尚，屈内阁。杨士奇，办事公正，不徇私情，私君不言公事，虽至亲厚不得闻。太祖及以后的几代皇帝都很器重他。

（二）有"预见性"，才会有准备，才有成功的机会

科学幻想之父儒勒·凡尔纳，他就是一个很有预见性和有准备的人，他为了写出更好的科学幻想小说，在平时收集资料时做到了"五多"，即：多谈、多想、多比、多用、多记。他为了写作《月球探险记》就认真阅读了五百多册图书资料。他一生中共写了104部科学幻想小说，读书笔记达两万五千多本。当今的中国人，也有不少的人，不论从事何种行业，大凡成功者，无不是有点"预见性"或有点准备的人。

（三）有"预见性"，才会有创造性

三国时的军事家曹操，作事很有预见性，他主张"厚积薄发"，他读《孙子兵法》，就不死抠字眼，他经过概括、统摄、删繁就简，编撰成《略解》一书。坚持思考质疑，把书读活，把书本知识变成自己的思想，从而去追踪时代的潮流，为投身实践奠定了坚实的基础。

著名科学家爱迪生，总结自己一生工作中成功的秘诀主要有"五心"，即：开始工作有决心，碰到困难有信心，研究问题要专心，反复学习要耐心，向人学习要虚心。他在实验中失败过上万次也不气馁，终于发明了电灯、电话、留声机等，成为举世闻名的发明大王。

（四）有"预见性"，做事就能"进入角色"

据说，有经验的演员在登台前，往往要完成一些准备工作，一般人称之为"运功"，懂点门道的人知道这叫"进入角色"。老舍先生曾经谈到他写小说塑造人物的方法，说他常常是扮着小说中的人物在互相争论某个问题，这说明作家和演员一样，同样也需要"进入角色"。所谓"进入角色"，就是作者要为作品中的人物"设身处境"，通过调动形象思维的神经，来设置人物的性格冲突，安排围绕着人物并促使人物行动的特定环境，这时，作者和作品中的人物同哀同乐，息息相通。"进入角色"，贵在传神，又难于传神。因为,每个"角色",都是具有独特性格的人物,造成他们性格的环境,都有很多异于他人之处。唯其贵,可见其难,须费匠心。唯其难,更见其贵,缺此不可。由此可见,每个人,不管从事什么行业,"进入角色"是事业成功的前奏。

(五)有"预见性",做事能精益求精

有一个《戴逵幕后听批评》的故事。戴逵,东晋时著名画家,擅雕刻。一生曾留下很多绘画雕刻精品,他对画技精益求精,虚心征求别人意见,历来为人称道。有一次,他为某寺院刻了一座大型佛像,刻成后总觉不满意,便向寺院僧众征求修改意见,僧众七嘴八舌,都是赞扬的话。戴逵又找来一些画家和雕刻同行征求意见,仍然没有得到满意的结果。戴逵为此闷闷不乐。经过和儿子商议,想出了一个法子。他在佛像后面挂了一幅帐幔,自己坐在里面,让人们随便参观佛像。看像的什么人都有,又没有当着戴逵的面,都大声评论着。戴逵边听边把有益的意见记下来,并吸取了合理成分,终于雕出了较为完美的佛像。

古人有云:"人立志前进,必期自全,故乐人指其阙,恐有阙也。人无志不前,不乐人破其全,恶闻其阙也。"世上事物并不都是完美无缺的,名家高手的工作也有不足,这就要有自知之明。戴逵正是懂得了这一点,他对自己既有高标准的要求,又有达到高标准的正确方法,因此,他前进了,成功了。倘若戴逵在僧众的赞扬声中昏昏然,不再设法叫人"指其阙",恐怕也会留下终身的遗憾。

(六)有"预见性",才能脚踏实地

现时生活中,有不少人只要一有点成绩,就自以为了不得,甚至瞧不起别人了。有预见性的人,可不一样,只知脚踏实地,为自己所预定的工作目标埋头苦干;只知用事实去说话,不讲占据时间的空话。总是把自己的功劳看做过去,不计金钱和荣誉。飞机的发明者莱特兄弟赢得了世界声誉之后,对勋章、绶带、国王的召见、群众的欢迎盛会……都漠然处之。当人们请他发表公开演说时,维尔伯·莱特说:"我知道只有一种鸟——鹦鹉能说会道,但它却不能高飞。"

(七)有"预见性",就有奉献精神

大凡有预见性的人,他站得高,看得远,少私心。牛顿那么出名,如果没有巴鲁博士的无私举荐是不可能的。巴鲁博士是牛顿在剑桥大学三一学院的老师,是欧洲著名的数学家和物理学家,被学院荐为最高荣誉的路卡斯教授。牛顿在大学期间,巴鲁博士毫无保留地把知识传播给他,使牛顿从巴鲁的"微分三角形"得到启发而创立了微积分。当牛顿做巴鲁的助教时,已经酝酿成熟微积学、万有引力定律、光的折射原理等三大发现。当巴鲁博士发现牛顿见解高超、才识过人时,立意举荐他。在一次会上,巴鲁当众说牛顿已超过自己,决定荐他接任路卡斯教授职位,这使牛顿以后成为了举世闻名的科学家。

人们赞颂那些在科坛上作出巨大贡献的科学家,也不会忘记那些独具慧眼、荐贤举能,使"名人"站在自己肩上的"启蒙"教师和引路人。为了纪念巴鲁博士,在三一学院牛顿雕像的北面,也塑起巴鲁的雕像。

没有"预见性",当了皇帝也会饿死,对此我也有点不相信,但历史上却有其事。南北朝时,佛教盛行,南朝梁武帝萧衍是位笃信佛教、极力提倡发展佛教的皇帝,他本人曾四次到同泰寺当和尚,被人称为"和尚皇帝"。而每一次又都被朝廷用重金赎回来,寺庙因他获得可观的收入。他在位时,梁朝佛教极为盛行,当时的建康

城内外有佛寺 500 多所,僧尼 10 万多人。

梁武帝一心崇佛,不理朝政,社会矛盾不断激化。梁武帝早年没儿子,过继侄儿萧正德为嗣子作太子,后又生了儿子,取名萧统,侄子萧正德被改封为西丰侯。萧正德对此心怀不满。恰在这时,东魏大将侯景因与政敌高欢不合,投降了梁朝,梁武帝封他为河南王。侯景为人奸诈,看到皇族矛盾很深,认为有机可乘,于是勾结萧正德发动叛乱,答应事成之后让萧正德做皇帝。最后叛军攻进了建康城,包围了宫城,后又引玄武湖水灌宫城。梁武帝这位和尚皇帝被困在里面,一筹莫展,也没有人去救过他,这位皇帝最后竟活活饿死在宫城中。

七　尊严是个"人生宝"
　　力战群魔有绝招

　　尊严是人的脸面,是人的灵魂,是人的一面镜子,它是至高无上的,是严肃的,是不可辱的。有位外国名人说过:"好人如果受到恶人的攻击,不必沮丧,也不必在意,石头虽能撞碎一只金杯,金杯仍有价值,石头仍是低微。"人生一世,不论职位高低,不讲性别,不论行业,不管穷人与富人,在相互频繁交往之中,难免发生矛盾,如果对方不是恶意地刺激到你,应当宽容以待,不必在意,金子撞碎了还是金子。不过在某个特定时间,特定环境之下,他可能遇到尊严被侵害的事,待到是可忍孰不可忍之时,总想来个报仇雪恨。回首往事,大人物小人物无不如此。

　　1976 年 10 月,正值"文化大革命"后期,也正是王(洪文)、张(春桥)、江(青)、姚(文元)"四人帮"把中国搞得乌烟瘴气,人民怨声载道的关键之时,中共高层以迅雷不及掩耳之势粉碎了"四人帮",没放一枪一炮,就取得了彻底的胜利。那时党内个人迷信、个人崇拜依旧盛行,大量的历史冤假错案尚未得到清理和平反之时,不管大人物或小人物,凡是关心中国前途和命运的人,都深感

41

忧虑,心中乱麻一团。可谁都没有想到,一篇《实践是检验真理的唯一标准》的文章问世,引起了理论界以及政治高层的争论,经过上下几个大讨论,误识越辩越清,事实越争越明,诸多大事就此拨乱反正,迎刃而解。

我这个亿万人中的一名小卒,也深感"文化大革命",闹够了,要够了,心烦了,一个打破了坛坛罐罐的大中国,难题一大堆,怎么一下就解决了?左思右想,我怎么也没想通这个道理,还是鲁迅先生帮了大忙,解开了脑子的疙瘩。鲁迅先生:外形枯瘦,体单力薄,但他一支战士的笔,却使多少人魂惊胆慑。他那一支笔,就是一把枪,一支部队,一支能克敌致胜的精锐部队。我想:大人物可以有部队,可以指挥千军万马,打败来犯之敌。"平民"也有一支笔,一支笔就是一把"枪",没有部队,就组织个"打狗队",行不行?行。大敌人,部队去打,小敌人,"打狗队"去打,分工明确,各司其责,社会就会安定、和谐友好相处。一回想往事,我这个"打狗队"不就打过几条狗吗?狗,有黑狗、有白狗、有黄狗、有花狗,我打的都是咬人的狗。

小时候,在老家山村里,有条夹尾巴狗,黑眉毛绿眼睛的,四只脚短而不肥,跑路特别快。1949 年,解放大西南的炮声轰隆一声响,他就从重庆渣滓洞溜回了山村,他咬死了几个老八路,跑回山村里,还想咬几个小娃娃,夹着尾巴专咬弱人,我就拿起"一把枪"(一支笔),把他的罪恶公布在村公所的墙上,被下乡的干部发现了,把他戴起尖尖帽,游街示众,从那以后,他那夹着的尾巴,没翘出过屁股一回……

第二条狗,算是一条"披着羊皮的狼"的狗,他高个,略胖,一脸长满鸡皮疙瘩,见人还未开口说话,总是先出一脸笑,哼呀,哈呀,慢条斯里给人打招呼,村民们都喜欢给他搭讪几句:"老师,你好!"可他的心,谁也没有看透,像红辣椒一样狠,暗地欺辱女生,调戏村姑,群众怨声载道,我又拿起"一把枪",把他当面说好话,背后下毒手的故事,写出来贴到了学校的墙上,消息随风飘游,几天工夫,县上派来了调查组,结果使他乖乖地进了"鸡圈"。

再一个是一个"癞蛤蟆款大连枪——二冲二冲的瞎眼狗"。那条狗虽眼瞎,但胆子大,脸皮厚,管他是天堂还是地狱也都敢去,他长着一张不肥不瘦的长脸,脸的中央耸起一个鹦鹉般的肉鼻子,对腥味特别敏感:老猩猩的偏嘴巴,喝酒如喝汤;凹深污黑的眼睛跟猫头鹰没有两样,白天怕阳光,睁着眼睛什么都看不见,瞎乱窜,神不知鬼不觉,他窜进了公安局,这让他的猫耳眼、鹦鹉鼻子、猩猩嘴巴,一齐派上了用场。桌子脚的大排骨,溜水缸的团子肉,垃圾堆的鸭肠子,竹篮子的啤酒瓶,一律想吃就吃,想喝就喝,想拿就拿。猫耳头的眼睛,天一黑发挥出了效力,别的地方他不想看,专盯着夜总会往里钻,猫耳眼看中一个目标:"她的刘海细细地垂在前额的正中,像一缕黑色的丝带,白玉般的脸蛋儿泛着天然的轻微的红晕,衬着一头柔软的深黑的头发,格外鲜明。她的鼻子和嘴都是端正的小巧的,好看得使人惊叹。她的细长而明亮的眼睛是那样的天真,那样纯洁地望着这整个世界,哪里有什么肮脏的东西,有什么危险的东西,她一定也不曾看见。"人在明处,狗在暗处,善良的人怕狗咬,柔弱的人也怕狗咬,更怕夹尾巴狗暗中伤人。瞎狗子,会乱咬人,咬了一个又一个。伤害了人,更伤透了心,我奋力举枪打狗,"打狗队"群起而攻之,剥了它的"皮",挖了它的"心",恶狗子永远地被埋葬了。留下来的是"皮"(服),还有"心"(星)……

还有一条狗,是一条肥狗。他脑壳像冬瓜,短平头下的肉鼻子,喜欢人为地打皱,一个皱就是一个思考的符号;眯缝着的眼睛,喜欢看女人,别人不看他他看别人;肥大的耳朵,喜欢听恭维话,别人不讲自己夸:"我这个人,当个行长,嗨!农行的行长哟!一不贪财,二不进夜总会。"两条眉稀疏的几根毛,毛缝中和整个脸块都一样发着紫红色的光,光知道记时,别人知道,他自己忙于应酬没计算过。脖子与头几乎一样的粗,是营养过剩还是头脑简单,四肢发达?他忙于签字发贷款,没时间去问医生;两只长而肥大的手,除了签字画押,平时少动,只喜欢快速点钞,可与计算机比高低。当行长,发贷款,常吃回扣,别人送来的钱,不管多少,他一转身的瞬间就会数个遍,他会立即提醒自己:"耿直的人,下次应多发贷款。""有权不用,过期作废",在他心里重复着。有一句流行的话,他常挂在嘴边:"一等人国外有家,二等人家外有家,三等人有时回家,有时不回家,四等人回家看见她的他。"在他心中特别羡慕的是那个"家外有家"。不过他一向"觉悟高","表现好",很有自知之明,"国外有家"暂还没有攀登的计划。"家外有家"嘛,可以说到做到,到200公里以外的万州,买套别墅,包个"二奶"。可他做梦也没想到,万州有个"打狗队","打狗队"的卧底早已潜伏在他的身边,同事中,朋友中,单位之中,当他坐着沙漠王子来到万州一进淫窝,就被抓了个正着。撕开了他那道貌岸然的遮羞布,现出了狗的丑恶嘴脸,还了他的本来面目,从那耀眼的政治舞台上栽了下去,遗臭万年。

恶狗子打死了,还可能死灰复燃,应该向明朝处罚大太监刘瑾那样,来个"凌迟加烧烤"。

要说"烧烤",先得从凌迟说起。凌迟始见于五代,因为当时的统治者觉得政权不稳定。陆游的《渭南文集·条对状》中曾写道：
"以常法为不足，于是始于法外特置凌迟一条。肌肉已尽，而气息
未绝；肝心联络，而视听犹存。"而把凌迟和烧烤紧密联系在一起
的则是明武宗朱厚照时期的大太监刘瑾。

明武宗朱厚照在位时，大太监刘瑾一手遮天，置造巧伪，淫荡
上心，干乱朝政，陷害忠良，欺压百姓，最后居然还想谋逆造反。被
三法司会审于午门，定罪凌迟处死，并剥夺政治权利终身。当年 8
月 25 日，刘瑾服刑。行刑处设在都察院前，有三名行刑手轮流行
刑。按照大明律法，凌迟者须剐 3357 刀，一刀下一薄肉片，刀刀不
得触及要害。三日之内，犯人血肉模糊，渐渐不成人形，但不得咽
气。

因为是公开行刑，围观者甚众，其中有很多是携钱而围观。他
们携金带银的目的是为了换取剐下的一片皮肉。这些都是刘瑾的
仇家，有人直接和间接遭受过刘瑾的迫害，也有人是被刘瑾迫害
致死的死者亲属。他们争抢着取得刘瑾的一片皮肉捧回家中祭奠
亲人。等祭奠完毕则在火上架一铁片，刷上油把其肉烤熟吞下，以
示解恨。

人生一世，短暂几十年，就要活得像个人的样子，可以有幻想
但更要做好自己能做的事，有句人生格言这么说道："我们必须受
苦，让我们的子孙生活得快乐些。每一个人不要做他所想做的或
应该做的，而要做他可能做的。拿不到元帅杖，就去拿枪，没有枪，
就拿铁铲。"

平民老百姓，手中有"枪"更好，没有枪，手中拿有铁铲，也可
以打狗。

尊严是每一个人自身的权利，它在已经得到和希望受到别人

尊重的时候,自己也应毫无保留地去尊重别人和理应想到尊重别人的尊严。一个人的尊严很重要,一个国家的尊严更重要,国家没有了尊严,个人的尊严也就无从谈起。所以,我们每个人都有义务、有责任去捍卫国家的尊严,这才是真正至高无上的,神圣不可辱的尊严。

在这一点上,我压根儿佩服我国外交家沙祖康,他代表中国政府在全面禁止核试验,禁止地雷、导弹防扩散,化学武器公约等一系列谈判中,发挥了中国在国际舞台上的重要作用。

在国际裁军领域,美国为了维护自己的军事技术优势和世界霸权地位,总是千方百计地限制别国。比如,他们进行了一千多次核试验后,就开始要求全世界禁止核试验;他们拥有先进的坦克机动部队的时候,就要求弱国全面禁止地雷;他们想要全面发展外太空武器,却又竭力反对和禁止其他国家发展外太空武器。作为中国裁军代表的沙祖康,对这种不平等的霸权行径十分愤慨,他对美国裁军大使莱德加说:"你是克林顿总统任命的特命全权大使,我是江泽民主席任命的特命全权大使。我们江泽民主席说了,条约必须改!我是听江泽民主席的!"

2006年8月17日,沙祖康接受英国广播公司(BBC)采访,在回答美国一再指责中国发展军备威胁别国安全的问题时说:"10年前,美国的军费相当于我们国民生产总值,咱不要说别的了,就凭这一条,美国就不够资格指责我们,而今我们有15个周边邻国,不说邻国怎么样,单说确保国家领土完整,不受侵犯,这是任何国家、任何政府的权利。"

最后沙祖康用英文高声说:"为什么要谴责中国?不,拉倒吧!在这个问题上美国最好还是闭嘴!美国有权去做他们认为对自己有利的事情,但美国不应该告诉中国该如何做!"

他在人权问题上让英美难堪,做得也特别出色。2001年,54岁的沙祖康离开外交部军备控制司司长职位,重返日内瓦,担任中国常驻联合国日内瓦代表团特命全权大使。

沙祖康重返日内瓦后,即对各国大使进行礼节性拜访。没想到在拜访英国大使时,对方竟以人权问题作为问候的开场白,他说:"大使阁下,我们大英帝国对你们的人权情况表示关切……"

面对英国大使的指责,沙祖康将目光直视着对方,心里数着:一句、二句、三句,一直数到六七句,对方还在那里喋喋不休。沙祖康想:"我是礼节性的拜会,你一上来就给我提出这样实质性的问题,失礼的首先是你。"于是,便毫不客气地打断了英国大使的陈述。

"大使阁下,您知道我现在在想什么吗?"沙祖康冷静地说。

"我不知道。"英国大使摇摇头。

沙祖康盯着他的脸说:"我怎么看着你这张脸就想起鸦片战争来了。当年,你们强迫中国人民吸食鸦片,中国人拒绝了,因此你们就挑起了战争。鸦片侵犯中国人民的健康权。在你们占领香港期间,从来就没在香港搞过任何选举,今天你们突然关心起中国人民的权利来了,我总觉得那么不自然,这是我的实实在在的看法。"

沙祖康接着说:"你今天终于给了我机会,让我表达了我的关切。我的关切是,你干涉我们的内政。你今天面对的中国,是站起来的中国,我只希望你学会平等相待。"

那位英国大使让沙祖康教训得脸上一阵红一阵白。

2002年3月,在日内瓦沙祖康迎来了上任后的第一个联合国人权大会。可是会期过半，美国代表团还没有像往年那样提交反华提案。面对这种情况，沙祖康打算直接摸摸他们的底。那天在会场的走廊，沙祖康正巧碰到美国大使，他马上大声说："大使先生，是男子汉就真刀真枪地亮出来，别窝着藏着!"他像一个豪迈的武士，面对强手，首先亮出了自己的剑，这一年，美国最终没有提交反华提案。

在2004年召开的联合国人权大会上，沉默了两年的美国又一次提出了反华提案，沙祖康有理有据地予以反驳。"西方国家，绝不是保护人权国家的楷模；发展中国家，也绝不是侵犯人权的带头者。联合国人权大会并没有授权任何国家或者国家集团，成为人权法官，而发展中国家，也不应该永远是人权法庭的被告。中国有句古话，'正人先正己'。我们希望个别国家，在批评和指责别人之前，先拿镜子，好好照照自己。"沙祖康的发言慷慨激昂，"搞不搞、提不提反华提案，这是你们的权利。但是我可以告诉你，我一定要打败你，你就等着吧，我一定揍扁了你!"沙祖康朝那个刚才还挥拳头的美国代表也挥了挥拳头。

沙祖康4分钟的辩论性发言，5次被掌声打断。他接着向大会主持人要求："主席先生，我的讲话，5次被掌声打断，减少了我的发言时间，我要求延长"。会场上再次响起一片掌声和笑声，他其实并非要延长时间，只是又开了玩笑。最后，中国以多出12票的票差赢得了否定反华提案的胜利，维护了国家主权和尊严。

八　贪婪为祸
　　知足常乐

　　据考证,早在一千多年以前,就有人把当官的称作为"官老爷"。到了明清,此称谓已见诸明文。如明朝规定:当上九卿大官的即可称作"老爷",比九卿小的称作"爷"。清朝规定,四品以上称作"大人",五品以下的官称作"老爷"。但是,由于"官老爷"的称呼能提高官的身价,后逐渐演变成为对所有的官的尊称。由此可见,"做官当老爷"是地地道道的封建主义特色。

　　当今的官与旧社会的官,应该说有其本质的区别。现在中央规定,不管官大官小都统称"公务员",其宗旨就是想与"官老爷"划清界线,"快刀斩黄鳝———一刀两断"。在现实生活中,不少人只要一当上官,就跟那"老爷"亲上了,今天是"平头",说话是"平头",做事、走路也是"平头"。官一升,目不斜视,仰起脑袋看天,他爸妈姓啥名谁,全然不知了,亲朋好友也不认识了,一句话,这个官是"四方的鸡蛋———天下只有一个"。老百姓就给这种人画个像:高高在上不问下情者称"闷葫芦官";工作飘浮,醉语滔滔者称"酒葫芦官";做事模棱两可,投机耍滑者称"油葫芦官";见荣誉就上,遇难事就让者称"糖葫芦官",一句话,总称"歪葫芦官"。"歪葫芦"必贪婪,贪婪必是"祸"。论工作成绩一个字"转"。下乡绕着公路"转",检查工作隔着玻璃眼睛"转",中午盯着酒杯"转",晚上围着裙子"转",这些一天"转"的"歪葫芦",只讲索取,不讲奉献。"歪葫芦",首先是他们的思想"歪"了,灵魂也"歪"了,衣、食、住、行全"歪"了,因而永远得不到满足。

英国有位名家萧伯纳说:"你我是朋友,各拿一个苹果彼此交换,交换后仍然是各有一个苹果;倘若你有一种思想,我也有一种思想,而朋友间相互交换思想,那么我们每个人就有两种思想了。"奉劝那些"歪葫芦",把头上的"歪帽子"搬正一点,也随时同朋友交换一下思想,也很有可能在自己脑袋里装上两种思想,懂得一点满足,由贪婪变成满足,有了满足感,别人一句问候,一个提醒也是满足,别人给你带个路,也是满足,有了满足感就会知足常乐。

我曾经遇上过一件终身难忘的事。一次,我有特急的要事,要去广西南宁,当时,从重庆到南宁和从成都到南宁每周只有一次班机,机票早已售完,正急得我团团转时,突然想起一位朋友在成都双流机场工作,抱着试一试的心情去碰运气,很快找到了他,但飞机票已售完,并已撤了悬梯。据说,飞机的起落都由"签派室"指挥,那位朋友正好在"签派室"工作,立即指挥飞机暂停一刻起飞,我拼命地跑进机场,过了安检,上了飞机,受到了"特殊"的待遇,坐进了机尾储藏室的纸箱上,空姐没有一个不拿异样的目光看着我,我试探着用萧伯纳的提示去同她们交流,我惊喜地发现果真有效,瞬间变成了"久别重逢"的挚友无话不说……

我问:"为什么很多人怕坐飞机?"

空姐："其实,他们不知道,在很多交通工具中,飞机才是最安全的交通工具。"

我问:"知道了,为什么还是怕呢?"

空姐:"因为他们觉得不是在坚实的大地行走,心里不踏实,在天空与大地之间飞行造成了他们的恐惧心理。"

"啊!我知道了,真谢谢你,谢谢!"

空姐:"坐了这一阵子了,还怕不怕呢?"

我笑着回答:"当然还有一点啰!"

空姐:"不必了,飞机起飞后,可能出现降压或紧急情况,我们会及时告诉你们。"边说边指着两边的紧急出口装置向我详细地解释。

"唉,如果在飞机上病了好麻烦呀?"我带着疑问自叹。

空姐:"不麻烦,我们会及时处理好。飞机飞行时,机舱内的气压降低,气流引起飞机颠簸,现代新型的飞机都装有自动调压设备。还有不适应时差的变化呀,这些都无大碍,不必紧张。"

我送给空姐一个微笑:"请问哪些人不宜坐飞机呢?"

空姐:"啊!那有好几种呢。患有严重贫血和先天性贫血的人,因为缺氧,会在人的脾脏、骨骼或脑髓中形成不同的血栓,就不宜坐飞机。还有在近期内患过心、肺、脑血栓疾病的人不宜坐飞机。气压下降时,二氧化碳、氮等气体体积膨胀,大部分人的耳朵会有受压的感觉,有的人还有腹痛、胀气的感觉,但会很快消失。要注意的是肠胃内气体的膨胀对于刚动过腹部外科手术的人来说是危险的,因为伤口可能经受不住内部的压力而破裂。还有怀孕期满三十五周的孕妇最好不要乘飞机。"

"天啦,空中无边无际,航向错了啷个得了啊?"我装傻打破沙锅问到底。

空姐仍是兴高采烈地答话:"飞机在空中飞行,哪会搞错哟!好'草包'哟!"我们都哈哈哈地笑了好一阵。

"飞机在空中飞行,航向是用'度'来标示的。按照顺时针方向,一周为360度。正北方向为0度(N),正东方向为90度(E),正南方向为180度(S),正西方向为270度(W)。其他方向可参照这些正方向来确定,飞错航向的事是没有的。"

"肯定吗?"

"肯定!"

空姐实在热情,我又问:"'黑匣子'是个什么东西呀?"

空姐:"没有那个可不行呢!'黑匣子'是飞机飞行情况的整个记录系统,它主要有两个部件:一个放在机尾,是飞机状态记录器;一个放在机头,是飞机语音记录器,记录飞机上人们谈话和其他声响。飞机一旦有什么事出现,都可以查得清楚啰!"

我笑道:"那我们不能在这里谈机密事啊!"

"哈哈!你真滑稽!"

空姐真好!做事利索,说话温柔。一做完事,又会主动向我打招呼:

"你喜欢坐飞机,这么有兴趣!"

我微笑着:"少坐飞机就稀奇呗! 为什么现代飞机多是单翼的呢?"

"飞机的机翼早期有三翼、双翼的,到了19世纪30年代后,几乎成了单翼飞机的天下。"

"原因何在?"我急切地问。

"飞机的机翼是用来产生升力的。飞机在空中,全靠机翼产生的升力来平衡它的重量,而机翼所产生的升力是与机翼面积和飞行速度的平方成正比的,所以,飞行速度,机翼面积越大,所产生的升力也越大。早期飞机发动机推力小,速度慢,只有靠加大机翼面积来取得维持飞机重量的足够升力,所以产生了双翼和三翼型飞机。"

说着,笑着,飞机到了南宁的上空,空姐转身忙了起来,我当然该有点自知之明,没主动说话了。我目送着她那苗条的背影走进了客仓,不一会儿飞机停稳了,我等全部乘客下完了,才站起身来:"谢谢啦!太谢谢啦!再见吧!"空姐微笑着:"欢迎,欢迎下次再来四川民航!"

自那以后,一年,三年,五年,我感觉时常都坐在那架飞机上,特别是坐在那机尾储藏室的纸箱上的滋味……难怪有人说:人熟了,"飞机也要刹一脚",多大的官没遇到过,多富有的人也没遇到过,世界上真有那样的好运吗? 没谁能相信,可幻想变成了现实,好运我真的碰上了,好像世界上只有那么一次,也只有我一人。

九　好事多做好事在
诚心待人好未来

　　人之初,性本善,性相近,习相远。人来到世上,开初都是善良的,均无害人之心。有害人之心的人,都是后来因多种因素形成的,所以有"养不教,父之过"之说。人做一件好事最容易,做一辈子好事是很难的,所以,没有任何一个人要求过别人必须做一辈子好事,却又有很多人要求别人不做一件坏事。

　　要没有人或少有人做坏事,就需要我们回到"人之初"的原位,把"性本善"作为一个"路标",去体谅别人,对人体贴入微,宽宏大量,这种美德是无价之宝。

　　有人认为,帮人就是给钱送物,这固然无错,对解燃眉之急也是必要的。从长远来看,帮人要先帮"心",首先从"心"帮起,因为很多人做了错事甚至坏事,首先是偏了"心","心"歪了什么坏事他都可以去做,古今中外,无不如此。玛蒂尔德夫人是法国现实主义大师莫伯桑笔下《项链》中的女主人公,她年轻漂亮,爱慕虚荣。一次,为了参加部长的晚宴,她向女友借了一串项链,可在舞会兴奋之中,不慎遗失。她只好典卖家产,凑资买一串新项链还给女友。打这以后,她穷困潦倒,日子过得很凄惨。

玛蒂尔德夫人的悲剧,究其原因,实是她那种有害的心理——虚荣心所致。

不论古今中外,大凡那些好高骛远、追求名利、贪图享受、死要面子的人是往往容易滋长和产生虚荣心的。

有虚荣心的人,轻者目光短浅、胸无大志,生活的重点往往放在名利、享受和面子等问题上,庸庸碌碌、无所作为;重者皂白不辨,视线模糊,大脑不清,极易上当受骗,并滋长吹牛说谎、华而不实的不良行为。当今,社会上的一些女孩子上当受骗,以致失身、堕落,大多是因为她们爱慕虚荣所造成的。

奉劝青年的朋友们,切不可追求名利、享受,被"虚荣"二字所害。

"理解人"也是对别人的一种帮助。如果说"理解"好比鲜花,那么,"不理解"便好比荆棘。不过,也不必讨厌这种荆棘。我想,从帆船能借八面风航行的经验来看,"不理解"也可能成为人们前进的一种积极的动力。因为正确地理解它和对待它,它便会产生一种反作用力。所以,人们要求别人理解自己的时候,还应该尽量去理解别人的"不理解"。这也是对人的一种必要的理解。

说到这里,我想到了爱因斯坦。他的相对论刚问世时,被许多"科学权威"说成是"江湖骗术",是对德国思想财富的霸占和毒害。当时的报纸都为他叹息:"多少人能真正理解爱因斯坦呢?"面对误解和孤立,他没有退缩,而是同反对者公开辩论,最后终于使大多数同事站到了他一边。这是因为他明白"同别人相互了解和协调一致是有限度的"。爱因斯坦不仅能够理解"科学权威"们的"不理解",而且对此心存坦然。这也许正说明他对别人的"不理解"有着深刻的理解。

做人就应该像个人的样子,不能像鬼。世界上最丑陋、最可怕、最令人厌恶的就是鬼,鬼面黑,心最黑,鬼害人。这里想到一个《狐媚药方》的故事:

鸦片战争时期,清朝道光皇帝派他的侄子奕山出任靖逆将军,赴广州督师。奕山到广州后,不听林则徐的战守建议,污蔑人民抗英斗争,命广州知府余保纯与英军接洽投降条件。当时正值三元里平英团把英军围困在牛栏岗上,余保纯闻讯马上赶去,对乡民进行软硬兼施,强迫爱国民众解散,并护送残敌逃生。广州人民对清朝政府这种屈膝投降、丧失民族尊严的做法,恨之入骨。当时,有一文人看到这种情景,立即写了一篇《狐媚药方》讽刺余保纯这一班卖国贼:

余黄堂号(即知府)精制《狐媚药方》,服用的人可以延年益寿,润身肥囊,固宠求荣,加官进爵,实在是偷生得福之妙药,贵客光顾,须认明"专办讲和,情真价实,主顾不误"招牌为记,诊断药方如下:

柔肠一条,黑心一个,厚脸皮一张,两头舌一根,媚头一副,屈膝一对,叩头虫不拘多少,笑脸三分。

以上八味药,用笑里藏刀切碎,口蜜为丸,以狼心一个,狗肺一副煎成糊涂和药送服。

这篇文章虽短,但通过嬉笑怒骂的讽刺,把这班卖国贼的狼心狗肺、厚颜无耻、口蜜腹剑、媚敌求荣的奴才相,勾画得淋漓尽致,读后无不拍手称快。

听了《狐媚药方》的故事，无不痛恨卖国贼。但对自己人就要以诚相待，这样才会有和谐的美好的未来。

"人无信不立"，所以做人要有讲诚信的"心眼"这也是做人的一个基本原则。

有个《季札挂剑》的故事很有名，它是专讲做人要守信的。季札是春秋时吴国有名的公子，德才兼备，誉满天下。有一次他出使别国，路过徐国，与徐国国君会晤，席间，徐君看到季札腰间的宝剑，欣赏不已。季札考虑到还要出使别的国家，而佩件是使者的必备之物，不能送人，当时就没有表态。

等他完成出使任务回国时，又经过徐国，他想把那把宝剑送给徐君，可是徐君却已经去世了。季札十分惋惜，他来到徐君的墓前，把宝剑挂在墓前的树上，完成了自己心中的约定。

汉朝年间，有一个叫陈实的人。他为人正直，为官清廉，深受百姓的爱戴和好评。后来，陈实返回了故里，当地的官员、乡邻村民们都非常敬重他。

有一次，他与一个友人会面，酒足饭饱之后，两人决定一同远游，他们约定，次日午时在陈实家门前的大槐树下再次见面。两位友人为了表达各自的诚信，他们还在槐树前立了个高高的树十。如此之后，两人才揖手辞别。

次日，陈实提前来到树干前，等了一段时间，眼看着树干底端的黑影渐渐东斜，午时已过。这时，陈实猜想友人是另有他事而不能同行，或者已经提前出发了，于是就上路了。然而，就在陈实走了之后，他的朋友到了，左看右看，却不见陈实的影子，当时就气不打一处来，非要到他家去看个究竟问个明白，一到陈实家的门口，正看见陈实的长子在家门口玩耍。于是他便指桑骂槐，又像是自言自语道:"真不是人啦!跟人约好一块出门的,却又不等人。"当时,陈实的长子刚满七岁,名陈纪,字元方,是一个人见人爱、非常懂事的孩子。等他父亲的友人数落完后,小陈纪说:"您与我父亲的约定在午时,午时不来,就是无信,就是无礼。"那友人当即羞愧万分,想下车解释,而小陈纪头也不回就进屋去了。

做人做事,当官、当民、当兵、经商、教书、行医都要讲诚信,诚信是一种无形的资本,需要人们精心维护,慢慢积累。如果你不讲诚信,仅仅一次,就会把长期的积累挥霍一空,你的名声也会一落千丈。

十 | 凡事"一吐为快"好
克服"负性情绪"很重要

　　培根这样说过："经得起各种诱惑和烦恼的考验，才算达到了最完美的心灵健康。"以我之浅见，平民百姓之中，很多人难过的就是"诱惑、烦恼"这个坎。不少人都会在诱惑面前败阵，在烦恼面前低头，经不住"诱惑、烦恼"的考验。当然，也有不少智者勇敢面对，战胜了"诱惑、烦恼"，成为胜利者。在平民百姓中，每时每刻都可能遇上个"烦恼"事，绝大多数能坦然面对，笑脸相迎，"一吐为快"。

　　河北省有个最普通不过的人叫韩素英——名下岗女工，她遇到了不少"烦恼"事，她没有低头，笑脸相迎，"一吐为快"成立了个"饺子公司"。包饺子也是个普通不过的事，可她却在包饺子的过程中，琢磨出一套"快速包饺法"。2007 年 5 月 6 日，在中央电视台"挑战群英会"上，她在 200 秒内，连擀带包饺子 51 个，挑战获得成功。她的饺子馆常是人流如潮，人们慕名而去，很多人想吃她的饺子还要先打电话预订，她就这样红红火火，当上了"中国饺子王"。这样的人，在我们身边，不胜枚举。

有钱有势的人,经不住"诱惑、烦恼"的考验,就会跌下去;过得了这个坎,他又会站起来,成为胜利者,古今中外无不如此。

有一个叫维克多·格林尼亚的法国人,他出生于有钱人家,从小生活奢侈,不务正业,被人视为没有出息的"二流子"。在一次盛大的宴会上,一位年轻貌美的姑娘对格林尼亚说:"请站远一点,我最讨厌你这样的花花公子挡住视线!"骄横的格林尼亚有生以来第一次遇到别人对他的蔑视和冷漠,他怒不可遏……可是这令人无地自容的耻辱,却使他像一个昏睡不醒的人被猛击一掌后突然清醒过来一样,他留下了一封家信,悄悄地离开了家乡。信中写道:"请不要探询我的下落,容我刻苦努力地学习,我相信自己将来会创造出一些成绩来的。"果然,八年以后他成了著名的化学家,不久又获得了诺贝尔化学奖。

蒙受耻辱,软弱者因之颓废消极、自暴自弃,甚至自我毁灭,而意志坚强的人则能够用自己的行动去战胜和洗刷耻辱。格林尼亚正是这样的人。

据说格林尼亚获得诺贝尔奖后,收到了一封信,信中只有一句话:"我永远敬爱你!"写信者正是那位羞辱过他的美丽姑娘。

对于那些遇上"诱惑与烦恼"过不了关的人,有好心学者给我们支招:树立"五个观念",学会与人交流,增强交流效果。

(一)时间观念

这不单是指节省交流时间的问题,更重要的是指珍惜每一次交流机会。机不可失,失不再来。抓住有效的交流时间,树立起你在对方心目中的形象,是很重要的交流手段。

(二)信任观念

交谈双方应彼此信任,不可自筑"高墙",而要敞开心扉,消除

"逢人只说三分话,不可全抛一片心"的保守观念。在谈话中应主动、热情、大方、坦率地表达自己的见解,从而推进谈话的层次,加深彼此的相互了解。

(三)发现观念

这主要是指善于从对方的言谈举止中寻找交谈的媒介,也就是根据对方的爱好、兴趣、特长以及所关心的问题来展开话题。这样就容易引起对方的共鸣,打开对方感情的闸门,使他滔滔不绝地同你谈起来。

(四)协调观念

交谈,是谈话双方共同的事情,正如俗话说的"孤掌难鸣",倘若交谈变成了一方只顾说,另一方只顾听(甚至不听),那么这次交谈就不会令人满意。为此,必须树立协调观念,即:他无我引,他有我优,他优我赞。只有双方密切配合,才能使交谈在融洽的气氛中得以深入地进行。

(五)幽默观念

谈话是否具有幽默感,已成为一个人是否有口才的重要标志之一。平铺直叙、淡而无味的谈话往往令人听而生厌,富有幽默感的语言,则会使人听了就像喝了一杯美酒,从中得到享受。而且,富有幽默感的语言往往能促使你的谈话达到目的。

懂得了以上五点,才算学会了与人交往。交往中如取得了实效,就要好好坚持,这样逐步就会克服掉自己心中的负性心理。

世事沧桑,人之一生,实为不易。在看似平坦的人生旅途中,却处处充满了荆棘。有人时运不济,有人命途多舛,有人仕途不顺,有人痛失亲友;或者是跟爱人吵架了,或被领导训话了,或欠了一屁股债……这些难免会使人产生烦恼、紧张,甚至苦闷、压抑等情绪,也就是心理学上所谓的"负性心理"或"负性情绪"。

人有了"负性心理",就像房间积满了灰尘。有人会及时进行一次清理,然后积极乐观地面对人生。就像用吸尘器给房间做一次扫除,房间顿时变得亮堂堂的。可有人却无所适从,任由负性心理不断聚积,以致郁闷、焦虑、一蹶不振甚至崩溃。就像堆满杂物的房子,拥挤不堪,年久失修,最后坍塌。

能不能及时地排解负性心理,往往决定着一个人的成败。在美国,人们戏称:成功人士总是一手拉着律师,一手拉着心理医生。他们把看心理医生当做生活的一部分。心理医生其实就是充当着负性心理吸尘器的角色。诱导人把不快、愤懑、郁闷、悲伤等倾吐出来,并给予劝慰和疏导。"病人""一吐为快"后,便可排解负性心理,走出心理困境。

其实,心理医生这个"吸尘器"也不能一直不停地运作下去。在一定的时候,他也需要"维修"一下。如果一台吸尘器已经满是垃圾,超负荷运作,那它还怎么吸得动尘土呢? 在国外,职业心理医生都会定期接受考核,以保证这台"吸尘器"可以继续运作下去。

而近年来,我国的上海、北京、湖南、广州省等电台的"心理热线"节目主持人相继自杀,在社会上造成极大的震动。研究心理、开导他人、预防自杀的人,居然也自杀了!让人如何不震惊?

所以说,负性心理的力量是巨大的,绝不可小视,若不及时清理,任何人都会被压垮。我们要学会自己当自己的心理医生,不能成为负性心理的奴隶。

首先,自己的心要放宽点。遇到任何困难都一笑置之,"天生我材必有用"。如果你的心理素质没有那么好,无法做到那么超然,那就发泄出来吧。大叫一番,痛哭一场,或是适当地发发脾气,都可以宣泄内心的郁闷,摆脱负性心理。

当然,这时你是多么希望有一台负性心理的"吸尘器"在你身边可以把你心中的阴霾吸得干干净净。其实,这个人可以是你的亲密的爱人、你知心的好友、你慈祥的父母、你信任的师长……总之,向他诉说种种痛苦,把"烦恼"交给他,他帮你化解后,你就又可以轻轻松松上路了。

十一 | 复杂事情细观看
处事不应"想当然"

人,会受别人的骗,也会去骗人,别人骗了自己有时知道,有时不知道;自己骗了自己,一点不知道,从来就不知道。很多人承认过自己受了别人的骗,但却没有一个人承认过自己骗了自己。我自己就如此。

"人大代表"骗人吗? 骗人,我就被一个姓朱的"人大代表"骗过。总经理骗人吗? 骗人,我就被一个姓董的总经理骗过。我总是认为他们骗了我,从没想过是自己骗了自己。思前想后,问题出在眼睛上,看个鸡蛋,外面都是光光的,里面是好是坏,不多个"心眼"就会全然不知,这叫"两面性"。鸡蛋有"两面性",人也有"两面性",人和事物都有"两面性"。自己不知道骗了自己,那是个骗人的"魔鬼",名叫"己莫知",它在人的身边已有几千年上亿年了,从有人类开始,它就在骗我们,只是我们不知道。

你说"月亮"骗了我们多少年? "己莫知"骗了我们多少年,"月亮"就骗了我们多少年。月亮,在人们的心目中,自古以来就是很美的。你看,它那银白的月色,似水的清辉,静谧无声地洒向人间;

它有时弯弯似小船，如娥眉，有时圆圆似银盘，如人面；它还有许多美的神话传说，如嫦娥奔月，吴刚伐桂。它给予人们一种朦胧、神奇、妩媚、柔和、清幽之美的感受。

但是，从科学的观点看，月亮实在是不美的：看上去银光闪亮，这不过是反射太阳的光，其本身并不发光；它是地球的卫星，其体积大约为地球的四分之一，表面是凹凸不平的，被一层毛石和土壤覆盖着；它干燥无水，基本上没有大气，有的多是带电尘埃、某些游离的挥发物；它没有任何生命，到处是光秃秃的一片，没有花草树木，也没有江河湖海……如此一个圆滚滚的庞然大物，何美之有？

然而，在人们的意念中，月亮又的的确确是很美的，这是什么原因呢？19世纪德国著名的黑格尔派美学家费歇尔在他的巨著《美学》中指出："我们只有隔着一定的距离才能看到美，距离本身能够美化一切。"瑞士的美学家布劳在他的《心理距离》一书中也指出："最广义的审美价值，没有距离的间隔就不可能成立。"他认为，审美主体在审美时要同实用的功利主义有一定的距离，才易于产生美感。我们站在地球上看月亮，由于中间有着遥远的距离，使人们不能看清它的本来面目，只能根据它的外部特征和形象，产生一些美好的联想。其次，月亮之美，又是由于它与人的社会精神生活有着密切联系。正如车尔尼雪夫斯基指出的那样："任何东西凡是显示出生活或使我们想起生活的，那就是美的。"

能使我们想起生活的，今天、昨天、前天一言难尽。有位法国名人说过："你要认识真理，就得深入生活……去熟悉各种不同的社会情况，试住到乡下去，住到茅棚里去，访问左邻右舍，更好地瞧一瞧他们的床铺、饮食、房屋、衣服等等，这样你就会了解到那些奉承你的人没法瞒过你的东西。"照狄德罗说的话去做,有可能少受点骗。

我国古代有位大诗人叫苏东坡,他刚被贬到密州当太守,屁股还没坐热,就听说出了谋杀案,因而就有了个《赵夫人骗苏东坡》的故事。

密州富商赵钱孙的夫人四十寿辰,赵宅上下张灯结彩,大宴宾客,赵夫人喜气洋洋地端坐堂上,在司仪的礼赞声中,儿子赵书仁和儿媳跪在红毡上向母亲行了大礼,然后端过预先准备好的寿酒,恭恭敬敬地举过头顶:"儿子祝愿母亲身体健康,寿比南山!"

赵夫人笑吟吟地接过酒杯,手突然一抖,寿酒溅了一些在地上,"吱"地冒起了几缕轻烟。赵夫人脸色突变,低头闻了闻酒杯,转身泼在地上。就在众宾客愣神儿的工夫,只听"哧"的一响,那酒竟然在地上沸腾起来。这下众人看明白了,那酒里有剧毒。

想毒杀母亲,这还了得!在场的宾客们不由纷说,七手八脚将赵书仁捆绑起来,押往衙门问罪。东坡一升堂,衙役将赵书仁夫妇押上堂来,小两口吓得浑身直抖,连话都说不明白。东坡听了宾客们的证词,让他们在文书上画了押,让人把赵书仁夫妇关进监牢,就退堂了。

退堂后,东坡找来钱师爷,如此这般地吩咐了一番。晚上,钱师爷回报,富商赵钱孙的发妻去世已经8年,赵钱孙本人也于两年前去世。现在的赵夫人是续弦,即赵书仁的继母。赵夫人当家理财十分精明能干,赵书仁因天生懦弱,经常遭受赵夫人的叱责。剧毒寿酒虽是众人亲见,但这酒都是由宅子里的一个叫赵为财的下人置办的。出事的当天中午,赵为财就出了宅子,不知去向。

苏东坡听罢,叫钱师爷下去歇息,自己则在书房踱来踱去,直至深夜。

第二天,苏东坡升堂。赵夫人,赵书仁夫妇均在堂下听审,赵夫人一口咬定毒酒是赵书仁夫妇所备,想要除掉她这个"外姓人"。赵书仁哆嗦着说:"小人自幼读书,深明礼义,视继母犹如亲母绝不敢行此伤天害理之事,酒中为何有毒,小人实在不知,万望大人明察!"

苏东坡点点头,叫声"带人"!几个衙役应声带上一个人来,却是密州生药铺的李老板。李老板证实:赵为财三天前在他铺子买过毒药,说赵宅里老鼠闹得厉害。苏东坡听完,一拍惊堂木喝道:"赵家下人赵为财,在酒里下毒毒害主人,众应速将其捉拿归案。赵书仁夫妇属不知实情,释放回家。赵书仁虽是商家子弟,但知书明礼,回去后更要孝敬母亲,潜心攻读,将来在科场上博取个功名。赵夫人,我看你儿子是个孝子,不会害你,你们都回家去吧。"

赵书仁夫妇听了,立即叩头谢恩。赵夫人却哭嚷起来:"大人,你若要民妇死,民妇死在这里就是,家是不敢回了,求大人给民妇做主!"

东坡一惊:"此话怎讲?"

"大人有所不知,赵书仁自恃是赵家唯一的后人,视民妇为外姓人,对我管理赵家财物深为不满,私下里多次说过要将我赶出宅子的话。此次的毒药虽然不是他亲手所买,却又怎知不是他指使赵为财所为?如果就这样放他回家,民妇恐怕是性命难保啊!"

苏东坡手抚长髯,沉吟了一阵,问道:"赵夫人,你说赵书仁起心害你,有何证据?"赵夫人答道:"民妇虽无证据,但只要大人将赵为财捉来一审便知。"

赵夫人这样一说,东坡就不好坚持放人了,正踌躇间,地保来报,说在城外一口井里发现赵为财的尸体,经仵作检验,是被人用木棒打死的,身上除了衣裳别无一物。东坡一听,勃然大怒,厉声喝道:"好个赵书仁,果然是蛇蝎心肠,收买下人投毒杀母在先,又杀人灭口于后,本官差点让你给骗过了!来人!速将赵书仁打入死牢!"

几个衙役扑上来,哗哗一声给赵书仁夫妇套上铁镣,钉上死枷,拖离了公堂。东坡叹息一声,对赵夫人说:"赵书仁虽然行事歹毒,但其罪尚在可死可不死之间。你是原告,也是他继母,本官念他是个读书人,大胆在公堂之上为他求个情,请你网开一面,让本官免他二人死罪,判为流放,可行?"

赵夫人一怔,正色答道:"大人身为朝廷命官,深谙国家法度。是何罪,依何律,当由大人按国家法度论处。民妇与赵书仁虽有母子之名,但这是于私,民妇不敢因私而置国家法度于不顾,望大人明鉴!"

东坡脸色一红,抚髯点头:"赵夫人深明大义,是本官错了。不过你们既有母子之名,本官请你为他二人准备两口上好棺木,日后审过,即让他们入土为安,这可行吧?"

赵夫人说:"这个,民妇做得到。"

第二天中午,赵夫人果然命人将两口上好棺木抬到大堂前,只等着苏东坡将赵书仁夫妇问斩后收尸。三通升堂鼓响过,苏东坡身着四品官服威严升堂,赵夫人立在一旁听候宣判。待衙役将赵书仁夫妇带上大堂,赵夫人不禁大吃一惊,两个人枷锁尽去,衣着整洁,哪像即将问斩的死刑犯。正暗自惊疑,只听堂上一声断喝:"大胆刁妇赵吴氏,此刻还不低头认罪,更待何时?"

赵夫人浑身一颤,叫道:"民妇无罪,大人不可枉法!"

东坡抚髯而笑:"常言道,不见棺材不掉泪,你是见了棺材也不掉泪,也算是个人物了。你虽狡猾,但那点雕虫小技如何瞒得过本官?来人,带吴良新上堂!"

这吴良新何许人也?就是赵夫人的亲哥哥,一个走街窜巷的货郎,顷刻间,肩扛重枷的吴良新被两个如狼似虎的衙役推上堂来,赵夫人一见,顿时面如死灰,瘫倒在堂上。

苏东坡算有"心眼",赵夫人想骗苏东坡,苏东坡却识破了赵夫人与其兄吴良新二人,自编自演的谋财害命,杀人灭口的勾当。她令哥哥吴良新杀死制药的下人嫁祸于赵书仁夫妇二人的阴谋,败露于光天化日之下。最后将吴氏兄妹二人问斩,赵吴氏备下的两口棺木,刚好装了她兄妹二人。如果苏东坡没有深思细查、细问、细看,凭"想当然"去断案,又会是什么结果呢?!

十二 | 勉强行事是为悖 学会"放弃"是智慧

　　"放弃"这个词,依我这外行看,在很多科学家、作家、学者们的嘴里都很难说出来,我读完《中外名人名言》这本书也未曾找到这个词,看来要大声说一声"放弃"很难。中国是个人口大国,老年人越来越多,为了"老有所乐",有人开始探讨这一话题。人老了,进入了"随心所欲而不逾矩"的境地,该休息了,要学会"放弃",放弃杂琐、放弃杂念,积攒快乐。"放弃"是一种智慧,也是一种快乐。

　　要想采一束清新的山花,就得放弃城市的舒适;要想做一名登山健儿,就得放弃娇嫩白净的肤色;要想穿越沙漠,就得放弃绿荫下的咖啡和可乐;要想永远有掌声,就得放弃眼前的虚荣。

　　生活有时会逼迫你,不得不放走机遇,甚至不得不抛下爱情。你不可能什么都得到。

　　生活中应该学会放弃。

　　苦苦地挽留夕阳,是傻人;久久地感伤春光,是蠢人。什么也不放弃的人,往往会失去更珍贵的东西。舍不得家庭的温馨,就会羁绊启程的脚步;迷恋手中的鲜花,很可能就耽误了你美好的青春。

今天的放弃,是为了明天的得到。干事业的人不会计较一时的得失。

放弃,可以轻装前进。放弃,可以摆脱烦恼,摆脱纠缠,使整个身心沉浸到轻松悠闲的宁静中去。

放弃还会改善你的形象,使你显得豁达豪爽。放弃会使你赢得众人的信任,从而掌握主动。放弃会让你变得精明、能干、更有力量。

学会放弃吧,放弃失落带来的痛楚,放弃屈辱留下的仇恨,放弃心中所有难言的负荷,放弃耗费精力的争吵,放弃没完没了的解释,放弃对权力的角逐,放弃对金钱的贪欲,放弃对虚名的争夺……

放弃是为了更好地拥有!

我就试着学点"放弃"。想写书当作家,可功底太差,精力不济,该"放弃"。学打麻将,脑子笨,输的多赢的少,"放弃"。很想去经商,但一无资本,二无经验,找个"倒帮补"不划算,"放弃"。当然,也一定有不可放弃的,适当的娱乐生活,不可放弃。更不好"放弃"的是对子孙的教育,这是义不容辞的责任,对国家对自己都没有理由说放弃。

伊莎多拉·邓肯说过:"我常听见有些家长说,他们的工作是为了给孩子们留下很多的钱。真不知道他们是否意识到,这样做正好是把这些孩子生活中的冒险精神一笔勾销了。因为给子女们留下的钱越多,孩子们就越软弱无能。我们给子女最好的遗产就是放手让他自奔前程,完全依靠他自己的两条腿走自己的路。"该留给孩子的是什么? 不该留给孩子的是什么? 邓肯回答得如此明白:"放手让孩子用两条腿走自己的路!"这是我们平民百姓谁都能办得到的事。但却又有很多人办不到:一是觉得不给后人留下丰厚的存款、高档的住房过意不去;二是光留点"说教",没多大用处。恰好是这最宝贵的东西被人们忽略了,放松了,路又怎么走得好呢?

根据现代生理、心理学的研究结果,人类可以有四种年龄:出生年龄、生理年龄、心理年龄和社会年龄。出生年龄是父母给的,是不可改变的;生理年龄、心理年龄和社会年龄则可以通过身心的锻炼、个人的努力加以改变,而且可以弥补出生年龄之不足。有些人虽然出生年龄大,但身体健康,就是说,他的生理年龄还比较年轻,心理上自我感觉不老,能对社会做出与他出生年龄不相应的贡献,从而看起来比他出生年龄年轻。相反,有的人出生年龄并不太大,却在身体和心理上显得很衰老,对社会贡献也较少。之所以有这两种不同情况,就是生理、心理、社会三种年龄反作用于出生年龄的结果。

因此,一个人老还是不老,不能单纯看出生年龄,大量的科学研究表明,人的心理状况对生理有很强的反作用力。只要勇于进取,富于思考,配合适当的生活条件,心理就会永葆青春,人老而心不老,保持身心健康。

只要人心不老,我们就有充沛的精力去将孩子们扶上马,送一程,要帮在"心"上,扶在"点子"上,让他们脚踏实地走好自己的路。

(一)学会正确对待人生

对待人生,首先要懂得"人的价值"。人的价值由三个要素构成:

①人的内在价值，是指凡是人都具有的自觉能动性，具有潜在的认识和改造世界的能量和创造力，它是人的价值的前提和基础。

②人的外在价值，是指人参加一定形式的社会实践活动，发挥其固有的创造能力，提供和创造出有益于社会和群体的物资和精神财富，具有表现为对个人和他人、对社会的责任和贡献。

③社会对个人的尊重和满足，是实现人的价值的必要条件。人的内在价值决定了人是值得被肯定和被尊重的，然而人的内在价值如果不能转化为外在价值，表现为人对社会的进步和发展所作的贡献，它就没有现实意义。一个人仅为私欲钻营奔忙，不能为社会和他人提供一点自己的"有用性"，即使他耗尽了自己的能量，其外在价值仍然等于零，甚至可能是"负价值"。

要实现人的内在价值向外在价值的转化，必须有两个条件：一是主观条件，最根本的是人的创造性实践，只有把个人的发展同社会的进步、自我实现同社会贡献自觉地统一起来，才能最大限度地实现和提高自我的价值；二是客观条件，就是社会和他人对个人的尊重和满足，所以需要提倡和谐的人际关系，形成有利于人才成长的兴奋环境，提供培养人们积极向上的精神状态的良好社会条件。

(二)学会奋飞，勤读苦学

人，要有所作为，首先应养成勤奋好学的良好习惯，没有知识，就干不成大事。古今中外，概莫能外，丘吉尔就是由一个劣等生变成世界名人的。英国前首相丘吉尔少年时代不爱学习，成绩总是班里倒数第一。他想当军人，以为作战只凭勇敢，不需什么学问。后来连考四次，才考入圣德赫斯特皇家军事学院。1894年，他随军进驻印度,在实践中深感知识浅薄,便时时以"我曾是一名劣等生"鞭策自己。当地酷热,他每天挥汗苦读四五个小时,军旅生活紧张,他刻苦阅读了许多哲学、文学、历史、军事、政治名著,二十三岁时便写出了《马拉坎德远征史》。退役后,任英国《晨报》战地记者,发表了不少动人的报道。

丘吉尔一生政务繁忙,但所写巨著不少,包括《第二次世界大战回忆录》。据说,他是现代英语作家中词汇最丰富者之一,而且于1953年获诺贝尔文学奖,这在各国政府首脑中极为罕见。

丘吉尔从四十岁起学绘画,成绩不坏。他还获得不少名牌大学的名誉博士学位。

(三)学会"一技之长",凭实力做事

人,不能当专家、学者,只要有志气,有奋斗目标,刻苦学习,掌握"一技之长",凭实力做事,就同样能成功,同样有美好的前途。

诸葛亮被刘备重礼请出山后,关、张二将曾很不服气,说:孔明年幼,有甚才华,兄长待之太过!又未见他"真实效验"。用今天的话说,就是不见政绩吧!夏侯敦杀向新野,孔明以数千兵马,把夏侯敦10万精兵杀得落花流水,这"真实效验"把关、张佩服得五体投地,称赞"孔明真人杰也"!仗一打完,架子十足的关、张见孔明时,立即"滚鞍下马",拜服于孔明的车前。内心服气带来了行动服从,在以后的漫长征途中,关、张二将在孔明指挥下,打了不少漂亮仗。

服气,表示由衷信服的心理状态。从关、张对孔明的由不服气到"五体投地",使人不难悟出这样一个道理:既不能乞求别人服气,也不能强迫别人服气。"人心"只有靠"真实效验"去"征服",可

以肯定,哪怕孔明"三分天下"的"施政演说"再美妙动听,刘备这个"上级"对他再支持,假若孔明胡乱用兵,被夏侯敦杀得丢盔卸甲,关、张也绝不会称赞他。

(四)学会交往,会说话

当今开放的社会,不论你从事何种职业,都要学会交往,在交往中,要谦虚谨慎,懂礼貌,首先要学会说话,说话是一门学问。它是人的逻辑思维、即兴思维和应变思维及语言表达等多种能力的综合体现,是交流思想,传播信息最普遍、最重要的手段。

在交往中,偶尔遇到不快时,切忌说气话。说气话害处有三:一是激化矛盾;二是破坏原则;三是导致工作被动。总之,应做到不以"怒"镇人,不以"火"伤人,不以"气"唬人,而是以情感人,以理服人,以身教人,以形成和谐的交往氛围。

(五)学会堂堂正正做人

人与人交往,首先要注意相互尊重,要有原则性。要有良好的道德和美好的个人形象。不要自以为是,自欺欺人。

像鲁迅先生笔下的阿Q,长了一头癞疮疤,不想办法医治,反倒埋怨别人的嘲笑;挨了打,也不找一找挨打的教训,而是想着"儿子打老子"便心满意足。这就不是"合理化"的心理调整,而是讳疾忌医、执迷不悟的自我麻醉。

人有了缺点错误或是遇到挫折,心情自然是复杂的,懊悔、沮丧、烦恼、焦躁,甚至还会产生自悲、绝望等变态心理,这就很需要进行"合理化"调整。但必须是健康有益、积极向上的调整,自觉克服自暴自弃、悲观失望、怨天尤人、患得患失以及"破罐子破摔"之类的消极情绪,才能精神振奋地迈向新的生活。

对教育子女要有"真心",工作要到位,要做到"四有":即言之有理,行之有度,教之有方,爱之有心,就可以收到良好的效果。

  总之,我们不愿做的,该"放弃"的,就"一刀两断",轻松愉快地"放弃";该做的,狠下一条心,死不回头做到底,年纪大了,也会成功,年轻人更会成功。成功了就是最大的快乐,最大的智慧。

懂得用人苦变乐
疑而不疑显方略

　　有人问我，人是什么？变了一辈子人，谁不知道人是什么。我模棱两可，把不知道放在心里，不可明说亮丑。

　　人，是一切社会关系的总和。人的社会化，继续社会化，再社会化的完成过程，就是指一个人，从婴儿期、学龄前期、少年期、青年期、中年期到老年期不同年龄阶段的学习知识、掌握技能、取得社会生活的资格和发展自身等一系列的社会性过程。而具体的每一个人在这个过程中都会演绎出"八仙过海——各显神通"的好戏来。"如果是玫瑰，它总会开放的"——歌德这样说。

　　我国古代军事家孙子论述领导人才素质时说："将者，智、信、仁、勇、严也。"所谓"智"，就是要有渊博的知识和超常的才能，有韬略，有应变，判断合理，决策正确；所谓"信"，就是说话算数，言必行，行必果；所谓"仁"，就是爱护部下，并为之谋；所谓"勇"，就是有胆量，有魄力，勇敢果断，身先士卒；所谓"严"，就是纪律严明，有功必奖，有过必罚，不讲情面。孙子论领导人才的五大要素，虽然距今已有两千多年，但仍然值得我们借鉴。

当今这个开放的社会,各式各样的人才,都有了用武之地,七十二行,行行出状元的时代才真正到来。我们应该创造条件,大胆起用人才,让他们在七十二行的每一行中各显其能,施展才华。不要怕他们犯错误,有了错改了,就会坏事变成好事。北宋王安石轻信了泉州进士吕惠卿的拍马溜须,重用了他,参与了王安石的"青苗"、"均输"等变法活动,吕惠卿上台后却另搞一套,结果使王安石的变法以失败而告终。王安石晚年由衷地感叹:"人才难得亦难知。"这当然是一个深刻的教训。

失败了,不能倒下去,应该很好总结经验教训,重新再来。美国施乐百公司曾对公司高级主管做过一项为期40多年的研究,目的是要发现和预测出为什么有人成功,有人失败。该公司有一位参与这项研究的心理学家兼公司心理服务部主任本兹指出:研究发现,表现欠佳的高级主管人有以下八种不利的特征与行为模式:

(一)追求个人地位的冲动:有些主管有着一种虐待他人,置他人于挨打地位的需求,无可遏制地追求个人地位的冲动。

(二)虽严厉却无能:这些主管常常以严厉的批评与攻击性格掩饰其无能。当景气时,他们也许能起激励作用;景气欠佳,就会束手无策。

(三)行动主义式的执行人:他们仅是执行者,而非主管之才。一旦他们当家做主,就会招致失败。

(四)才不足以当大任者:他们能和部属建立很好的关系,但无法处理大机构的繁杂事务,不能跟其他主管人协调合作。

(五)步步攀升上来的:因为在低职位时干得不错,他们得以晋升,但因能力有限,再也无法发展。

(六)没有主见者:他们不能建立一个凝聚团结的核心,对部下授权过多,导致目标与方向模糊。

(七)不够成熟的判断者:他们易受情绪左右,有着缺陷的性格或拙劣的组织能力,只能做过去做过的事,难以应付新情况。

(八)坐"直升飞机"上升的:由于快速提升,他们缺乏某种基本业务知识,如不注意迟早要失败。

犯了错误的人一旦改过来,就会如虎添翼。关键在于如何用好人,根据多年的实践和经验证明,用人要注意"十忌":

一忌任人唯亲,排挤人才;

二忌学非所用,浪费人才;

三忌弃之不用,埋没人才;

四忌大材小用,挫伤人才;

五忌小材大用,坑害人才;

六忌拔苗助长,扼杀人才;

七忌求全责备,苛刻人才;

八忌吹吹拍拍,拜煞人才;

九忌部门所有,贻误人才;

十忌管理不善,流失人才。

要使人能成功,让他们在适合自己特长的岗位上造就一番事业,就要给他们指明方向和奋斗的目标。让他们知道人生的路上有"六个路标":

第一个路标上写着:"耐力"。除才智、闯劲和勇气外,你还必须以顽强的耐力对付生活中遇到的各种坎坷、障碍。

第二个路标上写着:"体谅"。对人体贴入微,宽宏大量,这种美德是无价之宝。

第三个路标是:"独创"。不满足于现状是建立一个新世界的必要条件,要紧的是"不满足"的内容。

第四个路标是:"热情"。对任何有益之事都充满朝气,这是通往成功之路的一个秘诀。

第五个路标是:"自制"。一个在各方面都分散自己精力的人,是不会有什么创造性的。

第六个路标上写着:"正直"。正直与廉洁相通,与始终不渝地坚持真理、忠实于信仰紧密相连,它是建立生活大厦的坚实基础。

在人生的进程中,一定要动情、动心、动真格去做你看准了的事,不能当"马虎先生"。

据传说,古时有个画家,喜欢画虎。一次他刚画成一个虎头,有个朋友请他画匹马,画家顺笔一挥,在虎头下面添上了马身,朋友问他:"画的是马还是虎?"画家答曰:"管它是什么,马马虎虎吧!"朋友生气而去。

画家把这幅画挂在墙壁上,他的大孩子问道:"爸爸,上面画的是什么呀?"画家漫不经心地答道:"是马。"二孩子见了也问他,画家又随便地答道:"是虎。"两个孩子遂马虎不辨。一日,大孩子遇到老虎,以为是马,想骑它,结果被虎吃掉;老二碰上一匹马,却认为是虎,拉弓将马射死。于是,人们便送给画家一个外号,叫"马虎先生"。

当了"马虎先生",美好的事业就会前功尽弃。对待事业,必须认认真真,精益求精,去奋斗,去努力实现。看准了的人,就要毫不动摇地大胆使用,充分发挥其作用。胡适之先生曾有话:"做学问要在无疑处生疑,待人要在有疑处不疑。"这样,就能使用人与被用人在心中没有"隔墙",没有距离,相互支持信任,就能让人才有用武之地,大展宏图,创造新的奇迹。

十四　遇事不惊善妥处学点"心理防卫术"

　　人,一生在世,会遇到无数数不清的事,好事、坏事、大事、小事、快乐的事、伤心的事。遇上倒霉的事,会伤心,遇上快乐的事,也会"伤心",如不是这样,"乐极生悲"从何说起呢? 伤心也好,不伤心也罢,这可能与个人的"性格"有很大关系。

　　什么叫"性格"?

　　"性格"不是天生的,"性格"可以改变。

　　心理学认为:性格是一个人的"典型性的行为方式",也就是说,一个较成熟的人在各种行为中,总贯穿某一种行为方式,这是经常的,而不是偶然的,这就是性格。

　　例如:甲君不论在众人聚会的场合,或是在工作中,甚至一个人在房子里,都是生气勃勃、喜欢活动的。这样,我们说他的性格是活泼的。如果,某一日,他有点心事,因而变得沉默寡言,但这只是很偶然的情形,我们就不能说他的性格是沉默寡言。

　　性格与气质有些关系。但是气质与生理上的关系比较密切(心理学上把气质分为胆汁质、多血质、黏液质与抑郁质四种基本类型)。影响性格的第一个要素是"环境"。

例如:同样是属多血质(活泼型)的人,如果他生长在一个富有的家庭,而又没有很好的教养,从小被娇纵惯了,那么也就会产生"轻浮"、"散漫"一类的性格;如果他的家庭环境很困难,迫使他从小就得帮助家庭做事,应付各种各样的人物,于是他就会形成"机智"、"灵敏"等等性格。

影响性格的第二个要素是"教育"。所谓教育,不一定是学校教育。这里是泛指一切的教育与影响。在同样的境遇中,也有人会养成完全不同的性格,这就与此有关。例如:一个人不幸处在十分艰苦的境遇中。如果他受到的教育是劝他忍受、安分,久而久之,他会养成安分守己的性格,遇到什么不幸,他也是安分守己;如果他受到的教育是鼓舞他去战胜困难,久而久之,他会形成乐观的、坚强的性格。

从这里看来,性格显然不是什么天生的、神秘的东西。它是人们习惯于那么做、习惯于那么想的结果。心理学上的术语,称之为"意识倾向性"。

这样,我们就可以得到两个结论了:

第一,性格的形成,是与每个人的主观努力有关的。因此,你不能以性格如何如何,来为自己辩解。

第二,性格可以通过新的自觉,新的自我教育,以及新的实践加以改变。

只要你坚持努力按照一种新的"行为方式"来行动,直到变成了你的习惯性、典型的行为,你就已有一副新的性格了。

有了一副好的性格的人,他不管遇上大事、小事,甚至天大的事,他也会镇静自若。这样的人在我们身边,随处可见,只要你去想一想,好多典型人物就会站到你的面前来。所以,我讲个远一点的事。

历史上有个晓岚机智应对皇上,死里逃生的故事:我们身边有好多人,都喜欢称自己的爸爸叫"老头子",但要问这"老头子"的由来,恐怕能说得清楚的人不多。

朝隆年间,纪昀(晓岚)主持编纂《四库全书》。某一夏日,酷热难当,晓岚满头大汗,索性把上衣脱个精光。真巧,乾隆此时巡视来了,晓岚着了慌,急忙钻到书案下躲起来。他窝在案下,焦头烂额,自认晦气。过了一会儿,伸出头来问书童:"老头子走了没有?"话音未落,就见乾隆正坐在那儿品茶,晓岚知道事情糟了,赶忙钻出来穿上衣服,匍地叩头谢罪。乾隆开口了:"你为什么叫我老头子?讲出道理来,免于追究,讲不出道理,便是死罪!"在这关键时刻,晓岚那聪明的脑袋瓜又创造了奇迹:"百姓称皇帝为万岁,万岁就是'老',皇帝位居亿万人之上,这不就是'头'吗?皇帝是天子,所以简称'子','老头子'三字连起来,就表示全国臣民对皇上的尊重啊!"乾隆听罢这番解释,哈哈大笑,说:"算啦,算啦,赦你无罪。"

从此,"老头子"三个字,流传更广,它不仅只是一个年龄大和辈分高的概念,还往往含有戏称位尊权重的大人物的意思。

这个故事足以说明,遇事不惊,急中生智,巧妙应对,妥而处之,就能闯过难关,甚至死里逃生。

这个故事还说明,遇事不惊,不仅仅是一个性格问题,还有一个很重要的"心理问题"。心理上不出问题,才会遇事不惊,泰然处之。

十五　好事多做力成功
　　　人生一世多美梦

1961年，我在忠县永丰公社工作，那时正值我国困难时期，也是"三面红旗"（大跃进、人民公社、公共食堂）高高飘扬的时代。那年间，公社干部下队工作的主要任务是割"资本主义尾巴"。到社员家里去"端碗、砸锅"，扯社员家自留地的包谷、南瓜，赶他们去公共食堂吃饭。一个食堂120多人，饿死了很多人，结果只剩了8个人。剩下的几个人，他们心里想"雪地里的松毛虫——没有几天活头"啦!

有一次，县里来人检查公共食堂，收了锅碗一大堆，我住在那个生产队，看着那些老老少少渴望生存和期盼的目光，我横下一条心，悄悄将收起来的锅碗瓢盆还给了他们，社员们从心里露出了一丝微笑。从那以后，我一回到公社，常会受到一种莫名的特殊待遇，公社粮店有个称"笑和尚"的人，个子不太高，头很匀称，鸭蛋形的脸，微带一丝红晕，一双聪慧的眼睛，两条略粗的眉，头上剃着深平头，见人总喜欢先送一个微笑，再说话打招呼，喜欢同别人交往。

"笑和尚"常在夜深来叫我去吃糠粑,时间久了,我从内心向他表示感激:

"真感谢你,要不是你喊我吃糠粑,我也命难保啊!"(每个月18斤粮票,不到二十号就吃光了)。

"你别说谢了,是爸叫我来喊你的。"

"你爸是谁?"

"三丘大队,姓周,外号铁脚板!"

"啊!我知道了。三丘水库工地那个'铁脚板',是被大伙喊出了名的。"

一个冬修水库,他时常打光脚板,比水桶还大的石头别人搬不动,他搬得动;他搬不动的,再没第二个能搬得动;别人不愿干的,他去干;运公粮,别人挑90斤,他挑180,时间一久,大家送他个外号"铁脚板"。对那些不公平的事,不管是谁,他都敢"扛起竹竿进巷子——直来直去",提意见,不怕得罪人。

停了会儿,我又问:"你爸常在食堂吃饭吗?"

"不在食堂,去哪里吃?"

"吃得饱吗?"

"一个红苕一上秤,每人三两,多了的要剔掉半节再给你,哪个吃得饱哟!"

"哈哈!你爸那个'铁脚板'取得好呢,饿着肚皮也可以干重活!"

"爸说,你是个好人,还了他的锅碗瓢盆,可煮点野菜、树皮保住性命。"

"叫你爸,悄悄多种几窝南瓜、包谷,渡过难关!"

"笑和尚"立刻泪流满面,哽咽着,一个字一个字地说:"爸……他……已死啦!"

我惊讶了一阵:"死啦!怎么死的呢?"

"爸他,劳力强,饭量大,吃不饱,'白算泥'吃了解不出便,痛死啦!"

此时的"笑和尚"成了泪人儿,他低沉着说:"爸走时,声音嘶哑地告诉我说,公社那个麻子社长,两次来砸我的锅,扯我自留地的南瓜,割资本主义尾巴,把我的老命割了,你记住,不要喊他吃糠粑。"

我的泪同"笑和尚"的泪一起流……心伤过了,他照样喊我吃糠粑。

我吃了糠粑,走路脚不打闪,心里也乐滋滋的好受。可好景不长,县委张书记来检查工作,把我逮了个正着,我正在粮店吃糠粑,他立即召集公社干部开会批斗我,罚我站了两个钟头,要我深挖思想根源,从灵魂深处闹革命,从思想上"割资本主义尾巴",最后宣布我为"新生资产阶级异己分子"。可好运还是回来了,张书记没给我下书面处分决定。

这件事,在我心中打下了深刻的烙印,也是留在我心中永恒的"记忆"。

每当我回想起这件事,我就会想起安泰和他的母亲的故事:

在古希腊神话里,有一个英雄,他的名字叫安泰,是海神和地神的儿子,他力大无比,谁也战胜不了他。他为什么有这么大的力量呢?据说,安泰对他的生身母亲——大地,有一种特殊的依恋感情,每当他和敌人搏斗遇到困难时,就往母亲身上一靠,于是就获得了新的力量。但是,安泰的致命弱点也在这里,他最害怕别人使他离开地面。后来,果然有一个叫赫剌克勒斯的敌手,利用他这个弱点，不让他和地面接触，在空中把他扼杀了。

个人和人民群众的关系就如同安泰和他的母亲——大地的关系一样。任何英雄豪杰都是来自于群众，一旦脱离了人民群众，他必将一事无成。

1964年，我在忠县白石区做共青团工作，常住在万板公社，以那里为家，把广大青年组织起来，搞生产突击运动，哪里有困难就往哪里上，植树造林有困难，青年们上；抢收抢播有困难，青年们上；抗旱抢险有困难，青年们上；大搞农田水利有困难，青年们上；团的工作落后了，青年们上。你上我上，大家上，团的发展，工作的开展创造了全省第一。团县委、团省委号召学习万板；中共万县地委发出文件号召全地区九县一市团的工作学万板，我也受到了各级团委和党委的表彰。

生产上去了，家家户户粮满仓，社员个个喜洋洋。可好景不长，一年过后，"文化大革命"运动开始了，由起初的口头辩论至文斗，由文斗升级到武斗，很快形成两大派——"造反派"和"保皇派"，所以，我们万县地区出现了震惊全国的大武斗，三省（四川、湖北、陕西），十二县（市）武装攻打云阳，两派相互残杀，打死群众2400余人，上上下下，机关、农村瘫痪了。想再干什么事没有机会了，想学知识，除了"红宝书"（《毛泽东选集》），别的书买不到，看不到，也不能看。我也随大流当起了"逍遥派"，坐进了"一杯茶、一支烟、一张报纸看半天"的办公大楼，弹指一挥间，"逍遥"了十多年。

人，"逍遥了"，可思想上一直做着回头再来的"美梦"，"美梦"就是"咬定最后的十分之一"。那时候，当然不会用这个词，只是心坎上有那个意思。这是一位万里长跑亚军在接受记者采访时说的话,对我启发颇深。他说:"如果比赛只有9000米多好,因为那时候我一直在领先。"

前几千米是争夺,最后1000米才是产生冠军的黄金距离,前面的几步都是必然的准备,只有到最后一步,答案才会水落石出。

如果你是一名劳动者,20岁步入岗位,经历40载风尘奔波后,蓦然回首才发现,前36年的艰苦努力只是为了退休前四年的开花结果,得到认可。

如果你是一名学者、文学家或数学家、音乐家等等,一生十分之九的时间都可能是在不断钻研、摸索、痛苦、彷徨中度过,只有在最后十分之一的短暂时光里,才恍然大悟,炼就成功。

成败胜负的关键往往取决于最后时刻的努力与否。人之初,起跑线都平齐地压在脚下,但最终奔跑的结果却是有先有后,有喜有愁,之间的差距往往不在起跑线上或前进途中,而在最后的冲刺阶段。许多人觉得终点将至,成就感油然而生,看到希望的模样,拼搏劲头顿时松懈,一摸到木船,就以为到了彼岸,终在成功来临前将触手可及的辉煌化作空梦一场。

人生真悟:如将生命分为十分,一定要守候到最后这十分之一,因为前面的九分都是在积聚火焰,最后的一分才会释放光芒。

66岁的红军老干部珠珊,能登上中国文坛,成了著名的作家,她就是能坚持守候到最后十分之一的典范。她长期一直从事医务工作,离休后写了长篇小说《爱与仇》、《江青野史》、《灿烂红叶》、《黎明与晚霞》等著作。珠珊究竟是谁呢?她就是朱仲丽,王稼祥的夫人。她出书时,取了这样一个笔名,把两个"王"嵌进去,表达对稼祥深重的追怀和敬仰之情。她的四部长篇,都是从她的生活旅程中裁剪演变出来的。

　　讲实力和资历,我们都不能与珠珊相比,论精神,我们应学习,更不能放弃。美梦要常做,这可激发人们的生理、心理、活力,让人年轻,让人快乐,更应提醒人们年轻时做事就要多个"心眼",有所积累,有所准备,去守候那十分之一,等待那一丝光芒的释放……美梦定会成真!

十六　唯绝心不贪
何以忌讳去做官

我很欣赏一句人生絮语："奢求与追求是一对天敌。为私欲所派生的奢求，是一生毁灭的'前奏'；为事业所诞生的追求，则是壮阔人生的'序曲'。"有朋友问我："儿子在大学读书，成绩好、品行好，当上了学生会主席，家里反对，要他好好读书，以后去教书、搞科研，经商当企业家，不能从政做官，当官风险大，独生子不听，誓不回头，你看应走哪条路？"我直言相劝："做官有两个目标，以'当官发财'为目标，那就是'棺材里长胡子——短命鬼'，不如事先横下一条心，另走一条道；以'做官为民'为目标，为事业所求，学用对了路，会如虎添翼，大有用武之地，必有辉煌人生，就不必忌讳从政为官，也应早下决心，去走好那条路。做任何事都具有潜在的风险，不可回避。应顺其自然，你儿子愿去做什么就去做什么。"

有了思想准备，从政为"官"，应从跨进那个"官"的门槛的第一步，就要做到"两袖清风"。古往今来，无不如此。古代就有"清官要打送礼的"。

作为人类智慧的杰出代表的名家名人中，清廉自守，不为金钱所动,视金钱为粪土的,古来不乏其人。

南梁普通年间,顾协被梁武帝拜为通直散骑侍郎,兼中书通事舍人,负责给皇帝起草诏书命令。一些人看他可以接近皇上,权重位高,就想拉拢他给他送礼,结果全被拒绝。一天,他从前的一个学生给他送来二千钱,顾协十分恼火,心想,送礼的人怎么制止不住呢?看来,对他们不能客气。立即命令家人将送钱者重打二十大棍。顾协重打送礼者的消息顿时传开,从此,顾家"绝无馈遗"。

东汉南洋太守羊续命令家人把部下送来的一条鲜鱼悬挂在衙门的屋里。过了些日子,羊续的下属又送来一条大鱼来。羊续指着悬挂的那条鱼说道:"你看,那条鱼都快发臭了,还挂在那里,难道你这条鱼也挂起来吗?"送鱼的人只好羞愧地带着鱼走开了。后来,人们才明白,羊续原来是用挂起来的鱼,教育那些送礼行贿的人,表示他坚决拒收礼物。

历史伟人林则徐,不仅自身清廉,还不准手下人干坏事害人,你看一看《林则徐的告示》,1839年的一天,广州珠江口的虎门滩上,冒起了滚滚黑烟。清朝钦差大臣林则徐,正在大批焚烧鸦片。揭开了我国人民近百年革命斗争史的第一幕。

林则徐被派到广东去当钦差大臣时,写过这样一个告示:

照得本部堂奉命来粤查办海口事件,现在驻扎省垣……至公馆一切食用,均系自行买备,不收地方供应,所买物件,概照民间时价给发现钱,不准丝毫抑勒赊欠。公馆前后,不准设立差房。偶遣家人出门,乘坐小轿,亦系随时雇用,不必预派伺候。如有借名影射扰累者,许被扰之人控告,即于严办。各宜懔遵毋违。特示。

乍看起来,林则徐似乎有点"事务主义",如此琐碎之事,不惜亲书告示悬挂辕门。其实不然,这是他为了防止随员僚属掮着上司的牌子,收受贿赂,误事害民。整肃政风,此为要着。

(一)做"官"要善于选人用人

刘邦行赏也很有"眼力",《史记》载:汉初高祖刘邦平定天下后,品功行赏,认定萧何功劳第一,封为鄑侯,封给的食邑也最多。这下功臣们均不服,认为自己冲锋陷阵,攻城略地,而萧何从未有汗马之劳,只不过拿笔墨,从未参战,凭什么比他们有功劳?帝曰:"夫猎:追杀兽兔者狗也,而发踪指示兽处者人也,今诸君徒能得走兽耳,功狗也。至如萧何,发踪指示,功人也。"最后功臣们都不敢再议论了。

刘邦把随从征战的人分为两种,可见其颇有"眼力",平定天下打江山,固然少不了战将猛士,可是,缺少谋士文人恐怕也难成大事,事实上萧何虽未亲临第一线浴血奋战,但其运筹帷幄,出谋献策,此功不应抹杀。

当今,要当一名好官,就应立大志,下苦心去向古人、今人学习,并在实践中不断总结经验,使自己真正懂得做一个好领导者如何择人和用人:

1.求其长,而不求其全。改变那种只注重查档案、看历史的偏向,改变那种求全责备、百般挑剔的做法。只有有容人之短的宽阔胸怀,才能使自己像块磁石,把各种具有锋芒的人才吸在自己的周围。

2.不拘一格。领导者只要认准了人,就要敢于不拘一格提拔重用。

3.鼓励毛遂自荐。优秀的领导者绝不会把自荐者一概当做

"官迷"而嗤之以鼻,而是鼓励自荐者,考查自荐者,从自荐者中选择真正的人才,并委以重任。

4.鼓励荐贤。鼓励荐贤实际上是在扩大自己的视野,可以更好地选用人才。

5.注意人才组合。领导者应选择具有不同专长、不同性格的人才进行合理搭配,以便于取长补短,合作共事。

6.要讲效率。要最少的人干最多的事。正确的做法是因事设人,一个萝卜一个坑,甚至一个顶三,以免人浮于事。

7.要用其所长。要善于发现、发挥下属之长,使之以一当十,产生相乘甚至乘方的效果。

8.要不疑。以诚相待,以心暖心,摸准人才的思想脉搏,结成知心,信任与重用同步进行。

9.要授权。授予下级与其责任相适应的权力,使其在一定的监督下有相当的自主权,使一个一个层次的人员司其职,尽其责,使其智,成其事。对下属无须太多干预,更不宜躬亲琐事。

10.要公正。对每个下属应该保持全方位关系和"近距离"接触。切忌培植亲信,排斥异己。赏罚分明是爱护人才的表现,出成果的催化剂。

看来,刘邦善于招聚人才,恐怕与其行赏有方也是不可分的。

(二)做"官"要学会善于说话

说者无心,听者有意,听其言,观其行。听人说上三句话,三句话不离本行,就可略知其人的处事哲学、领导才能和领导艺术,所以说,会说话是一种交往的本领。做官首先要接触各式各样的人,要注意不要放过主动来同你说话的每一个人说话的机会,他会使你获得许多好的信息。

　　说话要注意方式,方式的好与孬,能感悟到一个人的领导行为、领导才能和艺术,以及对方对你的印象评价。一个好的领导者,有十种不好的交谈方式是忌讳用的:

　　1. 打断他人的谈话或抢接别人的话头,扰乱人家的思路。

　　2. 忽略了使用解释与概括的方法,使对方一时难以领会你的意图。

　　3. 由于自己注意力的分散,迫使对方再次重复谈过的话题。

　　4. 像发射炮弹似的连续发问,让人觉得你过分热心和要求过高,以致难以应付。

　　5. 对待他人的提问,漫不经心,言谈空洞,使人感到你不愿为对方的困难助一臂之力。

　　6. 随便解释某种现象,轻率地下断语,借以表现自己是内行。

　　7. 避实就虚,且含而不露,让人迷惑不解。

　　8. 不适当地强调某些与主题风马牛不相及的细枝末节,会使人厌倦;而对旁人过多的人身攻击,也会使旁听者感到窘迫。

　　9. 当对方对某话题兴趣犹浓之时,你却感到不耐烦,并立即将话题转到自己感兴趣的方面去。

　　10. 将正确的观点、中肯的劝告佯称是错误的和不适当的,使对方怀疑你的话中有戏弄之意。

　　(三)做"官"还要善于演讲

　　演讲与说话既有联系又有区别,说话一般是个对个,范围小,影响小;演讲是一个人对多数人,范围大,影响大,所以既考查素质和才能,也考你的口头表达的能力和表现艺术,宏观上要把握住诸多原则,概而言之,要把握住演讲"十忌":

一忌主题不明,观点含糊;

二忌装腔作势,内容空洞;

三忌结构松散,东拉西扯;

四忌逻辑不强,论证无力;

五忌引文不准,行文不畅;

六忌堆砌词藻,哗众取宠;

七忌文白混杂,艰涩难懂;

八忌发音不准,气势不宏;

九忌举止不雅,言谈失态;

十忌开头不新,结尾平庸。

(四)做"官"从某种意义讲,也是一种职业

这种职业有其"独特性",要把它做好,有诸多问题需要去探索,去发现,实践,认识,再实践,再认识,循环往复,以至无穷。首先,要认清自己,量体裁衣,该做什么,不该做什么。自己心中应有数。你应该知道,世界人事管理专家和心理学家共同公认的有"六种人"不宜做领导:

1. 铁腕人物型。这种人质朴无华,才思敏锐,喜好指手画脚,直言不讳。他们喜欢挑战,以能克服困难为乐事,但由于经常采取强硬态度,因此与人相处易产生摩擦,难免四处受敌。

2. 萧规曹随型。这种人对上级领导的管理作风一味照抄,丝毫没有属于自己的创意。这种人做领导,会扼杀创造力,窒息组织的创新空气。

3. 劳劳碌碌型。最忙碌的领导人往往是效率最低的,因为他看不清自己努力的目标,不能权衡轻重而订出处理事情的先后顺

序。这类人做领导,将会使组织变得混乱无序。

4. 理想主义型。这种人乐观异常,认为没有自己办不到的事情。最困难也最重要的事,如何帮助他们消除自我本位思想,使之变得成熟世故。

5. 忽冷忽热型。这种人心血来潮时干劲实足,但稍遇挫折便意志阑珊,死气沉沉,虽然才能卓越,但须经常督促鞭策才能使他大功告成。由于其不稳当可靠,不能持之以恒,故绝非理想领导。

6. 口蜜腹剑型。这类口蜜腹剑型的人往往能说会道,有时工作也十分出色,但却口是心非,是阿谀奉承、挑拨离间、散布谣言的能手。这类人如当领导,将给事业带来无穷的灾祸。

好官就应记住并能决心做好"领导者十二忌":

一忌言而无信,出尔反尔;
二忌轻易许诺,不予兑现;
三忌信口雌黄,妄加评说;
四忌喜怒无常,感情用事;
五忌凭己好恶,处事不公;
六忌心胸狭窄,妒能嫉贤;
七忌闻颂则喜,重用小人;
八忌贪名好利,巧取豪夺;
九忌诿过于人,归咎部下;
十忌对人苛严,于己宽松;
十一忌家长作风,以势压人;
十二忌妄自尊大,目无法纪。

好官必须学会四种领导方法：

（一）刚柔并济法

做领导工作要刚柔兼顾，刚中有柔，柔中有刚。平时对下级要严格要求，工作中如果出了问题，领导要敢于承担责任，使下级感到温暖，即使受到处分也心服口服。批评时要严肃，做思想工作时又要和风细风，这种刚柔并用的方法，既能解决问题，又能团结同志，能形成健康和谐的工作环境。

（二）时效法

这是充分利用时间的一种方法。当领导班子讨论问题认识不统一或拿不准时，不要匆忙做出决策，这时可采用"时效法"，暂时把问题放一放。但要注意不仅仅要"自然时效"，还要"人工时效"，就是会后要抓紧去做工作，努力求得思想和认识的统一。

（三）反馈法

这是使被领导者知道他自己的工作结果并产生积极推动力的一种方法。比如工作贯彻落实的情况检查后，表扬先进，推动后进，就是属于这种方法。这种方法使用的原则应该是从有利于调动下级积极性角度出发，做到实事求是，开诚布公，使人信服。为此，就要建立正常的"反馈渠道"，并逐步形成制度。"反馈法"的关键在于是否具有灵敏、正确、有效的反馈。

（四）心中有度

任何事物都有度的界限，超过界限，按照事物本来的辩证法，必然走向其反面。所以，表扬要适度，批评要适度，布置工作也要适度。适度包括数量多少、程度深浅、态度冷热、时间长短等。如果办事无度，把一定范围、时间内正确的东西说过了头，正确的政策也会出现有害的后果。因此，做任何实际工作，都必须掌握适度这个界限，力求做到恰到好处。

好官就要学会善于听取不同意见。

不搞一言堂，不个人说了算。切忌有悖于民主化的"四种决策"：

(一)权力型决策

一是盲从于上级决策，不结合本地实际，生搬硬套，削足适履；二是在决策集团内部靠最高决策拍板，往往是一言堂，难免独断专行。

(二)经验型决策

经验决策是最低级、最基本的决策，但不是理想的决策，不能以此反对高级、科学的决策形式。

(三)随意型决策

缺乏责任感甚至毫不负责，随心所欲，凭一时心血来潮决策，把党和人民的事业当儿戏，拿国家财产、人民生命开玩笑。如讲排场、摆阔气、搞攀比、盲目建设、冒险建设等。

(四)感情型决策

在用人方面，因为是同乡、同学、老同事、老部下，不论是否称职，安排"美差"甚至要职；在物质资金分配方面，不讲原则，凭感情用事，给予优先照顾，不管实际是否需要，是否发挥效益。

总之，要当个好官，就应对自己高标准，严要求，要不断努力学习，让自己真正具备好领导者的素质：

(一)坚定的信仰。只有信仰坚定，才能百折不挠地为信仰的事业奋斗。

(二)必胜的信心。这是建立在逐渐积累起来的经验和能力上的信心。

(三)充沛的精力。必须能在最艰苦的条件下，面对巨大危险，肩负起更重要的责任。

(四)判断时机。时机判断的正确与否，往往直接影响事业的成败。

(五)表达的能力。担当重任的人不但应该能正确进行逻辑推理，决定取舍，还必须清楚地表达出来。

(六)巨大的魄力。表现为险中取胜的决心，跃跃欲试的准备，高昂的乐观主义精神和运筹帷幄的雄才大略。

(七)优良的品德。表现为强烈的责任感、荣誉感，了解和关心他人，这样才能得到他人的信任和拥护。

做"官"就应做个好官，好官处处只认四个字：国家、人民。现在有这样的官，历史上也有这样的官。陈嘉庚就算得上是一个这样的官，在国家存亡的关键时刻，他心中只有国家。

1938年秋，南洋华侨总会主席陈嘉庚听说汪精卫对日寇有妥协投降的言行，于是一连打了五次电报给汪精卫追查询问，并在新加坡各报上公开发文，引起南洋华侨和国内外舆论的注意。11月1日，国民参政会第二次大会在重庆开幕，汪精卫为大会主席。陈嘉庚作为参政员从新加坡拍去一条仅十一个字的电报提案：

"敌未出国土前言和即汉奸"。

具有讽刺意味的是，汪精卫尽管恼火，但也不能不当着众人宣读。虽然汪精卫等极力反对，可陈嘉庚提案仍以多数票通过，成为大会的决议案。

不久，汪精卫果然从重庆叛逃投敌，当了汉奸。陈嘉庚闻讯，痛斥他卖国求荣。事后，人们均被陈嘉庚的先见之明和忠肝义胆所折服。邹韬奋先生在《抗战以来》一书中称赞陈嘉庚的电报提案说:"内容极简而意义极大。这寥寥十一个字,却是几万字的提案所不及其分毫。是古今中外最伟大的一个提案。"

十七 | 讲诚信而视其行
讲诚行而视其心

人,不管你从事何种职业,有职业,无职业,每天都在自觉或不自觉地做一件事:相互交往。与同事交往,与上司交往,与同学、商家、生人、熟人交往。在这些交往中,都在不约而同地想一件事:"他,是否诚信?"诚信是相互的,不是单一的。

诚信交友,会成为亲兄弟、亲姐妹,无话不说,无事不帮。诚信一旦失去,交往就此终结。不讲诚信的人,也就失去了别人对自己的诚信甚至珍贵的人格,到这时,金钱也难以挽回,这就是诚信交往的价值所在。

我学着去经商,不久,也交了个所谓的"总经理",在交往中,我死心踏地守候着"诚信"。时间一长,他向我借钱,"给";他生日办酒席,请我一定要去赴宴,"送";他儿子结婚,发出请柬,我去"红包祝贺"。可合同期一到兑现时,他却给我一张已作废的图纸来骗我,从此,他有意换了手机号、座机上凡显示出我的手机号,他避而远之。嗨!走得了和尚,走不了庙,难道没人认识?

他,一米七高的个子,凹陷的眼睛,鼻子不高不矮,眼睛打转时,鼻子就同脑袋所思考的问题一起不停地跳动,充满了商人的经验。一旦安静的时候,那对眼睛又会同脸一起流露出一种狡诈的神情,对捞钱深谋远虑,很有算计。炎热的夏天,始终打着领带,对人彬彬有礼,走路扬扬得意。见到比自己强势的人,就会自然地靠边行走。跟在身后的"肥糍粑"女人,是从夜总会包来的"二奶",鼻子肥,耳朵大,头发长,有人无人都是一脸笑,喜欢吊"老公"的荷包,"老公"一有机会坐下来,她就会拿出荷包一边笑一边数钱。

我找到他面对面论个理,朋友告诉我:他这人是"枯炭修磨子——走一路黑一路",我这才恍然大悟。我左思右想,才明白一个道理:"与人交往,只知其表,不知其里,没看透别人的心,盲目深交,必定吃亏。"我从实践中认识到,有"四种人"不宜深交:

(一)"疑心重"的人

这种人对别人"逢人只说三分话,未可全抛一片心",他不可能向别人讲真话。这种人与人相交事先事事设防,不安好心,就难以换得别人对他的信任。正如培根所说:"心思中的猜疑犹如鸟中的蝙蝠,他们永远是在黄昏里飞的……这种心理使人精神迷惘,疏远朋友,而且也扰乱事务,使之不能顺利有恒。"疑心重的人,完全根据主观想象来处理问题,他总是以怀疑对方为前提。

曹操杀吕伯奢的一家即是如此。他本来做贼心虚,所以从一开始对吕伯奢的盛情邀请就心有疑虑。顺着这个思路,待吕外出买酒,又疑其去告密。据此,当听到磨刀声,进而想象是要杀他。得知误杀后,本该自悔认错,他又随意推断吕伯奢必不罢休,于是再起杀心。在整个事件过程中,曹操的心理轨迹始终围着一条封闭的线索在进行,全凭所谓的"合理想象"在分析,在他看来一切顺理成章,实际上,由于思考的前提本身就是错误的,以后的一系列推断,势必越来越离谱。从疑人出发,以疑人告终,越猜越疑,越疑越像,这几乎是疑心病重的人的一条心理规律。

(二)"两面三刀"的人

这种人喜欢玩两面手法,见人说人话,见鬼说鬼话,爱玩"杨二郎的兵器——两面三刀"。这种人,一旦遇到有"心眼"的人识破了他的"鬼心眼",就会失去诚信,失去真心朋友。古往今来,凡正直的人,都反对"两面三刀"的人,这种人的特点就是"当面不说,背后乱说",所以,在人们面前没有信任感。

战国时,齐威王为了反对有人背后乱说,悬赏纳谏,下令规定:凡群臣吏民,能当面指责他过错的,给上等奖;能上书规劝他改正错误的,给中等奖;能在公共场合批评他、传入他耳的,给下等奖。由于齐威王广开言路,终于使齐国短期复活。

(三)虽无恶意,但"说话不算话"的人

这种人对人对己都是不负责任的,说话做事都是"朝令夕改,变化多端"。处事无主见,说话是不算数的。这种人对别人不讲诚信,别人也不会信任他。

《大慈恩寺三藏法师传》这样记载:"贞观三年……至秦州,停宿,逢兰州伴,又遂去兰州。"至于十七年后取得真经重返长安途中,又是否再次经过天水,并未见史书中有何记载,但玄奘在天水民间所留下的传说故事,却各种版本都有。比如马跑泉附近有座渗金寺,就和玄奘取经归来的经历有关系。在渗金寺对面,就是渭河接纳支流牛头河、洛河的汇合处。水阔浪急,古时称这一段水域为通天河。传说当年玄奘西天取经重返天水,又过通天河。而那只曾经在十多年前驮他们师徒过河的千年白龟,早已等候在岸边。当白龟驮着玄奘师徒游向渭河北岸,突然问起当年所托的一件

事,那就是请玄奘向西天佛祖询问,它何时才能结束这普度众生的苦役,蜕变为人形。老实的唐僧听了顿时脸红语塞,原来到西天后只顾忙着挑选经书,竟将此事忘得一干二净,白龟生气了,身子一掀,师徒四人和白马、真金全部落入河中……

(四)"真骗子、假善人"的人

这种人善于伪装,给人的印象是能说会道,道貌岸然,"鸡脚神戴眼镜——假充正神"。这种人品德坏,"心眼"更坏,无诚信可言,千方百计骗人,甚至就是自己的父母他也不讲诚信。

有个《渗水的故事》:从前,有个老人由三个儿子轮流供养,每次到了幺儿家里,都养得面黄饥瘦,大儿二儿埋怨说:"爹,你从小娇惯老幺,让他贪懒好吃,这下,你看到娇生惯养的后果了吧!"老人只好唉声叹气,时间一长,老大老二实在过意不去,就提出:谁把爹供养瘦了,要供养胖后下家才接着养,口说无凭,以秤为准。这可把老幺难住了,临到过秤这天,他找了个装好水的猪尿包,悄悄地夹到老人身上,殊不知挂秤的绳子断了,老人跌下来,压破了猪尿包,打湿了身上的衣服,气得老人眼泪汪汪地骂道:"短命娃娃呀!你对老子都要渗水呵……"

晏殊(北宋著名文学家)是个老实人。十几岁的时候,因文采出众,被推荐到朝廷,宋真宗命令拿一当时考进士的试题给他做。晏殊看了看说:"臣十日以前刚好做过这个题了,请陛下另出一道吧!"宋真宗非常赞赏晏殊的诚实。晏殊后来做了文书方面的官。有一次,皇帝当着满朝文武说:"现在大臣几乎没有不游宴嬉戏的,只有晏殊规规矩矩读书做学问。"晏殊赶忙解释说:"臣禀陛下,不是臣不喜游宴,只是我还没那么多钱来开销,如果有钱,我也会与众人一起的,并不是我廉洁、高明。"真宗听罢,越发欣赏晏殊的忠厚,命令为东宫太子师傅,后来又升任宰相。

在日常生活中,我们应该坚信,同事、朋友是可以相互信赖的,只要自己真诚待人,就必定能换得同样真诚的心而不必疑三猜四,相互真诚交往,诚实相待。

十八　做事光明堂正 不可折腰求人

　　雨果这样说过："在很特殊的情况下，一个人才能成为圣人；但做个正直的人却是人生的正轨。尽管你们曾经犯错，曾经迷惘，你们也应当尽自己最大的能力去做个正直的人。"平民要正直，当官更要正直。要正直才有人交往，才有人信赖，才有人缘，没有人缘，就没有真心朋友，做什么事都会成为"狗咬猪尿包——闹一场空"。有的人，仅为一点私利，不惜丢失人格，丧失原则，卑躬屈膝，折腰求人。

　　正人先正己，自身正，才有资格正人，自身不正，则无法正人。鲁迅倡导"严于解剖自己"，今天我们尤其需要加强这方面的修养，社会才会有真正的和谐。当今，社会上有一种普遍现象，人们有一种"通病"，拿着镜子只去照别人，不照自己，也特别不喜欢照自己，自己是美是"丑"，是人是鬼全然不知。因此，我们倡导，每个人都应拿起镜子，既照别人，也照自己，既照古人，也照今人，让好人，正直的人，继续好下去，好一万年；让"丑"的人，人模样鬼心肠的人，看到自己的不足，勇于改正。

要做个堂堂正正的人,就应该有原则性。是非不分,样样当"好好先生",就不能当个正直和正派的人。

汉末司马徽从不论人长短。人们谈及某人某事,他总说:"好,好。"一次,有位朋友问他近况如何?他回答:"好,好。"朋友又告诉他自己死了儿子。他仍然说:"好,好。"朋友走后,妻子责备他:"人家死了儿子,你怎么也说好呢?"司马徽说:"你这话也说得好,好。"

后来,人们就用"好好先生"一语来指责那些没有明确立场观点的人。

要做个堂堂正正的人,就应有自知之明,清楚自己的优缺点,常拿镜子照一照自己,是非明确,不当"好好先生"。

"唐太宗的镜子",就能照别人,也照自己,而且注重先照自己。贞观十七年(公元643年),唐太宗曾经在朝廷对大臣说:"用铜做镜子,可以看到自己的衣服和帽子是否端正;用历史来做镜子,可以知道一个国家的兴亡盛衰;用人来做镜子,可以知道自己的得失。我常常保存这三面镜子,来防止和纠正自己的过错。现在魏征死了,我就失去了一面镜子。魏征死后,在他书信中写到了一份给我的奏章,写的是:"任用好人,国家就得到安定,任用坏人,国家就会混乱。在朝廷的高级官员中间,皇上总有自己的爱憎,厌恶的人就只看到他的短处,喜爱的人只看到他的长处。喜爱和厌恶之间,应该慎重考虑,如果喜爱的人知道他的短处,厌恶的人又知道他的长处,清除邪恶奸臣不要犹豫,任用有才干的人不要三心二意,国家就可以兴旺了。你们可以把他的话写在手板上,发现我有过错,就定要上书告诉我。"

可隋炀帝就不同,与唐太宗形成了鲜明对照,隋炀帝既讲虚荣,百姓饭都吃不上,他却大讲排场,凡酒馆饭店,免费让外国人吃住,反遭痛骂指责,又是一个典型的折腰求人的人。

隋朝时,隋炀帝见各国来朝,心中大喜,欲要夸张富贵,暗暗传旨:不论城里城外,凡是酒馆饭店,但凡外国人来饮食,皆要将上好酒肴供他,不许取他酒钱。又命有司将御街上的树木,都以锦绣结成五彩。端门街一带,皆要娇歌艳舞,使外国见天朝的富胜。百官领旨,真个在端门街上,搭起了无数的锦篷,排列了许多的绣帐。令众乐人,或是蛮歌,或是队舞。有一处装社火,有一处踩高跷,有几个舞拓板。滚绣球的团团而转,耍长竿的高入青云。软索横空,弄丸夹道,百般样的技巧,都攒簇在五凤楼前。虽不是盛世风光,倒也热闹好看。御街上的游人拥挤不堪。

外国人一一看了,都惊讶道:"中华如此富丽,真天朝也。"三三五五,成群游赏,也有到酒肆中饮酒的,也有到饭店中吃饭的,拿出来都是美酒佳肴。吃完了予他钱时,都说道:"原来中国的风俗,这等有趣!"便来来去去,酒喝了又饮,饭吃了又吃,这几个醉了,那几个又来,那几个跑了,这几个又到,就如走马灯一般,不得个断头。炀帝在端门楼上,听见外国人欣羡中国,满心欢喜道:"要得这些外国人甚畅。"各路外国人倒恣心观览,落得受用。游了两日,炀帝暗暗差人问道:"汝外国亦有中华这等富盛么?"只见外国人中有几个狡猾的出来答道:"俺们外国虽无这样富盛,却都饱食暖衣,不像中国有没衣穿的穷人。"遂将手指着树上的彩缎说道:"这东西,舍与那些穷人穿穿也好,拴在这树上有何用?"说罢,大家都嘻嘻地哂笑而去。差人报知炀帝,炀帝大怒道:"外国焉敢讥笑天朝?"便要杀这些外国人。众官慌忙劝道:"外国跋远而来,若因一言不逊,便将他杀了,只道陛下无人之量,恐阻他们向化之心。"炀帝愤怒半晌,方才准奏。遂传旨,赐宴一概遣归。

在中国历史上,敢于向暴君公然叫阵的,除了个别游侠,湘夫人姐妹,也算是一对典型人物。

据《史记·秦始皇本纪》记载,当年秦始皇南巡,在湘江地面上突遭风暴,几乎无法渡河,顿时惊骇,便向手下人说,这是湘君干的吗?手下的随从回答说,确实听说过,她们是尧的女儿,舜的妻子,地位崇高,所以才埋在这块风水宝地。秦始皇听罢突然大怒,当即派出三千名苦役犯,砍伐湘水四周山上的树木,让绿色的山峰变成光秃秃的赭色,借此向娥皇和女英泄愤。但这种可笑的复仇行动,根本无伤女人的毫发,只能泄露暴君内心的怯意。

娥皇女英所引发的风雨,其语义是相当暧昧的。它既是宣泄怒恨的手段,又是"巫山云雨"式的调情方式。她们在湘水上神秘出没,姿容美丽,风情万种,所掀起的"情色风暴"构成对极权主义的剧烈挑战。但她们不仅激怒了秦始皇这样的独裁者,也点燃了来自世俗社会的想象,成为民间男子的迷恋对象。

屈原在《九歌》中率先展开了对她们的盛大赞美。他激情洋溢地形容"湘夫人"降临白沙滩时的情形:她目光渺远,神色哀恸,出现的时候,四周的景色都为之大变。秋风强劲地吹动起来,洞庭湖上掀起波涛,树叶在天上飞旋飘舞,一派哀愁凄凉的景象。而屈原的爱意在其间不可阻挡地生长。他精心修筑"爱巢"以等待湘夫人的到来,仿佛是一场痴情的单恋。尽管"湘夫人"最终没有露面,但他的叙事和赞美,已经构成暧昧的符码,对中国文化产生了深远的影响。

十九　婚姻大事当慎重　妥而处之不盲动

　　婚姻问题,自古以来就是男人和女人一生中最关心的第一件大事。它既是家庭问题,也是社会问题,家庭和社会息息相关,同等重要。婚姻问题处理好了,夫妻恩爱,和睦相处,也给社会带来一份和谐;反之,对家庭对社会都会造成不必要的麻烦。

　　赫德说:"与邪恶者的友谊像早晨的影子,时刻在缩短;与善美者的友谊像傍晚的影子,时刻在增长,直至生命之光的消失。"男人和女人,事业与婚姻,在他们的心中都是第一位,都希望自己的婚姻能像与善美者的友谊一样,天长地久,星月同在,直至生命之光的消失。

　　男人和女人是怎样在众多对象中选中对方并且怎样走向婚姻殿堂的? 很多人认为是靠直觉来选择,"一眼看见就做决定"。

　　但是,为什么会有这种直觉? 男女双方是个性互补比较容易结婚,还是个性相似能够走到一起? 这些关于婚恋的问题虽然被人们视为非常私人的事情,其实是有科学规律的,只是太敏感了,很多时候人不敢、不愿去面对真相。

恋爱中的直觉指的是"人际敏感度"，中国人强烈喜欢人格相似者。恋爱中的直觉到底是什么？它不是一个很神秘的东西，也是可以解释的，所谓"人际敏感度"，就是人们在感受自己跟人相处时相互关系变化的敏感度。在"人际敏感度"中去更好地察觉别人的想法和情感，更好地了解别人的人格。实际上，为了寻找人格相似的伴侣，中国人更愿意和那些有相同人格的人交朋友。比如，"意气相投"和"物以类聚，人以群分"，就表明中国人更倾向于和相似的个体在一起，最后形成群体。

总的来说，因为中国人有强烈的动机寻找一个在人格方面相似的配偶，这样的配偶往往能从朋友中发现，而且他们具有相对较好的判断他人人格的能力，因此，中国的夫妇在人格领域将显示出充分的相似性。

在中国的传统文化中，认为挑选一位家庭社会经济地位和自己相当的伴侣是十分必要的，正如中国的古语所表明的那样"门当户对"。

在现代社会，这一原则逐步演化为要寻找一个在教育水平、职业和个人收入方面与自己相近的伴侣。

最终成为夫妇的两个人，到底在什么地方上相似，可能至少依赖两个因素：一是动机，个人是否愿意选择同样具有这个特征的人作为伴侣；二是能力，个人是否能够找到并且吸引这样一位相似的伴侣。最重要的是，一个人寻找相似伴侣的动机和能力在不同的文化和领域是有所不同的。不管同与不同，有个基本的东西——人的"心"不能忽视。要真正了解一个人的"心"，是三天五天不可能办到的事，所以，一定要下决心了解一个人的"心"。

有个《了解得很清楚》的故事：

一个姑娘向小伙子写情书,倾诉爱慕之情。于是两人约会。

"我们才相识两天,你了解我吗?"小伙子问道。

姑娘急忙说:"了解,了解,我早就了解你了。"

"是吗?"

"是的,我在银行工作三年了,你父亲有多少存款,我了解得清清楚楚。"

像这样了解对方,谈婚论嫁,在现实生活中却不少。所以在谈恋爱时,有了第一印象之后,一定要了解别人的"心"。否则迟早会遇上麻烦,甚至有不幸之事发生。所以在选择对象时应当心"上当受骗"。

姑娘,当有人向你求爱时,你应该怎样对待呢?这是一个关系一生幸福的问题,要审慎从事,尤其要防止"上当受骗"。下面几点值得注意:

(一)要了解对方。对方的工作、学习、志趣、爱好、品德、身体乃至家庭成员等基本情况,在多种形式的接触中要多了解,看看是否有建立感情的基础。

(二)要善于观察。在感情没有基础时,不要轻易相信对方的甜言蜜语,不要轻易接受对方的钱财馈赠,以免掉入铺满鲜花的陷阱而抱恨终生。

(三)要有原则性。对于对方的追求,不论正当的还是不正当的追求,你都应将相互关系控制在符合社会道德的原则上,即使追求者可能成为你将来的终身伴侣,也不能轻易以身相许。不正当的性行为,有害无益,女方受害往往更大。

(四)要敢于说"不"。对于那种不正当的追求,则应该慎之又慎,不要让感情冲垮理智的防线。对于对方的过分亲热与挑逗要有戒心,对狎昵性的言行要及时制止,促使对方有所收敛,以免得寸进尺,不可自拔。

(五)要灵活应对。如果你不爱对方,应尊重对方的人格,注意处理好关系。如果对方通情达理,你不妨以谈话或书信的方式表明自己的态度;如果对方性情暴躁,最好通过对方的知心好友向他解释清楚,以防落到不成情人成仇人的地步,造成严重后果。

由于历史传统的原因和现实社会的复杂性,当今中国女性面临四种挑战,女性应有思想预见性和知识积累、职业选择的准备,以胜者的姿态勇敢地去接受新的挑战。

(一)女性自身的挑战。由于长期不平等的社会生活条件的影响,迫使妇女学会屈从、柔顺。如果她们坚持自己的意志,追求事业的成功,往往会得到"不像女人"的指责。社会学家认为,女青年在择偶时要求对方具备比自己强的条件,其实就是对自己缺乏信心的表现。

(二)男性的挑战。男性作为一个整体,在社会上长期处于绝对优势的地位。即使在男女经济地位相同的条件下,也并没有完全改变男性对女性的传统要求,即顺从。

(三)家庭的挑战。由于妇女的自然属性决定了她要进行人种繁衍,即人类自身的生产。于是传统的观念便把妻子、母亲同家务劳动紧密地联系在一起,在公与私的不同环境,多倍于男人的劳动。

(四)社会的挑战。据有关统计资料表明,女性中文盲和半文盲的数量大大高于男性,而有些地区在大、中、小学招生时,要求女性分数高于男性,在录用工作人员中,有不少单位甚至拒绝接收女工和女大学生。

不论是女性或是男性,都希望在工作之余,有一个健康、稳定而温馨的港湾。在你步入爱情大门的时候,心理学家建议你注意"七忌"。

一忌:"盘问式"。像查户口似的问个没完,这样会使对方听而生厌,认为你没有修养。

二忌:"附和式"。一味附和对方,反使对方觉得你没有主见。

三忌:"奉承式"。一再吹捧对方,言过其实,反会觉得你华而不实。

四忌:"快步式"。初次见面,一方很快走开,会引起另一方猜疑,以为你可能不满意。

五忌:"打断式"。谈话过急,经常打断对方谈话,会使对方感到你没有礼貌。

六忌:"自夸式"。一味夸耀自己,会使对方觉得你是一个浮夸的人。

七忌:"慷慨式"。特别是男方一味慷慨解囊,请吃请穿,会使人觉得你不会过日子。

只要你注意做好了上述这些工作,大红"喜"就会自然贴在你的家门上。

相传北宋宰相王安石,青年时进京赶考,在京城街上,看见一家门楼上挂着一只走马灯,上面写着一条上联"走马灯,灯走马,灯熄马停步"。他不由失声叫好。原来这副对联是马员外的独生女为选郎君所出,已悬挂半年,没有人能对。王安石因急于赶考,来不及去对。

王安石考试后回到住处,便被马员外的家人拉到员外家中,并请他写出灯上的下联。王安石不假思索,挥笔写道:"飞虎旗,旗飞虎,旗卷虎藏身。"马员外见他才华出众,对得工整,便招他为婿,其实,王安石对的这下联,正是京城主考官当面考他所出的上联,他拿来配对十分贴切。

王安石结婚喜日,拜过天地入洞房,正在欢庆,忽然门外人欢马叫,两个报子来报:"王大人官星高照,金榜题名,明日请赴琼林御宴!"王安石喜上加喜,乐不可支,欣然挥笔在红纸上写了斗大的"囍"字贴在门上。从此,"囍"字便流传开来了。

二十 | 工作繁杂多无数 "适当忙碌"要记住

"并不总是别人来奴役我们，有时，我们让环境奴役自己；有时，我们让清规戒律奴役自己；有时，由于意志薄弱，我们自己奴役自己。"人到中年，工作最繁忙，任务最重，家庭负担也最重，这时，千万不要自己奴役自己，要善于安排好自己的工作、学习和生活，做到"适当忙碌"。

中年时期，是事业成功与辉煌的时期。可是生命，从某种意义上讲却是最危险的时期。不少人忙忙碌碌工作，不知不觉离别于世，这是值得高度警惕的一件大事。

当然，把工作放在第一位，是无可非议的。工作再多再忙，应忙而不乱。忙而有序，忙有所思，忙有所乐，忙有主次。这时首先考虑的是做好主要工作。什么是主要工作呢？要根据你此时、此地、此情、此需，有所深思，果断而定。首先应练好自己的基本功，要有意识地培养以下"七种能力"：

（一）知识的吸收能力，它是指应当建立"树形"知识结构

"树形"知识结构，应以所学专业知识和与它相关的科学知识

116

为分支的立体模型,坚持有目标地吸收和储存知识,以不断提高智能素质。建立起多层次、以中心轴为主体的"树形"知识结构,吸收和储存更多有用的知识,为提高知识的运用打下良好的基础。

(二)知识的运用能力

知识的输出、运用过程,实际上就是转换成能力的运动过程。把已有的知识不断发展壮大的、能向多方位输送能量的"智能能源库",使知识的增长同能力的提高成正比例的发展,达到最佳平衡。可见,提高知识的运用能力,是我们在实践中能否开拓前进的重要因素。

(三)敏捷的思维能力

那种善于在短的时间内根据具体情况快速思考,当机立断,敏于应变的思维能力。所以,我们必须有意识地训练和培养自己的思维品质,使自己敏捷的思维在广阔的空间领域内纵横奔驰,不断地走出已知领域,向未知领域辐射,做出新的成就。

(四)独立的思考能力

习惯于人云亦云的人,会产生一种"思维定势"——想问题按照一个固定的思路,办事情,总是在一个框框里进行。要发展思维能力,培养思维素质,开创工作的新局面,必须学会独立思考。面对众说纷纭、意见不一,但又各自固执己见的局面,就要有独立思考的能力。在反复比较、深入剖析不同意见的基础上,对不同见解进行准确的归纳和综合的分析判断,提出自己棋高一筹的独到见解,从而,选择出最优方案,只有这样,才能最大限度地减少失误。在工作实践中,要敢于大胆发问,不人云亦云,培养和锻炼自己的独立思考能力。

(五)敏锐的洞察能力

对事物,尤其对问题的所在,具有敏锐的洞察力,是进行创造活动的前提。我们会面临复杂多变的局面,面临各种各样的人物,面临工作中出现的新问题和新事物。只有敏锐的洞察力,才能透过某些事物的表面现象,认识到事物的本质认识到工作中出现问题的症结所在,才能及时发现工作中的偏差、漏洞、缺陷,或正在孕育着的某种错误倾向,并将它消灭在萌芽状态,以至最大限度地减少损失,少走或不走弯路。

(六)富有创造的想象能力

想象力是创造的翅膀,是人们的思维是否具有创造性的标志,也是创造性活动顺利开展的关键。要有丰富的创造思想,善于按新的方式去想象各种需要做出决策的方案和设想,并深入地进行分析,以新的,常常是非同一般的观点去进行理论概括和评价。只有联想多、幻想奇,才有利于揭开创造的序幕。而且,只有具有丰富的创造想象,才能有效地做出正确的判断。

(七)知识的反馈能力

面对知识迅速增长的时代,要想在激烈的竞争中有所作为,我们必须不断地从书本和实践中,索取新知识、创造新知识,再通过循环往复的反馈,使知识不断增值。而且,在知识的增值过程中,不断地更新、改组调整知识结构,使自己的知识结构保持最佳状态,并把其他相关科学知识紧密联系起来,才能高效率地吸收新知识,不断提高智能素质,增强反馈能力。把工作做得更加出色。

会工作而不会休息的人,不能做到"适度忙碌",可能导致效果欠佳,甚至更严重;而只会休息,不会工作的人,可能会一事无成。所以在繁忙的工作中,应做到"适当忙碌"。

宋美龄是中国近现代史上带有传奇色彩的人物。她享年106岁,人生跨越了三个世纪。她的权力不能说不大,钱不能说不多。

按理说,她是一个不愁吃不愁穿的人,也可以说什么事都不要她自己去做。但是,实际上她是一个闲不住的人。

宋美龄认为,工作使人年轻。她在日记中写道:"工作是半个生命,越忙越有精神,人要年轻、要健康就要积极参加工作。反之,懒惰是生命之敌,一懒生百病。要使生命之树常青,只有在不断的工作中防止智力衰退,体质身心才会健康。"

中医学家认为,喜、怒、忧、思、悲、恐、惊均可致病,其中怒的危害性特别大。早在二千多年前中医书上就提出了"怒伤肝"和"暴怒伤阴"的论断。当人发怒时,可引起肝气郁结、阴虚肝旺及肝胃不和等脏腑功能失调,从而导致高血压、溃疡病、神经衰弱及月经不调等疾病的发生。欧美医学家对愤怒进行了详细地研究,认为愤怒是十分危害健康的。当发怒时,体内释放肾上腺素和去甲肾上腺素,使血管收缩、心率增加、血压和血糖升高,从而导致高血压、心脏病、胃病、头痛、精神失常,甚至发生癌症。

愤怒可分为外向型和内向型两种。外向型者当受到异常刺激时,就会立即"怒发冲冠",咆哮如雷;内向型者则内心愤怒,外表冷静。医学家认为,这两种形式的愤怒尤其以内向型愤怒危害健康更为突出。

据调查,外向型愤怒易致心脏病,内向型愤怒易致高血压、癌症。因此,为保护身心健康,要讲究精神文明,不要把不合理的、不公正的、不文明的言行强加于人;对于容易接受强刺激的人,要注意克制和冷静,用摆事实、讲道理、以理服人的方法,去教育他人,影响他人。这样就可以化愤怒为冷静,从而避免因精神刺激和内分泌紊乱而导致疾病。

为了做到工作好,身体好,我们需懂得生命中的"四个危险时

段",随时提醒自己:

"黎明"——一天中,人最危险的时刻要数黎明。据研究表明,人在黎明时分,血压、体温变低,血液流动缓慢,血液较浓稠,肌肉松弛,容易发生缺血性脑中风。调查显示,凌晨死亡的人数占全天死亡人数的 60%。

"月中"——一个月里对生命最有威胁的是农历月中,这与天文气象有关。众所周知,月亮具有吸引力,它能像引起海水潮汐一样,作用于人体的体液。

每当月中明月高挂之时,人体内血液压力可变低,血管内外的压力差、压强差特别大,这时容易引起心脑血管意外。

"年末"——对生命而言,一年中最危险的月份要数 12 月。调查表明,该月份死亡人数居全年各月之首,占死亡总数的 10.4%。据分析,这与气候寒冷、环境萧瑟,人到岁末年关,精神紧张,情绪波动,抵抗力、新陈代谢低等有关。此时,一些慢性病常常会加重,或病情变化大。

"中年"——人的一生,中年是个危险的年龄阶段。人到中年,生理状况开始变化,会出现内分泌失调,免疫力降低,家庭、工作、经济、人际关系等压力增大,增大的种种负担导致中年人心力交瘁,疲惫不堪。

一个家庭和和睦睦,幽默和谐的生活,对工作,对生活都会有极大的好处。幽默和谐的家庭就是幸福的家庭。

一位俄国作家说:"生活中没有哲学还可以对付过去,然而没有幽默则只有愚蠢的人才能生存。"夫妻生活是人生的特殊部分,更需要有幽默相伴,诙谐的语言是调节夫妻关系的润滑剂。和幽默交朋友,可以帮助我们解除许多忧愁和烦恼。

电影中的李双双和孙喜旺，他们的生活中虽然有许多波折，但双方妙语连珠，相映成趣，仍使人感到他们的生活美满和谐。相反，也有一些家庭，虽然生活中并不多争吵，但双方缺乏幽默感，过得淡而无味。

其实，夫妻生活中有许多幽默的话题。比如：有位丈夫搞大男子主义，"这个家得我说了算，你要听我的。"妻子说："行，我们意见一致时听你的，意见不一致时听我的。"一句话就可以使原来的冷漠气氛变得活跃起来。

幽默还是夫妻战胜不幸、摆脱困境的武器。据说，当美国总统里根遇刺后躺在手术台上，看到自己的夫人为他的安全担忧时，他乐观地选择了这样一句幽默的语言来安慰她："亨利，我忘了躲避。"里根说这句话，无疑是为了使夫人免除忧虑。在夫妻生活中，难免有不测风云，能够用幽默战胜悲伤，这正是意志坚强的人面对艰难困苦所表现出的自信心。难怪有人把幽默称之为"欢乐的、美丽的、人类生命的冬青树"。

有了幽默和谐的夫妻生活，家庭就是欢乐的、美丽的，你就可以当个"不倒翁"。

相传春秋时候，楚国的卞和在荆山采得一块玉璞。他两次献玉璞给楚王，匠人皆说是顽石，楚王怒不可遏，便剁去了卞和的两只脚，卞和含冤而去。

尔后，楚文王继位。卞和见无人识宝，怀抱玉璞哭于荆山之下。楚文王得知后，觉得事出有因。便召来玉匠开凿这块玉璞。果然是块美玉，遂命制成玉璧，命名为"和氏璧"。楚文王见卞和虽削去双足，仍坚持真知灼见，不胜赞叹道："和氏真是个扳不倒之翁也!"从那以后，世上就有了个"不倒翁"。

二十一 | 识人先知"心"
知心方成行

　　人生在世，皆望有友，特别是望有几个知心朋友。纯洁的友谊是心灵撞击的火花，感情交流的结晶。善于培养、珍惜、享有知心朋友间之友情，可以使你在工作、学习、生活、娱乐等诸方面得到难以尽述的快慰和乐趣。

　　但交友也宜淡。社会心理学家告诉我们：两个熟悉和接近的人，常常会以互相喜欢而产生友谊和感情。彼此为报答对方对自己的喜欢，也就往往会加倍喜欢对方，唯恐自己一时言行失当而冒犯对方。有时尽管对对方的某些爱好、行为、见解不甚赞同，但为维系双方之友情，也不得不违心地加以容忍、将就，这样，就使一些本来应该公开言明，及时解决的矛盾、分歧被有意无意地掩盖起来，彼此关系因此变得十分纤细、敏感。

　　即使是再好的朋友，两个人都不可能在所有问题上完全一致，这时只要一方稍有疏忽，就可能在不知不觉中伤害另一方的自尊心。从而造成不快。生活还告诉我们，朋友之间有时还会产生"爱有多深，恨有多深"的逆反心理。原是知心朋友，结果反目成仇,势不两立。这是因为,越是知心朋友,彼此为对方所付出的代价越大,倘遇不快之事,就总觉得对方对不起自己。古人曾言"君子之交淡如水"。好友之间如果适当淡一些,这样双方反倒具有更强的吸引力,使彼此之间的友谊与日俱增。

还有,我们会时常听到一句话:"我很了解他。"不,这绝对是自己在骗自己,千万记住,常交往的人,你不知其"心"的人,一定应该说:"我不了解,只是认识。"因为这才是事实的本相。

识人先知"心"。否则一定会有隐患,甚至可能出现严重后果,这种情况现实生活中,不胜枚举。

历史上《安禄山瞒天过海》就足以说明识其人,不知其"心",盲目信任而加以重用所造成的天大后患。

安禄山是唐朝中期"安史之乱"的魁首。为人狡黠非常,可又善于装傻充愣,献媚取宠,深受唐玄宗、杨贵妃所宠爱,最后终于自作自受,身败名裂。

安禄山本为营州柳城(今辽宁朝阳南)的胡人,原姓康,字轧荦山(突厥语,战神之意),他母亲阿史德会跳神,曾改嫁胡将安延偃,故安禄山亦随后父姓。他识字不多,武艺高强,能说奚族、契丹族等六种民族的语言,大概正是这个缘故,他当了一名互市郎。互市郎只是官府里负责通商买卖的办事人员,汉族与各少数民族之间的商务贸易,侦缉查处违法事件。既无品级,俸钱又少,他于是假公济私,从中渔利,暗中干着不法勾当。

这天,安禄山私入民宅偷羊,被扭送幽州府。刺史张守珪依法要杀他。他在临刑前,突然大声呼喊着说:"张公不是要平定奚族、契丹族的乱事吗?为何不起用我反而要杀我呢?"张守珪佩服安禄山的胆量,又见他白皙魁梧,于是免他一死,派他与突厥族人史思明出任"捉生"(即逮捕盗贼)之职。安禄山熟知当地山川形势,又经常打入团伙内部,刺探贼情,因而总是以少胜多,屡立军功。张守珪高兴地收他为养子,又提升他为随身偏将。不久,他又以军功迁为幽州节度副使,声闻朝廷,连唐玄宗都听说过他。

安禄山善于钻营,先是用金玉巴结奉诏巡察河北边防御史中丞张利贞,要他在唐玄宗面前为自己美言,从而超迁为平卢节度使,兼柳城太守。当时,宰相李林甫怕朝中文臣武将会危及自己权势,建议唐玄宗起用安禄山等番将。于是,天宝二年(公元743年),安禄山奉诏入朝,进位骠骑大将军,不久又升迁为兼领平卢、范阳、河北三镇节度使。他的妻子段氏被封为夫人,长子庆宗、次子庆绪、三子庆长亦分别出任太仆卿、鸿胪卿和私书监。从此,安禄山不仅在京师有一座豪华的永宁园宅邸,而且与杨贵妃的堂兄监察御史杨国忠等人过从甚密。

这天,安禄山来到后宫,装得十分愚钝地说:"臣生于边地番邦,又蠢又笨,今受皇上宠用,唯愿以身报效皇上。"唐玄宗以为他一片挚诚,心中着实高兴。正在这时,皇太子李亨走了进来。安禄山明知这是新立的皇位继承人,却又假装不懂朝仪,只是傻呆呆地站着,左右侍从提醒后,他才故意问道:"臣不懂朝廷规矩,皇太子是什么官啊?"唐玄宗说:"他是朕百年之后登基坐殿的人。"安禄山这才跪拜太子,然后对唐玄宗说:"臣实在愚蠢至极,只知天下有皇上,有万岁,万万岁的皇上,不懂还有皇太子,真是罪该万死。"

安禄山见杨贵妃十分得宠,就恳求认比自己小17岁的她为干妈。唐玄宗笑着答应她。于是,他每次跪拜时,总是先拜杨贵妃,然后才拜唐玄宗。唐玄宗觉得奇怪。他回答说:"胡人只知有母,不知有父。"安禄山装出来的一副憨态,直逗得唐玄宗和杨贵妃捧腹大笑。于是,安禄山可以随便出入后宫。

当时,唐玄宗年事已高,又因酒色过度经常不上朝,大权旁落到继任宰相杨国忠的手里。杨国忠依仗堂妹杨贵妃,极力排挤安禄山以便独掌朝权。于是,天宝十四年(公元755年),安禄山以诛讨杨国忠的名义,联络旧部史思明公开叛变,阴谋改朝换代。这就是历史上长达八年之久的"安史之乱"。

安禄山反叛唐朝以后,于次年在东京洛阳称雄武帝,建国号燕,年号圣武,又遣军西进长安,逼得唐玄宗、杨贵妃、杨国忠等人仓皇出逃。安禄山听说杨国忠、杨贵妃已死于马嵬驿(今陕西兴平西)后,非常得意。然而,不久以后,他却被自己的儿子安庆绪和侍从李猪儿谋杀了。这又是为什么呢?

原来,安禄山的反叛,自始至终都遭到举国上下的诅咒,受到郭子仪、李光弼等军队的强烈反抗。他在洛阳称帝以后,欲立段夫人之子安庆恩为太子,这就引起理当册立为太子的安庆绪的不满。另外,他这时患眼疾,长毒疮,经常焦躁动怒,随意鞭打亲信严庄和侍从李猪儿。于是三人合谋要弄死他。一天夜里,安庆绪、严庄持兵把守安禄山的寝门,李猪儿摸入帐内用大刀捅他的肚子。安禄山创痛难禁,大声嘶喊:"家贼,家贼。"不久肠断而气绝,时年五十五岁。安庆绪将亡父死尸埋入床下,矫诏以皇太子身份即位,继续与史思明等作乱。"安史之乱"几乎断送了唐朝数百年的基业,成为唐由盛转衰的标志。

对人不诚实的人,迟早是会暴露的。像安禄山那样装做愚钝,却暗藏精明,心里藏刀的人,更应百般小心,睁大眼睛,才能识破其狼子野心。

二十二 | 是非问题必分清
处事应忌人云云

　　什么是"是非"？是非很简单，因为简单，就没有人把它当回事，也就误了很多人的事。红与黑，不是"是非"，是颜色的不同；对与错，是"是非"，是视线中的两条不同方向的线，该走哪一条线？要你动脑筋去作判断，该向东，你却判定是西，就是错了，如果你还要坚持，就会越来越远，那就是大错特错，错了不改，就叫死不悔改。

　　人，活在世上，都有一种追求。

　　当个老师，是一种追求，当个学者、科学家、艺术家、军事家等等，也是一种追求，想当个省长、市长，也是一种追求，是一个很高的追求，但不管是高的追求或是低的追求，追求的起步就是一个字"是"，是非的"是"。到了"盖棺定论"的时候，还是一个"是"，而不是一个"非"，这就是快乐，就是幸福。

　　要为一辈子人，特别是要自始至终为一辈子的好人，就一定要记住这个"是"，它管你一辈子用。你的事业一旦成功，特别是当了个官以后，你的脑袋发热了，热得爹娘都不认识了，"是"字就不见了,你可能会遇上灭顶之灾。如果你牢记这个"是",当个"平民"去经商,凭着自己的聪明智慧,正当经营,不找"黑心"钱,公安、法院不会来找你,你会平安无事,快乐一生,幸福一世。

如果你当了大官,脑壳一发热,忘了这个"是",政治生命也就停止了,你的第一生命也会遇到危险。上海市委书记陈良宇,当上了中央政治局委员,他脑壳一发热,忘了这个"是",就胡思乱想了,"是"字不见了,为数不少的省长、市长一忘了"是"字,不但政治生命停止了,老命也没有了,看来这个"是"字太管用了。

12世纪思想家阿威罗伊说过这样一段话:"犹如饥渴是身体的空虚,使人有空虚感一样,无知与愚昧则是灵魂的空虚,也使人有空虚感。这是因为世界上有两种感到满足的人,一种人满足于吃饱喝足,另一种人则满足于获得知识……一般而言,如果某人认为得到满足即为得到快乐,那么无论他理解的是什么,凡是真正比较高的,更具有真实性和更为持久的,都肯定是一种更值得人们去选择的快乐。这就是相对于其他欢乐而言的智力上的快乐。"阿威罗伊是一位博学多才的人,他崇尚知识,给后人留下了丰富的精神食粮,他的话今天看来也许并不新鲜,但值得我们思考。

一个人活在世上不应该满足于饱食终日,无所用心,贪图安逸而庸庸碌碌的生活。人,应该有理想,有抱负,有追求。

要想不做一个无知与愚昧和灵魂空虚的人,就要有事业的追求,生命的追求,牢记一个"是"字,去做终生的追求,这就肯定是一种更值得人们去选择的快乐。

明朝时期,有个著名的北京保卫战,在这次保卫战中,有位著名的历史英雄人物叫于谦,他就是一个能明辨大是大非,不顾个人利益,并能将这个"是"字坚持到底的人。

于谦,字廷益,浙江钱塘人,生于洪武三十一年(公元1398年)。在少年时,他就展露出卓尔不凡的气质。据说于谦七岁时,一个僧人见到他,觉得这个孩童日后必有大的作为,断言他是将来的"救时宰相"。少年于谦,机智过人,能诗善对。八岁时,一次他穿着红色衣服,骑马玩耍。邻家老者觉得很有趣,戏之曰:"红孩儿,骑黑马游行。"于谦应声而答:"赤帝子,斩白蛇当道。"下联不仅工整,而且还显露出他非同寻常的气势。

永乐十九年(公元1421年),二十四岁的于谦中进士。宣德元年(公元1426年),汉王朱高煦趁新君嗣位未稳之际在乐安州起兵谋叛,于谦随宣宗朱瞻基新征。汉王未战而降,宣宗命于谦口数其罪,于谦义正词严,声音琅琅,朱高煦趴伏于地,战栗不已。宣宗非常欣赏于谦的口才,在宣宗的安排下,于谦以兵部右侍郎御巡抚河南、山西,有政绩。正统十三年(公元1448年),于谦应诏入京,如果不是第二年发生了一场惊天动地的大事变,于谦也许终其一生都是朝廷一个兢兢业业的官僚而已。这场大事变将于谦推上了政治前台,做出了非常事业,似乎应验了早年僧人的预言,由此,于谦在历史长廊里留下了他动人心魄的身影。

正统十四年(公元1449年)七月,蒙古瓦剌部首领也先率领铁骑分四路大举南犯。年轻气盛的英宗朱祁镇在宦官王振的蛊惑下,幻想着像其曾祖父成祖朱棣那样数入漠北建立赫赫军功,所以不顾群臣劝阻,贸然亲征。8月15日,在土木堡,明朝数十万大军被蒙古军队一举击溃,英宗也成了也先的阶下囚,史称"土木之变"。土木之变,影响深远,它标志着明朝失去了对蒙古军事力量的优势,也是明朝由盛转衰的分水岭。

　　土木之变,使得明朝面临的局势极其危险。英宗为也先俘获,明朝陷入了国无君主的窘境。同时,英宗成为也先手中的一个筹码,随时随地可以向明廷要挟索价。也先挟持英宗,乘土木新胜之余威,率众直趋北京,欲一鼓作气攻取明朝的京城。而数十万明军,在土木堡一役土崩瓦解,北京守备空虚,形势岌岌可危。

　　当时北京城内人心惶惶,许多大户人家纷纷南逃,朝廷上下,群臣惊愕,束手无策,皇太后孙氏和英宗的皇后钱氏将宫中的财宝搜刮一番,用八匹健马驮赴也先大营,幻想能够以此换取英宗的自由之身。当然,这种妇人之见是不会产生任何实际效果的。

　　正是在这种关乎国家存亡、民族安危的紧要关头,以于谦为代表的一批忠义大臣处变不惊,迅速而果断地采取了一系列措施,彻底粉碎了也先的阴谋,稳定了大局。于谦此刻挺身而出,成为抵抗派的领军人物。他果断采取了以下几个措施,挽救国家于危难之中。

　　第一,禁南迁之议。面对也先军队直扑北京的严峻形势,是战是守,大臣们的意见存在很大的分歧。侍讲徐珵善于星象之数,托言星象有变,朝廷应当南迁。对此,于谦有着比较清醒的认识,坚决反对南迁。他厉声说:"言南迁者,可斩也,京师天下根本,一动则大事去矣;独不见宋南渡事乎!"监国郕王朱祁钰支持于谦的看法。由此,南迁之议才被废弃,守卫北京之城乃定。

　　于谦言南迁者可斩也,绝非耸人听闻,而是经过深思熟虑的正确建议。试想,明朝,虽实行南北两京之制,南京为陪都,但是一旦南迁,则北京势必不保,长江以北将不为明朝廷所有。有史为鉴,当年宋朝徽、钦二帝被俘,宋高宗赵构逃至河南而失国大半,只能偏安一隅。如果真的接受了徐珵的主张,恐怕中国历史就要重演南宋偏安的一幕。

第二，除王振余党。宦官王振可以说是导致土木之变的直接负责人。正是他不顾众议，策动英宗亲征。在行军过程中，他又想邀帝幸其家乡。后又考虑到大军会践踏家乡的庄稼，就改道宣府，由此，延误了时机，明军被围于土木堡，土木堡乏水，不能久据，被围数日后，王振传令移营，而瓦剌军队四面围攻，明军大乱，伤亡惨重，王振本人也死于乱军之中，王振虽死，但是朝中同党犹在。正是在国难当头之际，于谦挺身而出，以社稷安危为己任，为百官所倚重。

第三，拥立明景帝。大敌当前，国无君主，而太子朱见深年仅三岁，无法承担起匡复国家的重任。于谦及众大臣请皇太后立郕王朱祁钰为帝，郕王朱祁钰是英宗的亲弟弟，英宗在亲征之前曾命他监国，此时他二十二岁，仅比英宗小一岁，年富力强。明朝实行嫡长子继承制，目前英宗有太子在，郕王朱祁钰是没有资格继承皇位的。但在当时特殊的情况下，新皇帝最重要的不是有名分，而是要有领导百官、消除祸乱的能力，因此，郕王朱祁钰就要比太子朱见深更为合适。

当郕王朱祁钰得知群臣请立自己为帝的消息后，惊喜之极，甚至退居王府，表示不愿即皇帝位。这是因为他担心自己名分不正，而且英宗尚在人世，太子朱见深亦将长大成人，不免有顾虑，另外蒙古铁骑兵临城下，可谓吉凶未料。在这种情况下，于谦起到了关键作用。他向郕王朱祁钰指出："我们做臣子的拥立您，是为国家着想，并不是为了个人的私利。"这番话使年轻的朱祁钰意识到了自己身上所承担的重大责任，于是他不再避让，在群臣的簇拥下登基即位，年号景泰，史称景帝，他很快投入新的角色中，力主抗战,反对南迁,任命于谦负责指挥北京保卫战,这些措施为最后的胜利奠定了基础。谈迁在《国榷》中充分肯定了景帝的功绩:"太祖之后,有功劳的皇帝,谁不知道是成祖? 有德行的皇帝,谁不知道是孝宗? 然而还有一个景帝。土木之变发生后,如果没有景帝,我们都会沦为异族统治下的奴仆了。景帝的德行有哪些? 一个是他善于知人;一个是他懂得安民。"所谓"知人",主要指的就是重用于谦任命他为兵部尚书,打赢了北京保卫战。

第四,保卫北京城。北京保卫战是艰苦而惨烈的。于谦在受命的第二天,立即奏请调南北两京及河南备操军、山东及南京沿海备倭军及运粮军入卫京师,于是人心渐趋稳定。此时,粮食问题又浮出水面。通州为北京的屏障,同时也是京城粮食的储存地。在敌人的进逼下,通州城势难保全,粮食落入敌手,将会为敌所用。但是短期内明廷难以集中大量人力、物力将粮食搬运入京。为了不让通州的粮食落入也先手中,于谦想了一个绝妙的主意。他奏请皇帝准许官军预支通州仓粮,令人自取,能多运者还有物资奖励。如此一来,通州的粮食很快就运入北京城内了。

如何守卫北京呢? 是固守还是主动出击? 在战守的策略上出现不同的意见。成山侯王通建议挖城壕以拒蒙古骑兵;总兵官、武清伯石亨主张固守不出;于谦则认为坚守不出会示弱于人,在景帝的支持下,他分遣诸将率兵二十二万分列于京师九门之外,自己则身披甲胄亲赴石亨军中督战。石亨列阵于德胜门,都督陶瑾列阵于安定门,广宁伯刘安列阵于东直门,武进伯朱瑛列阵于朝阳门,都督刘聚列阵于西直门,副总兵顾兴祖列阵于自成门,都指挥李端列阵于正阳门,都督刘德新列阵于崇文门,都指挥汤节列阵于宣武门。随后于谦将兵部事务托付给侍郎吴宁,下令关闭九门,以示有进无退、背水一战的决心。

北京保卫战,在明朝历史上乃至中国历史上都占有重要的地位。北京保卫战,确保了明朝京师北京的安全,避免了宋朝南渡悲剧的再次发生。它粉碎了也先图谋中原的企图,此后蒙古很难再次组织起大规模的武力入侵行动。同时,北京作为抵抗蒙古的最为重要的堡垒,依然发挥着重要的作用。并形成了以北京为中心,以大同、居庸关为屏障的整体防御体系,有效地抵御了蒙古军队的侵扰,确保了内地人民的正常生产、生活。

北京保卫战是一次壮举,是于谦人生中的最亮点。因此,于谦成为中国历史上最为著名的民族英雄之一。

为人民立了功的人会成为人民心中永恒的"记忆",干了坏事的人也会在人民心中永远被唾弃。

有一则故事,讲的是一名贪官临出赴任时,百姓送他一块德政匾,上面写着"五大天地"四个字。贪官大喜,问是何意,百姓解释说:"官一到任时,金天银地;官在内署时,花天酒地;官坐堂断案时,昏天黑地;百姓含冤时,恨天怨地;如今去任了,谢天谢地!"在这里,百姓通过解释"五大天地"的含义,对贪官进行了讽刺,既幽默,又辛辣。

为官,对人民没有一点好处的人,为官半天也算多。

据《金史·哀宗本纪》载言:我国历史上在位时间最短的皇帝是金朝末帝完颜承麟。他从"登基"到"驾崩"仅只有半天时间。金天兴三年正月戊申日(公元1234年2月8日)夜,蒙古和南宋联军即将攻破金都蔡州。于是,不甘做"亡国之君"的金朝皇帝,完颜守绪决定传位给东面元帅完颜承麟。次日清晨,完颜承麟"即帝位,百官称贺。礼毕,亟出捍敌,而南面已立宋帜。俄顷,四面呼声震天地,南面守者弃门,大军入。与城中军巷战,城中军不能御。帝(完颜守绪)自缢于幽兰轩。末帝(完颜承麟)退保子城,闻帝崩,率群臣入哭,谥于'哀宗'。哭奠未毕,城溃……末帝为乱兵所害,金亡。"

像这样的人为帝,连怎样保全自己的老命都不知道,就谈不上分清什么大是大非了。

人,一生在世,总会与若干的不同类型的、不同性格的、不同素质的人交往,也就总会遇上一些是是非非之事,要做个正直的人,明辨是非之人,切不可人云亦云,是非不分,当个"好好先生"深藏不露:含含糊糊,吞吞吐吐,模棱两可,若有似无,既不反对,也不拥护,明哲保身,心满意足。待人接物,运用自如,上下左右,讲究照顾。哼哼哈哈,和和睦睦,不讲原则,低级庸俗。坏人坏事,通行无阻,装聋作哑,不敢揭露。个人得失,牵肠挂肚,明知不对,我行我素,"好好先生",好乎? 差乎? 差之远矣,一无是处。

二十三　逆来顺受事不妙
　　　　反向思考出绝招

　　莎士比亚说:"危险可以考验一个人的精神,安泰的境迁任何平凡的人都能应付;风平浪静的海面,所有的船只都可以并驱竞胜;但当命运的铁掌击中要害时,却只有大智大勇的人方能处之泰然。"当今,一个开放的中国,人心跳跃,国强民富,经济繁荣。花样百出的公司,铺天盖地,应运而生,"总经理"多如牛毛,求职者,风起云涌,不计其数。

　　开公司挣钱,众所共知,无可非议,在这热闹非凡的商海大潮中,自然就有了"阎罗王审案——鬼事不少"。"总经理"手中握有发号施令的大权,甚而有极其苛刻的要求,是"逆来顺受"?还是"逆来拒之"?这成了当今"平民"们街头巷议的热门话题。

　　既然"平民们",把这桩事炒得如此"热锣",如临大敌,如此关心,就不无道理,也就很值得"社会学者""心理学家""人事劳动管理者"们作为研究的课题。

　　职业女性除了业务上需与相关人士交往,也常会面临来自上司的许多问题,譬如某天下班后,上司盛情邀请你同赴晚会或共进晚餐。面对男上司的"晚宴之邀"，职业女性们应该怎样对待：

（一）找借口体面婉拒

如果你确实不想赴约，那么找一个听起来真实可信的理由婉拒他，如他仍然不死心，那就对他说"改天吧"，以免令他难堪。一般聪明的上司碰了软钉子后就不会再邀你赴与公事无关的约会了。

（二）化妆避免浓艳

既然要尽可能赴上司之邀，一定要精心打扮，否则上司会以为你不尊重他。打扮要精心，但不必刻意，尤其不要浓妆艳抹，让上司误以为你的刻意装扮是为了吸引他，惹起其非分之想。

（三）穿着不可过露

过于暴露的服装或者透明度极高的服装不适合在上司面前穿，尤其是与之共进晚餐或同赴舞会时，过于暴露的穿着带有明显的挑逗性，会让上司觉得你很轻佻，同时又可能为别有用心者提供可乘之机。

（四）头发不要散开

在男性面前将头发散开，会被男性误以为是一种调情信号，特别是在温馨、柔和的晚宴氛围内。蓬松的秀发会把女性的魅力推到极致，同时也可能给你带来不必要的麻烦。

（五）切忌贪杯

与上司共进晚餐少不了要喝点饮料和酒，但不可贪杯，尤其是在与上司对饮时，一旦饮酒过多，既对上司不尊重，又会给自己身体健康造成影响，更可怕的是酒醉后失态，影响你的形象，甚至酿成千古恨。

（六）适时告辞

如果是公事叙谈，上司一般都会把握好时间；如果纯属发展私人感情或公事之后闲聊,你又无此意的话,最好在适当时候提出结束交谈,握手告辞。酒后过多的叙谈可能涉及隐私话题,事后让双方都感到后悔。

用自己的智慧去应对男上司的夜晚之邀,让上司叹服你的才华、机智和清正的人格。

"大敌当前",求职者们千万不必"对着镜子装鬼脸——自己吓唬自己"。这时,你应该像莎士比亚所说的那样,你是否在危困时经得住精神上的考验,勇者进,弱者退。

首先,你应该大智大勇挺起你"强人心理"的脊梁,克服自身的心理障碍,认清哪些是不伤害人格尊严的事应顺从。反之,就应态度鲜明,据理力争,加以抵制让那种胡思乱想的人明白,那么做是在"狗咬石匠——想挨锤子"。

甄洛是中国历史上最工于心计的美女之一,她不仅美丽,从小智慧过人,凡遇危困之事,总是冷静思考,巧然应对,拥有传奇的身世和结局。

她是中山无极(河北无极)人,东汉王朝宰相(太保)甄邯先生的后裔,老爹甄逸先生,担任过上蔡(河南上蔡)县长(县令),生有三男五女,甄洛是甄家最幼的女儿。

史书上对甄洛,传出来不少鬼话,她生于182年,出生时大概太过于仓促,天上神仙没来得及表演,所以直到生了之后,才开始忙碌。

甄洛小女娃睡在摇篮里,小腿乱踢,有时候把小棉被踢掉,露出肚皮,这本是一件比拉稀屎还平常的事,但她的家人却仿佛看见,冥冥中似乎有人牵起棉衣,给她盖上,于是大为惊奇。三岁的时候,老爹去世时,相面大师刘良先生,应邀到甄家,为甄家子女看相,他阁下看了其他的人,都不开口,等看到甄洛,不禁脱帽:"这个女孩,贵不可言。"

甄洛果然贵不可言,从小就与众不同,八岁时,正是小学堂二年级蹦蹦跳跳,爬高爬低的顽皮年龄,有一天,门外锣鼓喧天,玩马戏,姐姐们兴高采烈地跑到阁楼上去看,只见甄洛不跟着跑,姐姐们大感不解,问她为啥,她曰:"这种抛头露面的事,岂是我们好人家女儿做的耶?"把姐姐们顶撞得目瞪口呆。九岁时,就喜欢读书,那时,正是"女子无才便是德"的兴旺时代,而这个"才",专指读书。

东汉王朝末年,天下大乱,到处饥荒,小民们不得不卖掉家产和珍藏的金银珠宝,换取果腹的粮食。甄家是富家,就借机会用低价大量收购。年才十岁的甄洛,发现苗头不对,警告老娘曰:"现在不是太平盛世,兵马四起,饥民逐渐增多,社会秩序已无法维持,而我们却大量买入稀世宝物。古人云:'匹夫无罪,怀璧其罪。'势必引起别人的杀机。况且人人贫寒饥乏,我们一家在怒涛骇浪中,岂能独存乎耶?依女儿之见,最好是动用仓库里的存粮,救济亲戚朋友和左右邻居,广结善缘,一旦有变,可能避免灾难。"

史书上说她的家人听了,大梦初醒,采纳了她的建议。甄洛十四岁时,她的大哥、二哥先后死掉,姑嫂间感情最笃,她就跟二位寡嫂同住,照抚侄儿们,无微不至。这些事使这位美女的聪明贤淑品德,传布乡里。

甄洛二十一岁那年,正当曹操与孙权交战的战乱之时,当曹操的儿子曹丕全副武装,杀气腾腾举起利剑要杀她的时候,忽见甄洛机智超群,美丽动人,牡丹初放,像一颗光艳的明星,照得曹丕刹那间一佛出世,二佛升天,举起的利剑"当啷"一声掉在地上。

220 年,是中国历史上重要的一年,无数重要的政治大事,同时挤在这一年发生。曹操在洛阳逝世,做儿子的曹丕,迫不及待地把东汉王朝第十四任,也是最后一任皇帝,已四十一岁的刘协,赶下宝座。196年之久的东汉王朝,就这样静悄悄结束,没有引起任何涟漪。曹丕坐上龙墩后,称他建立的政权曹魏帝国——我们不称它为曹魏王朝的原因,是它并没有能控制全中国,它将控制的地区只限于长江以北的北中国地区。在长江上游现在的四川省,刘备建立蜀汉帝国。在长江以南,孙权也接着建立东吴帝国,中国分裂成三个国家,大统一时代结束,三国时代开始。

言归正传,在如何对待上司的无理要求时也有人出于某种原因,不愿或不敢顶撞上司,放弃原则,一味迎合,不顾自己的人格尊严,逆来顺受。是可为,孰不可为?可学学甄洛,来点逆向思考……

有个《拍马屁》的故事:

蒙古人十分爱马,有"人不出名马出名"之说。他们见到骏马,总喜欢拍着马屁股称赞一番。因为马如果肥,其股必隆起,一些趋炎附势的人,看到权贵来到,不管其马优劣如何,总是争着拍马屁股恭维:"大人的好马,大人的好马!"后来,人们就用"拍马屁"一语来形容阿谀奉承者的行为。

宋宁宗年间,太师韩侂胄专权,百官争谄事之。有个叫赵师择的因为依附韩侂胄,被任命为临安知府。有一次韩侂胄过生日,百官争献珍奇异宝。赵师择呈献一小盒,打开看时,乃是金葡萄小架,上缀大珠百颗,众官自觉礼仪太轻。以后赵师择又献十顶北珠冠与韩侂胄的十名小妾,依靠"枕边风"的威力,又官拜工部侍郎。一次,韩侂胄与客饮酒于南园,赵师择也在坐。园内景色,精雅绝伦,其中有一山庄,竹篱草舍,别有情趣。韩侂胄对客人说:"真是一派花园景象,只是缺少鸡鸣犬吠呢!"少顷,竹篱之间忽然传来猎猎犬吠,大家看时,原来是赵师择,趴在篱间,学着狗叫。摇头摆尾,丑态百出,韩侂胄大笑不止。

堂堂工部侍郎,溜须拍马竟至如此,此等丑事,当今不无,也有那么一些人,为了某种私利,极尽吹吹拍拍之能事,千方百计投上司所好,以至于不顾人格。

我们应该清楚地认识到,人一生,真正的"一帆风顺"是不客观的,只是一种美好的愿望。不管是什么人,在一生中,总会在某一时某一事上遇到危困,人生一世,困难一时,遇到难事,要大智大勇地去面对,敢于面对,善于面对,在逆境中同样可以大有作为。

首先,你应该打起精神来,鼓起勇气,从思想上、行动上、技能上做好充分的准备,下意识地去接受危险对你的考验,培养自身在逆境中成才的"六种素质":

(一)坚强的意志。大凡逆境成才者,都有常人所不曾具有的坚强意志,这是身处逆境的人能否成才的第一道分界。

(二)远大的志向。这是成才的动力源。只有对某个目标执著追求的人,才能有韧性战斗的毅力;否则,一遇挫折,就棱角磨钝,锐气尽消,从此一蹶不振。

(三)豁达的气度。只有心胸开阔,气量宽宏的人才能临危不惧。

(四)不懈的努力。这是锤炼内力的唯一手段。逆境压不垮人,侥幸取胜和苟且偷安是成才的大敌。

(五)过硬的技能。这是突破逆境的武器,要发挥内在优势,须有过硬的一技之长,在四面八方都会有用武之地。

(六)关键时的冲刺。逆境奋斗是一场持久战,突破口的选择,是奋斗成才的关键,如果选不准时机和突破口,或优柔寡断,只能功亏一篑,前功尽弃。

二十四 做事不用"心" 十事九不成

　　我虽然出生在山沟里，从小时起却也有很多梦想，可是由于这也想干，那也想干，结果一事无成。当我知道了做事怎么才会成功的时候，人已老了，悔之晚矣！

　　亚伯拉罕·林肯，说的一段话，对我很有启发，他说："每当我认为自己的所作所为将有害于这个事业时，我就尽量少做；每当我认为自己的所作所为有助于这个事业时，我就尽量多做。我一旦发现错误，就努力克服；一旦发现某些新的观点是正确的，就立即采纳。"

　　我一生中，发现过不少错误，却没去认真思考并及时改进；也发现过不少新的观点和美好前景，可惜我没有把它捉住，有时捉住了，又放了：一来是运气差，没遇良师点拨；二来是捉住了，没用"心"去想它，没想透，才把它放了！

　　想透了的事，一定要下决心去做，不能停留在口头上，要用"心"去做。

　　中国有两位有名的相声大师，侯宝林、郭全宝，解放前都曾在北京前门天桥一带"撂地"表演，表演一完，收不到钱，他们就说："下辈子我做母鸡给你下蛋!"观众乐了，把钱留下，走了。

他们那种用"心"做事的精神，真使我感动得也想"下辈子做母鸡给你下蛋"。

1927年3月30日，郭全宝出身在一个普通市民家庭，是独子。14岁起辗转于京、津、济南一带表演相声。1950年参加中国人民志愿军慰问团赴朝鲜慰问演出。1953年调入中国广播艺术团说唱团工作。

郭全宝以自己特有的技能和艺术魅力先后捧红了中国相声界的四大明星:侯宝林、刘宝瑞、马季、郝爱民，这在中国相声界是独一无二的。

郭老甘愿做哏，一做就是几十年。仔细品味郭老的作品，你会发现他的捧哏语言很丰富，不只是简简单单的"啊""呀""是"，他会根据不同的上联接下茬，就像对茬口，严丝合缝。

侯宝林当年创造相声《关公战秦琼》《戏剧杂谈》《戏剧与方言》时，指名要郭全宝做捧哏。因为他知道郭全宝小时候学过京剧，知道戏剧的节奏和行当，没有人能比郭全宝更合适了。

50多年的艺术实践形成了郭全宝的艺术风格，他表演对口相声具有配合默契、感情充沛、语言生动等特点，单口的表演更是幽默风趣，说表自如，模声拟态，惟妙惟肖，其中1957年由其逗哏的相声《好啊好》曾流行全国。

侯宝林、郭全宝等相声大师，解放前都曾在北京前门天桥一带"撂地"表演，"撂地"演出不容易，之后打钱(即向观众索要演出费)更是不容易。面对看完演出不愿给钱的观众，郭全宝总能想方设法多打钱。"那位您先别走，我说得不好您不用给钱，我说得好，您再往下听。""我们全家给您请安了,您就是我的衣食父母,下辈子我做母鸡给您下蛋,下这么大的蛋(他边说边画很大的样子),嘿!这母鸡受得了吗?"观众被逗乐了,笑着把钱留下,走了。

千万别小看这"撂地"打钱,在当今看来也是一种纯粹的市场经济。的确这些"吃开口饭"的艺人,能生存下来的都是有本事的,我们绝不能把这样的人混同为那种靠油嘴滑舌,说空话,吹大话,混饭吃的人。

历史上凡有"功绩"的人,做事都是很用心、能吃苦的人,反对讲大话,说实话,曾经就有个《空话太多该挨打》的故事:

茹太素是明太祖朱元璋手下的刑部主任。一次,他写了一篇长达一万七千多字的意见书,给皇帝看,朱元璋叫人读了六千三百七十字,还听不出个所以然来,尽是空话、废话。朱元璋一怒之下,当着文武百官的面,把茹太素打了一顿。

打完后,朱元璋叫人继续读下去,读到一万六千五百字,才涉及到议题,后来朱元璋说:"茹太素那篇意见书如果开门见山地写,只要五百字就行了,我打他,是因为空话太多。"

"世界船王"包玉刚,祖籍浙江,长期任香港航运集团董事长。

他拥有 210 多艘商船,总吨位达 2000 多万吨,居世界航运企业之冠,是公认的世界最大"船王"之一。

在成就事业的道路上,包玉刚坚持实事求是,从来不主张走捷径。他的座右铭是:"宁可少赚钱,也要尽量少冒险。"

当他在银行拨拉算盘珠子的时候,可以说连船只的左舷右舷也是分不清的。然而,一旦让他看清了经营船舶的事业大有前途之后,他便凭着一条旧货船起家、发迹,直至登上"世界船王"的宝座,这不能不使希腊船王奥纳西斯惊叹和仰慕……

如果要问,哪位华人在国际经济界的地位最为显赫? 答案是"世界船王"包玉刚。由于他的事业取得了巨大的成功,他被英国女王封为爵士,还得到比利时国王、巴拿马总统、巴西总统和日本天皇所授予的勋章和奖章。英国前首相希恩在任时,特地邀请他到乡间的别墅去做客,酒宴后详细地询问了他的经营方法。包玉刚因此成了历史上英国首相第一次专门接见的华人实业家。由美国福特汽车公司主席享利·福特,三菱株式会社总裁藤野忠茨郎所参加的美国大通银行国际咨询委员会宣告成立时,包玉刚是该委员会中唯一的华人委员。

英国首相撒切尔夫人、巴西总统夫人杜尔塞·菲格雷多、已故日本首相大平正方的夫人,先后为他的货轮主持命名仪式。

包玉刚的成功经验极多。这里仅视其重点,辑录如下,以飨读者。

(一)抓住机遇

他从一条旧货船起家,20 年登上"世界船王"的宝座。包玉刚原籍浙江宁波,年轻时曾在昆明和衡阳的中央信托局任职,后任重庆工矿银行经理。抗战结束后,回上海市银行任职,后迁居香港。

包玉刚认为航运业是世界性的业务,涉及范围甚广,是一项大有作为的事业。1955 年,他成立了环球航运有限公司,划了 77 万美元,买下一艘已经使用了 27 年的旧货船,专门经营从印度至日本的煤炭运输业务。他的船队先增添两艘 8000 吨级的旧船,接着又买进两艘,船队逐步扩大。后来,日本政府鼓励外资购买日本船,再由日本船运公司租回使用。包玉刚抓住机会,向日本订购新船,更换旧船,于是他的航运业开始了一个新的发展阶段。

包玉刚除了发展他的航运子公司以外，还开始发展金融、保险、投资公司，而后又把逐步建立起来的 250 多家公司联合组成可以和任何一个著名的国际财团相抗衡的环球航运集团。到了 1978 年，漆有环球集团"W"标志的大型轮船就有 170 余艘，总吨位 1800 万吨，超过美国或前苏联国家所属的船队总吨位，居世界航运业之冠，被海外经济界誉为"世界船王"。

香港回归之后，他又依靠中国在国际贸易中的巨大潜力，来一次更大的跃进。

(二)勤奋学习

他从分不清左舷右舷的门外汉成为精通业务的专家。

包玉刚从一条旧货船开始，仅仅用了 20 年的时间，就登上了许多人奋斗了好几十年仍无法得到的"世界船王"的宝座。包玉刚的成功固然有着某些天时地利的因素。但是国际上的有志之士普遍认为，起决定性作用的主要是他能恰如其分地运用熟悉银行金融业的特长，聪明机智的天赋条件和勤奋刻苦的后天努力。

他在青年时代由于日本侵华战争而失去了上大学的机会。当抗战结束回到上海市银行工作后，他即利用这一安定的环境和工作条件，通过自学和工作实践弥补上这个损失。当时和他一起工作的人，经常看到他在工作之余多半是读书、习字和学习英语，以至一些亲友常以此为榜样教育子女刻苦学习。他转营航运业时，又不断地给自己提出学习和研究的新课题。中东局势如何？两伊战争前景如何？石油价和供求关系变化如何？西方与日本经济发展预测情况如何？各造船国家动向如何？国际上散装货物成交动向如何？在通货膨胀的情况下，用何种货币结算有利？如此等等，不断思索，不断探寻。他还利用与世界上几十个国家元首和政府首脑交谈的机会,悉心听取他们对时局发展的看法。不论是在香港和国外访问,每天早晨他都坚持亲自与纽约、伦敦、东京的分支机构通话,了解一天之内世界的重要经济和政治变化。在他发迹后,虽然他的英语会话已经相当流利,各种交际场合已能应付自如,他还不满足,仍坚持继续学习英语,不断提高英文水平。正是由于他的勤奋刻苦的学习,使他从一个航运界的门外汉变成不论在航运管理方面,还是在金融财务方面都堪称是最优秀的专家。甚至在国际关系、船舶工程等方面他也有一定的造诣。

(三)稳定经营

高超的经营方针使他渡过一次次风浪。有人认为包玉刚事业的成功是由于天时地利原因,但是不应忘记20世纪50年代到70年代与包玉刚同时甚至同地区经营航运业的大有人在,仅香港地区就有250余家。在世界上千多家公司的竞争下,包氏夺得王冠。这恐怕只能承认他在经营管理方针政策上的高超了。

包玉刚在开办航运公司之初就注意到了两个问题:第一,资本主义市场变化多端,供求关系时紧时松,一时的景气与繁荣过后就可能遇到萧条与危机,因此,不能为暂时的高利润所引诱,而应该采取有利于长期稳定、始终立于不败之地的办法;第二,赢利的方针要有利于筹措资金,扩大船队。靠利润投入扩大船队是有限的。重要的是取得银行长期低息贷款。取得银行贷款很大程度上是需要以本身事业的信誉作保证的。为此,长期以来他坚持了下列经营方针:

(1)坚持低租金长期合同的稳定经营;尽量减少可预测的风险,极力避免投机性业务;

(2)严格遵守企业合同,严格船只的管理与保养制度,极力保

证船只安全,从而维护企业的良好信誉;

(3)从多方面打开筹措资金的畅通渠道。

这三条相辅相成的方针使他立于不败之地。

(四)薄利多销

坚持低租金长期合同使他获得了一份又一份租船合同。

"薄利多销",早已是商业上人所共知的明智方法之一,在航运业搞低租金长期合同,早在20世纪30年代美国轮船大王就试行过,然而在任何情况下,都把它作为长期坚持的方针,没有足够的远见卓识是难以办到的。

原来,香港和国际上普遍实行的就是按照船只行程计算租金的方法,也就是短期结算的办法。世界经济兴旺时期,单次行程运费都是很高的,从短期的眼光来看,这种经营办法可能获得较高的利润。

包玉刚一开始坚持低租金,签订可靠的长期合同,租给可靠的租船户。凭租船合同向银行申请贷款,进一步扩大船只,对不讲诚信的人,给高租金他也不租。不久,遇上埃及战事终止,河运开放,船只需求量减少,运费暴跌,不少航运业者宣告破产,有关船东因此而蒙受损失。唯独包玉刚在此期间既没有受到运河重开而引起的营业波动,又没有遭到租户破产带来的损失。

(五)信誉第一

信守合同保证安全使他赢得银行信任,从而得到贷款。包玉刚一贯把维护事业的信誉作为经营的准则。严格信守企业合同是保证信誉卓著的一个方面;另一方面,对船员训练、船只安全保养及操作性能的高度重视,做到一丝不苟,也是提高环球集团信誉的主要点。他认为现代船只是通过精密的科学技术建设起来的,许多设备需要专业人才管理和操纵,因缺乏严格训练一时疏忽就会造成船毁人亡的事故,损失大量财产,即使未曾沉没,只要受创停用,租金收入为零,无租金收入船舶的保险费不但不能减少反而增加,赔偿费却相对降低。他物色了很有经验的船长负责船队安全工作,每条船都毫无例外地定期举行安全事务会议,讨论、分析并纠正可能引起各种意外事故的种种隐患,不惜代价,及时采取果断措施。环球集团自己在香港开办了一所环球海洋学校,除设置必要的理论及实践课程外,特别重视有关安全的教育。环球集团由于人员服务可靠,船龄短,技术管理制度严密,所以在安全航行方面有着良好的记录。这种声誉也是执行长期稳定经营方针的必要条件。

(六)多谋善断

深入细致办事,果断的工作作风,使他得到职工的信赖。

脚踏实地的工作作风是他事业成功的重要因素。他认为主持一番事业的人如果对工作中主要的细节不了解不检查就可能带来危险。在经营航运业早期,他属下的船只不管在何处出了毛病,只要时间许可他都要赶赴现场亲自处理,直到问题切实解决方才离去。后来船队扩大了,环球集团采取任何一项决定,购进任何一条新船,录用任何一位主要人员,他仍要亲自过问。造新船时,他除派去经验丰富的验船师并及时听取质量进度汇报外,一般还要亲自登船查看,因此,每次出席下水和交船仪式时,他能说出这条船各主要问题的细节。他也直接关心每条巨轮上船长、轮机长和大副的人选。包玉刚深入细致的工作作风,为他办事果断干脆提供了有力保证。他有时可以在五分钟内决定一项人员任免事项,再用五分钟又可处理一件复杂的工程,再过五分钟又可签订一项巨额合同。

比之世界上其他著名经济大亨,包玉刚不满足于现状的精神是毫无逊色的,与此相联系的当然也存在着冒险与竞争。1980年在香港发生的所谓"船王压倒地王"的一场斗争,成为当时全港的一条重要新闻。"地王"是指拥有香港置地公司和九龙仓有限公司的英国著名财团"怡和洋行"。1978年包玉刚家属购进该公司一批股票,占有权超过了怡和,他们利用包氏本人不在香港的机会,准备趁人不备宣布夺回失去的股权。当时在欧洲访问的包玉刚得知这一情况后立即赶回香港,在一天之内筹集了足够的资金,马上举行记者招待会,公布事实真相,并宣布以高出怡和洋行所出价格5%的金额再购进该种股票二千万股,怡和洋行没有预料到包氏会进行这样闪电般地回击,只好认败。

这一场动用巨额资金的权益斗争,使得不少人看得目瞪口呆,实际上收购九龙仓股权是一个长期投资计划,从暂时经济获得的角度可能一下子看不清楚它的意义,但是包氏此举深得当地中国人的赞赏,怡和洋行素来比较蛮横,在财力方面香港无人与其匹敌,特别是中国人更不是他们的对手,因而这次船王的胜利,使许多华人扬眉吐气。

我们要想做一件成功的事,都像包玉刚那样做那么大的事还是有难度的,所以需要学什么?应该明确。我们主要应学习他那种勤奋好学、善抓机遇以及工作方式方法、管理经验、做事的决心等等。认准了的事,就要抓住不放,一抓到底,做出成效,我们就有了希望。

做事不可贪心,要一件一件地做,做好,做到位,同时去做两件事或几件事,就会分心,分散力量,适得其反。

二十五　欲知家事国事
出门才知天下事

　　小时候，从有"记忆"开始，就听爸妈说过："秀才不出门，全知天下事。"在那科学还不发达的年代，这句话无疑是不错的，可在今天来看，这只说对了一半。

　　爸妈的一片良苦用心，是要我刻苦读书，多学点知识，在那公路不通、信息不灵的年代，只要你能识字，就会知道很多家门外的精彩事，你也许会耳聪目明，少做些糊涂事。在现代的信息社会里，即使你是秀才，不出家门，知道的事也是一些表面的东西，毛泽东说："你要知道梨子的滋味，你就得亲口去尝一尝。"要知道外面世界的精彩，就要做好充分的准备，虚心求知，积累知识，要下意识地去培养自己的"求知"欲。突破难关，打好基础，使我们能用渊博的知识，去改变我们的性格，以勇往直前的毅力去做好充分的准备，才好去看外面的精彩世界，看世界也是求知。

　　培根对"求知"有"专论"。他说："求知可以作为消遣，可以作为装潢，也可以增长才干。"

　　当你孤独寂寞时，阅读可以消遣；当你高谈阔论时，知识可供装潢；当你处事行事时，求知可以促成才干。有实际经验的人虽然能办理个别性的事务，但若要综观整体，运筹全局，唯有掌握理论知识方能办到。

求知太慢会怠惰，为装潢而求知是自欺欺人，只会照书本条条办事，会变成偏执的呆子。

狡诈者轻鄙学问，愚鲁者羡慕学问，唯聪明者善于运用学问。知识本身并没有告诉人怎样运用它，运用的方法乃在书本之外。求知识不可专为挑剔辩驳去读书，但也不可轻易相信书本。求知的目的，不是为了吹嘘炫耀，而是应该为了寻找真理，启迪智慧。

有的知识只要浅尝即可，有的知识只要粗知即可。只有少数专门知识需要深入钻研、仔细揣摩。而对于少数好书，则要精读、细读，反复地读。

读书使人的头脑充实，讨论使人明辨是非，做笔记则能使知识准确。

读史使人明智，读诗使人聪慧，演算使人精密，哲理使人深刻，伦理学使人有修养，逻辑修辞使人长于思辨。总之，"知识能改变人的性格"。

当今，开放的社会，怎样才叫有知识？你光学点中文，外国语一点不懂，你即使走了出去也无用，看不着精彩的世界。常人曰："外行看热闹，内行看门道。"这句话一点不错，吾等之人出了家门，只有去看"热闹"，看不了"门道"。

到了北京城，走进了"三宫六院"，北京故宫内以朝清门为界，南为外朝，北为内廷。内廷为以前皇帝及其后妃起居生活的地方。三宫即指中路的乾清宫、交泰殿、坤宁宫，又称"后三宫"。六院即分别指东路六宫：斋宫、景仁宫、承乾宫、钟粹宫、景阳宫及永和宫；西路六宫：储秀宫、翌坤宫、永寿宫、长春宫、威福宫及重华宫。这就是人们常说的"三宫六院"。

走马观花看"三宫六院"，当然是看热闹，没看出个"门道"，但还有点"家"的感觉。晓得了"慈禧是个挥霍狂"，知道了封建统治阶级是怎样在挥霍人民的血汗。

请看慈禧太后的生活：

每年她得金 2000 两，银 2000 两，各种上等绸缎 96 匹，布 50 匹，各种貂皮 124 件。

"宫规"还规定：内务府每天得给慈禧送一头猪，一只羊，鸡、鸭各一只，新粳米 2 升，黄老米 1.5 升，白面 15 斤。

另外，还有一种规定叫"铺宫"，规定皇太后使用金器 36 件（大到金烛台、金壶、金盏，小到喝汤的汤匙），银器 135 件，瓷器 1026 件。这些器具一年换一套。

还知道了娃娃也可当皇帝，当了皇帝，就像慈禧一样挥霍人民的血汗钱，不需干什么事，也干不了什么事。

在中国两千多年的封建王朝里，十岁以下的娃娃也当了皇帝的，有 29 个。最早的娃娃皇帝是西汉的昭帝（公元前 86—公元前 74 年在位），最后一个就是中国末代皇帝宣统（1909—1911 年在位）。

最小的是东汉的殇帝，生下来 100 多天就当上了皇帝。两岁当皇帝的有东汉的冲帝和东晋的穆帝。三岁的有北魏的孝文帝和清朝的宣统。四岁的有清朝的光绪。五岁的有东晋的成帝、北魏的孝明帝、南宋的恭帝……

这些乳臭未干的娃娃能当上皇帝，那是由于在封建时代，皇帝的"宝座"是世袭的缘故。

知道了几个历史人物,也知道了他们是在怎样地生活。是个坏的,就会不痛不痒地诅咒几句:啊!这可能就是中国长期落后的原因啦!若觉得是个好的,就会不知不觉地伸出大指拇"赞扬"一番,好像有希望可在,其乐无穷,有"家"的感觉。

可是一到了"摩纳哥",就截然不同了,看"热闹"吗,闹不起来,看"门道"吗,又看不出个子曰来,有点露马脚了,露了"无知"的马脚。中国人露了马脚,知道一点,外国人也露马脚,可是我们看不出来。

一聊起"朱元璋妻子露马脚"的典故又勾起了我心中的"记忆",似乎亲眼所见,又有了点"家"的感觉。

相传,布衣出身的朱元璋,自小家境贫寒,当过牛倌,做过和尚,所以,在选择终身伴侣时,与一位也是平民出生的马姑娘结了婚。这位马姑娘的容貌还算过得去,但长着一双未经缠过的"天足"。女人脚大,这在当时是一个大忌讳。

朱元璋当了皇帝以后,仍念马氏辅佐有功,将她封为明朝的第一位皇后。但是,"龙恩"虽重,而深居后宫的马氏却为脚大而深感不安,在人前人后从来不敢将脚伸出裙外。一天,马氏忽然游兴大发,乘坐大轿走上金陵的街头。有些大胆者悄悄瞧上两眼,正巧一阵大风将轿帘掀起一角,马氏搁在踏板上的两只大脚赫然入目。于是一传十,十传百,顿时轰动了整个金陵城。从此,"露马脚"一词也随之流传于后世。

在日常生活中,有些不想让别人知道的事,尤其是那些弄巧反成拙的事,一旦败露,就会"露马脚"。所以,一般都想包起来,纸是包不住火的,想包包不了,"露马脚"只是个迟早的问题。

"露马脚"是一回事,毕竟真的到了"摩纳哥",既来之,则安之,就学孔夫子周游列国,来个每事必问吧!

说的是到巴黎,怎么到摩纳哥来了呢? 我笑着问导游。

小姐乐融作答:

你们从中国到巴黎,坐飞机不经过这里,这次坐车,就经过这里,这里虽小,但很美丽。

问:摩纳哥既然是个国家,为什么在法国地盘上呢?

答:法国位居地中海地区,又位于欧洲西南部,南面濒临地中海,摩纳哥是个海湾国家,所以,它三面都被法国包围,只一边面朝大海。

问:那它到底有多大?

答:世界上有五个最小的国家,摩纳哥是五个中的第二名,它边界长 4.5 公里,海岸线长 5.16 公里。地形狭长,东西长约 3 公里,南北最窄处仅 200 米。境内多丘陵,平均海拔不足 500 米。

问:它的气候如何呢? 温度很高啰?

答:它属亚热带地中海式气候,夏季干燥凉爽,冬季潮湿温暖。年均气温为 16℃,年均降水量为 500—600 毫米。

问:请问世界上还有哪些国家最小呢? 它们中又是哪个最大? 哪个最小?

导游小姐依然是不厌其烦地一一作答:

如果要问世界上哪五个国家国土面积最大,一般都能回答。如果要问世界上国土面积最小的五个国家是哪些,很少有人能猜得到。这五个国家,除了摩纳哥,还有圣马力诺,它是这五个国家中最大的一个;还有图瓦卢、淄鲁、梵蒂冈。

梵蒂冈是最小的一个国家,面积:0.44 平方公里,不足颐和园面积的 1 / 6;

人口:783 人,约为北京人口 1/19000;

位置:意大利罗马西北高地。以梵蒂冈城墙为界,包括圣彼得广场、圣彼得大教堂、教皇宫等。主要人口为意大利人,信奉天主教。首都梵蒂冈城。它太小了,以至于整个国家没有一个独立的大街地址。

最大的圣马力诺,面积 61 平方公里,人口 28117 人,四周与意大利接壤。境内起伏多山,海拔 755.24 米,年平均气温 16℃。

相传公元 301 年,一位叫马力诺的基督徒石匠,为逃避罗马皇帝的迫害,藏身于蒂塔诺山顶。圣马力诺的地名由此而来。最初圣马力诺实行族长管理,1243 年确立了两个执政官联合执政的制度,成为当今世界上最古老的共和国。

自那以后,我不知不觉地对世界各国的风土人情、奇妙景观,产生了浓厚兴趣,还了解了世界上的"七大奇迹",并且知道了这些奇迹背后的一点小秘密。

在"七大奇迹"中:吉札金字塔,是古埃及王自己修建的陵墓;宙斯神像,是希腊众神之神,为表崇拜而建的"宙斯神像"是世界上最大的室内雕像;法洛斯灯塔,是纯为人民实用生活而建,在当时是世界上最高的建筑物;巴比伦空中花园,是带有神奇传说的世界景观;阿提密斯神殿,是希腊的狩猎女神;万里长城,是中国古老最伟大的建筑之一,是当代在太空中唯一能清晰见到的伟大建筑;毛索洛斯墓庙,在土耳其南部,墓内的罗得斯岛巨像是"七大奇迹"景观中最神秘的一个。

在这"七大奇迹"之中,唯一能启动我已僵化的大脑而出现神秘的是"巴比伦空中花园"和"法洛斯灯塔"两大奇观。

"巴比伦空中花园",与罗得斯岛巨像一样,考古学家至今都未能找到空中花园的遗迹,事实上,不少在自己著作中提到空中花园的古人也只是从别人口中听到的,并没有真的看到,空中花园是否纯粹是传说呢? 空中花园位于 Euphrates 河东面,伊拉克首都巴格达以南 50 公里左右,四大文明古国之一巴比伦中。巴比伦的空中花园当然不是吊在空中,这个名字的由来纯粹是因为人们把原本除有"吊"字之外,还有"突出"之意的希腊文"kremastos"及拉丁文"pensilis"错误翻译所致。

看了它,使我是真是假产生了疑问,看来它纯粹是该国古代文人们出于各种原因或是从艺术的角度吹起来的一幅神画。

而在这"七大奇观"之中,唯一不能与其他六个奇观一样的要数"法洛斯灯塔"。

法洛斯灯塔与其余六个奇观绝对是不同,因为它并不带有任何宗教色彩,纯粹为人民实际生活而建,法洛斯灯塔的灯光在晚上照着整个亚历山大港,保护着海上的船只,另外,它亦是当时世界上最高的建筑物。

它的真正不同之处在于既为景观、奇观,又为人民生活实际所用。古人为人民而想,为人民而建,为人民所用,应为之而高歌赞颂。

看来,不论古人、今人、中国人、外国人,做事首先得从"为人民实际所用"而思之,而行之,而果之。少说空话,不搞花架子,多做实事,言必行,行必果,最终才有好结果。

我国古代皇帝王莽,原本也是"平民",从民至官,就有了两个行为,干出两种不同的事,有了两种结果,后果严重,教训深刻,真是"踩着高跷演戏——半截不是人"。

王莽是中国历史上最短命的王朝——新朝的建立者。他一直是一个有争议的历史人物。他的遭遇也是一般人不能想象的：在称帝前广受官员和百姓爱戴但称帝之后不仅被人杀死,连舌头也被人吃掉了。

王莽在汉朝任大司马,兼管军事令及禁军,立汉平帝,得到朝野的拥戴。公元5年,王莽毒死汉平帝,立年仅两岁的孺子婴为皇太子,后来王莽接受了孺子婴禅让后称帝,改国号为新,改长安为常安。开中国历史上通过篡位做皇帝的先河。

王莽称帝之前,很注意笼络人心,表现得礼贤下士,谦恭大度,也做过几件顺乎民心的事。汉平帝继位之后,太皇太后认为王莽拥立有功,要加封他两万多民户以及大量亩田地,王莽坚持不受。

有一年天灾,王莽主动捐钱百万,献地3000亩,带动了一批官员献地献宅,使一批灾民得救。王莽有个儿子杀死了一个奴婢,王莽痛骂儿子,追令儿子自杀偿命。这一事件连处处贬斥王莽的《汉书》作者也将其写进《王莽传》中。王莽的这些做法产生了很大的影响,受到很多人的拥护,成了稳定汉王朝众望所归的人物。

王莽窃取权力做了皇帝之后,为了巩固取得的权力,他进行了改制。他改制的原则是根据古代经典制定的,史称"托古改制"。由于改制不从实际出发,结果给农民带来了灾难。像币制改革,15年间改了五次,铜钱越做越小,面值却越来越大,造成了经济混乱,受害最深的还是民众。同时,王莽不断对外征战,加上连年灾荒,民众冻饿而死的不计其数。王莽改制前十年西汉有人口近6000万,改制的后期已不足3000万。民众再也无法生活下去,终于爆发了起义。

王莽在政权垂危之际,曾发动官吏和百姓大声悲哭,以哀求上苍保佑。老百姓来哭,供给饭食,哭得悲恸的还任命为郎,为此,被任命为郎的竟有 5000 人,但这也没能挽救他灭亡的命运。最终政权被推翻,王莽被杀死。王莽被杀后,头被送到宛城,悬挂于街市。人们恨他称帝前将好话说尽,称帝后又不顾民众死活,所以,把他的舌头割下来切碎分食了。王莽的头骨被处理之后涂上油漆收藏到皇宫武库之中,并一直收藏了 270 多年,直到晋朝惠帝元康五年,宫中失火才被烧毁。

王莽成了中国历史上死后唯一被割下舌头的皇帝。

一个人,做"平民"时,看不出什么与众不同之处,甚而还受百姓爱戴,"秃子不说和尚——脱了帽一个样"。当了官,变成了另一个人,"蛤蟆跳进秤盘——不知自己有多少两"。做出了两种前后截然不同的事,做坏事害人终害己,这种事该引以为戒,应成为人们永恒的"记忆"。

为人做事,不仅要少说空话,多做实事,而且要说话算话,不说假话骗人。

二十六 | 工读两全常做好 快乐人生方为妙

李大钊曾经说过:"在我们懒惰的人看来,都以为省出来的时间,只是为休息休息,哪知人家工作之外,还要读书。省出来的时间愈多,就是读书的时间越多,使工不误读,读不误工,工读打成一片,才是真正人的生活。"读书增长知识,书读得越多,知识就越丰富,就会懂得如何更好地去生活和工作。

我没读多少书,准确地说,没正规读多少书,所以,没有文凭。但我却读了不少书,靠的就是工作之余读书,平时工作,抽空读书;工作忙时,抢时间读书;工作多时,挤时间读书。读书,是一种快乐,也是一种享受。

快乐人生是一种习惯,当一个人疲惫的时候,他忘了认真休息是一种习惯;当一个人浑噩度日的时候,他忘了读好书是一种习惯,习惯了就是快乐人生。

人是一种高级动物。高级之处在于能进行比较复杂的思维,能使用比较复杂的工具,拥有并运用比较复杂的语言,因此,人的特点就是能够创造并传承文化。

人活着是一种责任,责任,沉甸甸的承诺。细想之,生命有时并不是属于自己,而是属于别人。少时,属于父母,父母为了培育自己,付出了艰辛的劳动;上学时享受着受教育的权利,教育把知识施与你;有了工作,参与到社会中来,成了社会大家庭的一员;结婚后,你又属于妻子、子女,他们需要你永远站在他们身边。就这样,因为责任,所以每个人更应该好好地活着。

人生苦短,能到这个世界上走一趟确实不容易,因为没有回程表,每走一步全靠自己用心去把握。人活在世上,就像航行于海上。遭遇风浪,饱尝奔波,乃是人生的常态,谁都无法拒绝。

生命的意义在于经历,成功也罢,失败也罢,正是一串串真实的脚印,最终汇成了我们每个人或长或短的人生。

对于个人来说,生命只有一次,要为活着喝彩,要争取最好地享有它。当然,人生的奥秘往往是难以穷尽的,这正值得人们不断去探索,用生命实践去寻找人生的真谛,无论它是怎样的情思,总还是春天的歌,是自然而然流淌出来的生命之歌。其实,活着的快乐不仅仅在于你从哪个角度去欣赏它,更在于你从哪个角度去发现它,善待它。活着的责任,就这样诠释着一种神奇的力量。

古今中外,人人物、小人物、皮鞋匠……无不如此。

威尔逊(1856—1924 年)曾任大学教授和校长、新泽西州州长,后任美国总统。他为人处世,以宽容大度著称。

有一次,他到一个社区演讲。他正讲在兴头上,"啪"的一声,一个鸡蛋在他脸上开了花。警卫人员很快逮住了肇事者:一个 10 岁的男孩。

威尔逊抹净脸上的蛋液,让警卫人员将小孩带上来,问道:"你扔的不是臭鸡蛋,证明你不是恶意的,请你告诉我,为什么要这样做？"

吓得要命的小孩见他态度温和，就说："对不起，我只想试一下，我扔得准不准。"

威尔逊抬起头来对听众说："这小孩扔鸡蛋很准。我作为总统，为国家发现人才和准备人才是我的职责。我建议，这个孩子所在学校的体育老师要注意培养他，说不定他会成为很好的球类运动员。"听众无不为他的大度所感动。

后来，这个孩子成为美国出色的棒球运动员。

作为一个总统，被掷鸡蛋，而且在脸上，他首先想到的不是自己的脸面和尊严，而是想到自己的责任！他这不平凡的度量，正是他的过人之处，恰恰体现了总统的尊严。

人活着要有一颗善良的"心"，那么，怎样才叫善良呢？

看见别人喝粥，你在吃肉，如果不想让，那么不吧嗒嘴也是一种善良；看见劫匪，如果不能挺身而出，那么悄悄打个110也是一种善良；作为商人，如果不能足斤足两，那么不掺杂使假也是一种善良；作为医生，如果不能救死扶伤，那么不昧着良心收"红包"也是一种善良。

善良也着重在宽容大度上，古今如此，不论是达官贵人，还是普通百姓，都要讲善良，善良之人，就多能长寿。

历史上有个"长寿女皇"，你知道是谁吗？

一个人能否长寿受先天和后天两大因素制约。中国历史上唯一的女皇武则天健康长寿说明了这个问题。她生于公元624年，卒于公元705年，终年81岁，在那平均寿命只有30多岁的唐代，实属凤毛麟角。

据考证，武则天健康长寿因素之一是先天遗传。武氏的祖辈寿命都很长,特别是她的母亲,竟活了92岁,在唐代可算绝无仅有。遗传基因为这一位"一代女皇"长寿提供了先天条件。

武则天自幼习武尚文,十分好动。她从小随父母练过多种功夫,特别长于养身气功,从小到老从不间断。唐太宗归天之后,她被贬到感恩寺为尼的岁月,更是练功不止。以至"野史"中记载:"武才人入寺方始于功。"当然这是误传。不过武氏从小习武,能骑善射,虽为娇女但曾以降服烈马而震惊朝野,给后人留下美谈。

武则天性格开朗,宽容大度,处变不惊,是她延年益寿的又一因素。公元684年,年过六旬的武则天接到柳州司马骆宾王的讨伐"战书",其中列出武则天20大罪状,"火药味"极浓。武则天读后不仅不怒,反而被骆宾王驾驭文字的能力和过人的才华所动。她叹息满朝文武竟无一人可与柳州司马的才学相比,并批评当朝宰相为什么不想办法把这种人才团结在自己周围。看来,"闻过则喜"对她健康长寿大有好处。

一个人除了性格开朗,宽容大度,处变不惊,还需要学会一点幽默,幽默的人,身心更健康。

在人生道路上,挫折和失败是难免的,如果忍受挫折的心理能力得不到提高,焦虑和紧张就会常常困扰人们的身心。幽默主要表现为机智、自嘲、调侃、风趣,并会给人带来欢乐,也有助于消除敌意,缓解摩擦,防止矛盾升级,有利于心理调节,使身心更健康。幽默的人具有以下优势:

(一)智商高。经多次心理测验证实,幽默感测试成绩较好的人,在日常生活中都有比较好的人缘,他可在短期内赢得对方的好感和信赖。

(二)能力强。在工作中关于运用幽默技巧的人,总是能保持一个良好的心态。据统计,那些在工作中取得成就的人,并非都是最勤奋的人,而是善于理解他人的颇有幽默感的人。

(三)更乐观。幽默能使人在困难面前表现得更为乐观、豁达。因此,拥有幽默感的人即使面对困难也能轻松自如。

显而易见,具有幽默感的人身心更健康,更容易取得成功,因此,人们应该注意培养幽默感。

(四)掌握幽默的技巧。一是必要时先"幽自己一默",自嘲,开自己的玩笑;二是发挥想象力,把两个不同事物或想法连贯起来,以产生意想不到的效果;三是提高语言表达能力,注意与形体语言的搭配和配合。

(五)释放情绪,开阔心胸。不要对自己有不切实际的过高要求,不要过于在意别人对自己的看法,学会善意地理解别人。正确地认识自我,不论在什么样的环境中尽量保持一种乐观向上的好心情。

(六)主动交际,缓解压力。交往是人的本能行为,主动扩大交际面,有利于缓解工作压力,在人际交往中,使自己交际方式大众化,与人为善,主动帮助他人,从中获得人生乐趣。

工作、读书能很好地结合,就是现代人所说的不断给自己充电,大脑就会更聪慧,知识就会更加丰富,又有了很好的身体,你就应该扎实而努力地去做好工作,并力争做出成效。那种"狗掀窗帘——全凭一张嘴",光讲空话,事业是不可能成功的。只有这样你才能在事业上创造出你人生的辉煌,也会自然而然受到国人、家人、亲朋好友的厚爱。好事会不期而遇来到你的身边。

二十七 | 待人之长多有赞 容人之短朝前看

人的问题，一向是古今中外思想家们注意的课题。但是，由于时间条件不同，立场、观点、方法不同，结论是五花八门。自从马克斯主义、唯物史观创立以来，人的问题才得到科学的说明。但是，社会在发展，时代在前进，人对社会、人对人的认识还有待于深化。可以说，人的问题，仍然是摆在我们面前的重要课题。

高尔基说："真正的朋友，在你获得成功的时候，为您高兴，而不捧场。在你遇到不幸或悲伤的时候，会给你及时的支持和鼓励。在你有缺点可能犯错误的时候，会给你正确的批评和帮助。"人生是什么？勤劳说，人生就是耕耘大自然的那头牛；虚荣说，人生就是那件镶金配玉的外衣。有人问："你是想去当那头牛？还是想去得到那件镶金配玉的外衣？"我毫不犹豫地回答："我想去当那头牛。牛善良，给人耕田不计报酬，牛吃的是草，挤出来的是奶，牛活着只为奉献！"

有的人，见人家有了成绩，心里就不是滋味，甚至嫉妒，不高兴别人，"戏台上的官——快活不了多久"。

见人家有了错误,不但不愿帮助,反而幸灾乐祸,暗自兴奋取乐,"关起大门演皇帝——自家看自家的戏"。

要摒弃落后、愚昧、腐朽的东西,以及派生的一切不良习惯和行为,就要有"容人之长"的良好品德和行为。

记得有一幅漫画,叫《武大郎开店》,大概是讽刺那些有权有势压制人才的人,有的人看到别人比自己强,不是虚心地向别人学习,取人之长,补己之短,而是千方百计去削别人之长,非把人家搞垮不可。有的人虽没去拆人家的台,但也少不了说几句"风凉话";还有的人嘴上不说,心里却老大不服气。人与人这样相处,必然是你看我不顺眼,我看你来气儿,那日子就过得顺心不了。反之,既容人之短,又容人之长,就会使大家心情舒坦,精力集中,把事业干得红红火火。

20世纪30年代,徐特立先生将中央教育部部长之职让位于瞿秋白,自己当秋白的"下手",两人亲密合作,结下了深厚的战斗情谊。爱因斯坦曾经提出关于引力波不可能存在的理论,后来他反复研究论证,承认了自己的错误,对同行的正确见解予以了充分肯定和赞扬。李斯特承认了肖邦的钢琴才华,并以无私的襟怀推荐了他。看来,容他人之长,荐他人之才,实在是一种值得提倡的美德。

对有长处的人,有贡献的人,不仅要赞赏他们,还应学习他们的长处,学习他们的经验,同时还要努力学会做个现代人。

现代人的特征之一是能用发展的眼光看人看事。"现代人"注重现在,更注重将来。他们不把人和事看做一成不变,而是能比较准确地看到人和事将来的发展前景,从而发现并造就人才,而不是一味眼睛向上和眼睛向外,或者仅用那些既无成就也无错误的平庸之辈。

其次，对新鲜事物采取积极态度。"现代人"的心理年龄总是年轻的，不失童稚的。他们对新鲜事物很敏感也乐于接受，而不是单纯地用老眼光去批评挑剔一切。

还有，乐观的生活态度。对生活充满留恋和信心是"现代人"的重要标志，他们总是把追求幸福看做比幸福本身更幸福，一生不懈地追求，碰到挫折和磨难时，也同样乐观向上。

"现代人"能够容人之短，所谓容短，不是说要袒护、纵容人的短处，而是说不要一发现别人的短处就去批评指责，推出门去，听说别人有短处就将其拒之门外，打入冷宫，而是说要有所容忍。

应当看到，某些人的短处，并不妨碍他在事业上取得成就。达尔文的数字研究并不出众，然而他却创立了进化论。

还应当看到有些人常常是优点突出，其短处也突出，所以，对这种人要用其所长，也就要能够容其所短。《吕氏春秋·举难》中提出"以全举人，固难物之情也""以人之小恶，亡人之大美，此人主之所以先天下之士也已"。古往今来，善用人者都懂得这个道理。

用人之长，就应尽量"避"人之短。汉朝刘向说过："百羊而群，使五尺童子荷杖而随之，欲东而东，欲西而西；君且使尧牵羊，舜荷杖而随之，则乱之使也。"尧舜是我国古代的圣者，治理国家方面史称贤能，但放羊却不及五尺童子。这就充分说明，物各有利弊，人各有长短。一个能运筹帷幄的军事家未必能当好一个科学家；一位能吃苦耐劳的"劳模"，未必能胜任一位现代化工厂的厂长；一名成果卓著的科学家，未必就是一名上等的科学管理人才。因此，一般地说，用人者在用人之时不要强其所短而难之，而应当尽量避其所短而用之。

避其短而用其所长,就要善于识别和发现人才,切不可像伯乐的儿子那样去选千里马。

《相马经》里有这么两句话:"千里马的主要特征是:高脑门子大眼睛,蹄子像摞起来的酒曲块一般。"他的儿子拿着《相马经》去找千里马,走出门外,看见一只大癞蛤蟆,便连忙回来对他父亲说:"我找到了一匹千里马,和你《相马经》上所说的大致相同,高脑门子大眼睛,只是蹄子不像摞起来的酒曲块儿罢了。"伯乐知道他的儿子笨,本来很生气,但又转怒为笑:"这种马爱跳,不能骑的哟。"

伯乐的儿子手拿《相马经》,却把癞蛤蟆当成了千里马。这是为什么呢?我想至少有如下几个原因:

第一,他读书不求甚解,没有抓住实质,手捧《相马经》尽不知书中所谈的是马,而不是蛤蟆也。

第二,他读书不去理解全部道理,而是抓住只言片语,就去生搬硬套。可以设想,即使高脑门子、大眼睛、"蹄如摞曲",这三个特征都在某动物身上找到了,那动物也不一定是千里马。

第三,最主要的是,伯乐的儿子不懂得实践第一的观点。别人的经验是可贵的,应该吸取,但只有经过自己的实践,才能变成自己的东西。书本理论是重要的,应该学习,但必须用到实践中,结合具体情况加以运用,并接受实践的检验,它才能成为生动的有用的东西。否则,它只能变成僵死的教条。知识包括理论来源于实践。

伯乐如果没有奔走各地,遍察各种马匹的实践,绝不能掌握相马之道;同样,伯乐的儿子如果不去参加社会实践,对《相马经》读得再熟,也绝不能发现千里马,这道理是很明显的。

将古比今。今人今事不是有许多酷似伯乐之子和他的所作所为吗？

知道了怎样识别千里马，就应学会善于使用千里马，否则，适得其反。

明朝的天启皇帝，他的爱好是盖房子。他亲自当木匠，操作斧锯凿削，干得比一般木匠还要强。当他干活干得正起劲的时候，根本不愿花时间去会见别人。太监魏忠贤等就抓住他这个特点，专门等他干木匠活的时候，才进来奏事。天启听说，总是赶紧说："你们去办吧，我知道了！"于是大权旁落，把朝廷搞得乱七八糟，造成了严重后果。

在当今，各行各业大发展，怎样使用好各种专业人才充分发挥他们的积极性和创造性，为社会多作贡献，尤为重要。

首先，我们要了解创造者的特点。具有高度创造性的人有哪些共同的心理特性与习惯呢？从事创造学研究的专家们得出了如下一些研究结论：

1.对新颖、反常的现象有强烈的好奇心和探索精神；

2.不满足已有的知识和结论，喜欢别出心裁标新立异；

3.有独立的个性，不人云亦云，不迷信权威；

4.敢于冒险，不怕犯错误，对危险和困难考虑较少；

5.工作的时候全力以赴，能花时间思考问题；

6.知识面广博，专业精通；

7.有强烈的自信心和自尊心，喜欢展开激烈的辩论；

8.不刻板守旧，伸缩性强，富有幽默感，反对死记硬背；

9.顽强，有不怕失败、不屈不挠的精神；

10.专注，不爱花时间于生活琐事、装束与社交。

当然，除以上一些特点之外，具有高度创造力的人通常也聪明、灵活、情绪稳定、坚决果断，各人还有不同的爱好和习惯。

所以，我们应针对各个不同心理特性和习惯的人，具体的问题，具体分析，区别对待。

（一）对缺点较多的人，要认清主流

对缺点多的人，怎样对待？确实很值得思考，这里面既有方法问题，也有原则问题。结合实际来看，在我们身边的这种人多的是，不胜枚举。在这缺点多的人中，如不小心看待，可能就会埋没有用之才。古今中外，无不如此。

桑迪亚哥，生于西班牙阿拉岗百蝶村，1934 年卒于马德里，获 1906 年诺贝尔医学奖。

桑迪亚哥小时是一个活像恶煞神的顽童，功课坏得不能再坏，气得他当乡村外科医生的父亲对着他淌眼泪，一转眼，他又把母亲付房租的钱偷走了。他 13 岁那年，在校园里侮辱幼女，被学校开除。父亲气得要把他打死，母亲不等他回家，便在街上找着了他，把他领到开理发店的舅舅家。过了两年，桑迪亚哥回到家乡，发现父亲已被他气死，母亲抱病做苦工，邻里们都不理他。他羞愧万分，决心痛改前非，发奋要继承父业，央求母亲准许他重新试读。果然，他在两年后以第一名高中毕业，并考上大学医科贫寒免费生，以后成长为西班牙有史以来一位最伟大的科学家。

（二）对刻苦学习，认真做事的人，要充分肯定

话说《黄兴的笔墨铭》，黄兴，湖南长沙人，1903 年 11 月 4 日，他在长沙组织成立华兴会，是我国现代民主革命家。他 24 岁时，以优异成绩考入武昌两湖书院。入学不久，他写下了激励自己发奋努力的《笔墨铭》。

笔铭：朝作书，暮作书，雕虫篆刻得胡为乎？投笔方为大丈夫！

墨铭：墨磨日短，人磨日老。寸阴是竞，尺璧勿宝。

黄兴的笔铭，是他的立志篇。为了把自己锻炼成文武双全的人才他不仅笃志好学，博览群书，而且努力学习军事。后来，他不但文章写得很出色，曾被老师誉为"梁启超第二"，还练就了一身好武艺。

黄兴的墨铭，是他的惜时篇。他把"寸阴"看成比"尺璧"还宝贵，利用早晚业余时间，研读书籍，探索救国之路。他读书的计划性很强，不完成学习计划不休息，实在困了，就用凉水洗洗脸，打打拳，坚持完成了当天的学习计划才去睡觉。

（三）对逻辑性强，有灵感的人，要循序渐进

首先应知道，灵感来自何处？有位科学家讲过：成功者花了99%的汗水和1%的灵感。这99%的汗水，就是通常所说的"练"，而1%的灵感就是指这99%的汗水的结晶。这说明灵感是来自于"水滴石穿""绳锯木断"的精神。俗话说：勤奋逼使天赋燃烧，灵感便会应运而生。

美国的波利亚用与众不同的思维方法解答了一个鸡、兔问题："现有鸡和兔共50只，他们共有140只脚，问鸡、兔各多少只？"其解法是：假定兔子都用两只脚站着，鸡都用一只脚站着，那么一共有70只脚，而鸡和兔共50只，故70-50=20就是兔子的数目，因此，鸡是50-20=30（只）。

大家想一想：如果没有平时苦功读、勤奋学习和善于总结的科学态度和实干精神，能有那些巧妙的解决办法和奇特的思维等灵感的突发吗？如果你也想成为一个数学家和发明家，那就请你投入到勤奋者的行列，用多观察、多分析、多思考、多练习来启动

自己的灵感吧!

(四)对一贯有贡献有发明的人，要多加赞扬

我们中国是世界上发明最多、历史最优久的国家。战国时代魏国人石申，著有《天文》八卷；同时代还有位天文学家叫甘德，是楚国人，著有《天文星占》八卷，后人把这两部最早的天文学著作合编在一起，称为《甘石星经》。当时还有一部天文著作叫《巫成》是假托商代的星官名字记录的恒星图。这三部天文著作共记录恒星 284 座，计 1461 个，这可以称为一份世界上最早的恒星表了。甘德在著作中说："木星如有小赤星附于其侧，是谓同盟。"同盟的意思就是说木星附近有卫星。差不多过了两千年，在 1610 年，意大利天文学家伽利略果然用望远镜发现了木星的卫星。甘德在没有望远镜的情况下，早就发现了木星的卫星，是多么了不起啊!

从古至今，中国的发明人，不计其数，这难道不应倍加赞扬和高度重视吗?

(五)对非常出色的人才，要甘拜下风，"三顾茅庐"

我国著名的农业专家袁隆平，历经千辛万苦，解决了亿万人口吃饭的问题。像这样的出色人才各行各业都有，而且都作出了重大贡献。

在重视出色人才方面，美国著名教育家弗莱克斯纳值得学习。

20 世纪 30 年代初，美国著名教育家弗莱克斯纳，立志改革教育。他接受两富翁捐赠的一笔巨款，在风景优美的普林斯顿办起了高等研究院。为此，他到处物色世界第一流的学者。至今，还流传着"三顾茅庐"礼聘爱因斯坦的故事。

1932 年初，当爱因斯坦到美国加州理工学院讲课时，弗莱克斯纳求贤若渴,立即前往拜访,并提出了聘他担任教授的请求,但爱因斯坦没有应允。后来爱因斯坦去英国讲学,弗莱克斯纳又跟到英国再次恳请,爱因斯坦还是没有答应。弗莱克斯纳并没有灰心。这年夏天,爱因斯坦从英国回到柏林附近的寓所,弗莱克斯纳又一直紧跟到那里,再三恳求请聘。精诚所至,金石为开。爱因斯坦有感于他诚心诚意的邀请,终于答应前往普林斯顿担任终身教授。

几经辗转,当爱因斯坦登上开往美国的轮船时,科学界立即感到这是一件非同小可的大事。法国有一位著名的物理学家预言:"当代物理学之父迁到美国,现在美国成了世界物理中心了。"他的预言后来成为现实。

弗莱克斯纳三请爱因斯坦的故事也就成了世界科学史上的一段佳话。

总之,要自觉爱护人才,对有长处的人,选之,赞之,爱之;对有短处的人,析之,宽之,用之。是就是,非就非,让人才脱颖而出,"八仙过海,各显神通"。

二十八 | 前行目标牢记住 不良情绪要消除

人的"情绪",只有健康的情绪和不良的情绪之分,没有人可以说没有情绪,所以,"情绪"这一话题与人人有关。

情绪影响健康,影响学习、工作和生活,影响同事和上下级的关系,还影响我们的社交活动。因此,有不少心理学家、社会学家、医学家,早已把"情绪"作为一个重要课题开展研究。如何正确对待"情绪"问题,应引起我们每个人的高度重视。

那么,什么叫"情绪"呢?

喜、怒、忧、思、悲、恐、惊,古称七情,也就是情绪。"情绪"与健康又有什么关系呢?

祖国医学认为七情对人体健康的影响很大,怒伤肝,思伤脾,悲伤肺,恐伤肾。谈到病因,有"外感"和"内伤"之说,"外感"指的是风、寒、暑、湿、燥、火等等,"内伤"即指七情。

"情绪"变化是怎么产生的?

情绪变化有化学根源。过去人们普遍认为,情绪变化主要是受外界环境刺激的结果,而现在专家们研究认为,人的情绪变化与体内环境的改变有密切关系,特别是不合理的饮食习惯,造成体内某些化学物质的剧增和剧减,常常导致情绪波动。

科学家认为,甜食过多会使人体内维生素 B_1 不足,从而使人比平时更处于一种"攻击性"状态。有的人爱无缘无故地发怒,与人吵架,这与体内缺钙有很大关系,原来体内血液中钙离子含量减少,会使神经细胞过分敏感,故容易冲动,爱发火。要经常保持健康、乐观、稳定的情绪,除了注意排除外界环境刺激外,还要注意膳食平衡,切忌长期过量进食某一种食物,以防有毒物质侵入我们的机体。

所以,要保持"健康情绪常态化",就得首先"战胜自己"。人的一生真难,有许多艰难险阻要去战胜,生活常常需要人自己去战胜自己。想翱翔碧空的人就不能怕再也踩不着地球,想探险海底的人就不能怕再也见不到日出,心灵的战场,严酷而纷纭,与自己作战,艰难而痛苦,但是你必须成为与自己战斗的胜利者。

要战胜自己,首先要理解自己,才能自然地理解别人。人都需要理解,因为世界上没有完全相同的人,不只是生理的差异,还包括思想、意识、情感的区别,这就是个性,而个性的核心就是自我意识。理解是一种带有浓厚色彩的意识活动。产生不理解的原因,就在于自我意识上有差别。因此,自我意识的作用是首先要弄清的。按照辩证唯物主义的观点来看,自我意识是个人对自己本身以及自己与客观世界的关系的一种意识,是知、情、意的统一,具有复杂性。一个人如果不能正视自己,看不清自己的缺陷,自我评价过高,起不到应有的社会作用,就会在自我意识中产生矛盾,就不能战胜自己。

一个思想意识低下,唯利是图,斤斤计较的人不被人"理解",

这种自我意识如果不能提高,既不可能得到别人的理解,更谈不上去理解别人。

鲁迅先生说过,最难的莫过于解剖自己。自我意识水平的提高,需要经过大量的社会实践的锻炼,在实践中能动地调节。这当然不容易,因此,鲁迅还有句话说"做事情最重要的是韧性,敢于解剖自己,而且有韧性,终究会弄清自己的个性特点,从而调解和完善自己的个性。这便有了理解自己、理解别人以及别人理解自己的基础、标准和条件。"古人说,知人者智,自知者明,胜人者力,自胜者强。所以,我认为,自知而又自强,知己而又知彼,才能最终达到相互理解。

法国名家圣西门说:"必须让有天才的人独立,而人类应该深刻地掌握一条真理,即人类要使有天才的人成为火炬,而不要让他们忙于私人利益,因为这种利益会降低他们的人格,使他们放弃真正的使命。"要使一个有"天才"的人,能为社会作出贡献,而不让他们去忙于私利,这就有一个意识主观培养问题,社会、家庭都有这个责任。从始而终要对他们进行"健康人格"的引导和培养。

那么,什么是"健康人格"呢?

根据心理学家研究表明,健康的人格应具有以下"六个特点":

(一)自我广延的能力。健康成人参加活动的范围很广。他们有许多朋友,许多爱好,并且在政治、社会活动方面也颇为积极。

(二)与他人热情交往的能力。与别人的关系是亲密的,但没有占有感,无嫉妒心。他们能容忍自己与别人在人生价值观与信念上的差别。

（三）情绪上有安全感和自我认可。能忍受生活中不可避免的冲突和挫折，经得起不幸遭遇。

（四）具有现实性知觉。看待事物是根据事物的实在情况，而不是根据自己的希望。

（五）具有自我客体化的表现。对自己的所有和所缺都清楚和准确。他们理解真正的自我与理想的自我之间的差别。

（六）有一致的人生哲学。需要有一种一致的定向，为一定的目的而生活，有一种主要的愿望。但这种定向不是宗教性质的。意识形态、哲学信条、生活的预感或前景都能对他的行动产生创造性的推动力。

要使一个有"天才"的人，能真正成大器，不一心为私去苦闷，而首先为公去思考他的成功之路，就要注意启发他的思维，培养思维能力。

启发思维有"六大要素"：

（一）颠倒错置。倘若你把遇到的问题从相反的方面考虑，一定奇趣无穷。可以试着将问题倒因为果，变大为小，变长为短，反水平为垂直，反高为低，由外转内，由底层至顶点。

（二）分类剖析。可以把现有的技术、方法、现象逐一分项剖析，将其构成要素一一列举出来，一项一项地检查，重新寻找他们之间的相关性。

（三）改变次序。当你将所面临的问题分类剖析之后，你不妨试着把各部分次序对调或合并看看它有什么结果。

（四）类比模拟。试试看可否从一个更熟悉、更有利的角度来剖析问题。

（五）把握灵感。人的头脑总是不停地思考和运转。许多宝贵的念头常常一闪即逝,你随手记下,很可能会帮上大忙。

(六)大胆思考。你经常向自己提出问题:现在的所作所为有多少受传统观念影响?有多少碍于习惯与成规?是不是非遵守传统观念的影响?如果我故意走极端会怎样?故意夸大一点是否反而有益?

我们懂得了启发思维的"六大要素",那么思维是怎样在发展呢?它有阶段性吗?

我国是个有几千年文明发展史的国家,在这久远的历史进程中,由于各个历史阶段有着差异的政治主张、生产力、生活方式,文化发展均有快、慢、高、低的不同的发展阶段,因而人的思维也具有不同的方式和特点。

人的思维,总的发展趋势是由低级向高级、由简单向复杂的方向发展。在不同的历史时代思维的发展既有区别也有联系,基本上反映了人类思维发展的历史规律。

概而言之,思维发展有"五个阶段":

(一)动作思维。人类的原始思维,有两个特点:①这种思维活动和具体思维分不开,离开具体事物思维活动也就停止了。②这种思维活动离不开主体的具体行动,它表现在主体活动本身中,并通过具体行动才能实现。

(二)形象思维。是动作思维和抽象思维之间的一个中间环节,它离不开具体事物的形象,还没有达到抽象概括的水平,只能利用事物的形象来进行思维。

(三)知性思维。是抽象逻辑思维的起点和开端,即从事物的总的联系中,抽出某一方面,而暂时撇开其他方面在区别和分离中考察事物。

（四）形而上学思维。知性思维有很大的局限性，具有"僵化"、"孤立性"、"片面性"的特点。这种局限性本身就包含着形而上学因素，如任其发展下去，就必然走向形而上学。不仅人类思维经历了形而上学阶段，而且个体思维也要经历形而上学阶段。它的产生是有其客观必然性的。

（五）辩证思维。这是人类思维发展的最高阶段，也是人类思维发展的必然结果。随着生产方式、生活方式的变化，辩证思维的水平也会愈来愈向前发展。

我们知道了人的思维是从几个阶段发展而来的，有辩证思维能力的人越来越多，这是一个历史性的进步。

然而，历史发展到了今天，在现实生活中，很多人遇上什么事都会勤于思考、善于思考，反复比较、论证，处事会有很好的结果。

人的思考方式，判断思维的结果，跟人的性格有着密切的联系。人的性格各不相同，心理学家把人的"性格特点"分为四类：

（一）敏感型。这类人精神饱满，好动不好静，办事爱速战速决。但是，行为常有盲目性。与人交往时，往往会拿出全部热情，但受挫时又容易消沉失望。

（二）感性型。这类人感情丰富，喜怒哀乐溢于言表。别人很容易了解其经历和困难，不喜欢单调的生活，爱刺激，爱感情用事。讲话写信热情洋溢。喜欢鲜明的色彩，对新事物很有兴趣。在与人交往中易冲动，有时易反复无常，傲慢无礼，所以，与其他类型的人有时不易相处。

（三）思考型。这类人善于思考，逻辑思维发达，有较成熟的观点，一切以事实为依据，一经做出决定，能够持之以恒。生活、工作有规律，爱整洁，时间观念强。重视调查研究和精确性。但这类人有时思想僵化、教条、纠缠细节,缺乏灵活性。

(四)想象型。这类人想象力丰富,喜欢思考问题。但在生活中不太注意小节。

人的性格各有差异,不同的人,遇上难事、不顺心之事,都会产生不同程度的不良情绪,不论程度轻重,时间长短,一句话,对人都是不利的,甚而会造成严重不良后果。所以,每个人都得注意,一旦有"不良情绪"出现,一定要主动出击,战胜它。怎样让幸福的笑脸、快乐的心情,再度快速回到你的身边? 专家给你支招:"清除不良情绪八法"。

(一)自我控制。培养自制力,锻炼坚强的意志,能够在一定程度上直接控制自己的情绪,消除不良情绪的影响。

(二)自我转化。当产生的不良情绪不易控制时,可采取迂回的办法,把自己的情绪和精力转移到其他活动上去,使情绪转化。

(三)自我发泄。消除不良情绪,最简单的方法莫过于使之"发泄"。当你悲痛欲绝时,可放声大哭一场,或向至亲好友倾诉,求得安慰和同情,心里也会好过一点。

(四)自我安慰。对往事耿耿于怀是毫无用处的。如果你遇到挫折和不幸,不要灰心丧气,而应高兴地想道:"事情原本可能更糟呢? "

(五)暂时避开。改变环境,离开使你心情不快的地方,能使你得到松弛,改善你的自我感觉。

(六)幽默疗法。幽默的欢笑,是情绪的调节剂。当你烦恼时,听听笑话,看看幽默小说,可帮助你排解愁闷。

(七)广交朋友。特别是与心胸开阔、性格开朗的青年交朋友,能使你受到感染,消除烦恼。

（八）热爱工作。通常无聊就是多愁，工作则能使人忘却烦恼，能给人带来欢乐。一个人最快活的时光往往是在他艰苦工作的时候。

人生箴言告诉我们："追求会使你鼓起风帆；思索会使你富有远见。"人有两把尺子。

人体是一把活尺子，意大利画家达·芬奇对人体这把尺子总结了规律性的比例：头长和胸背最厚处等于身高的1/8；肩膀最宽处为身高的1/4；两臂左右平伸时，两手的指端间的长度等于身高；两腋宽与臂宽相等；大腿正面厚度等于脸宽；人跪时的高度减少了1/4；人卧倒时剩1/9。

如果你能记住人体这把活尺子有关的数据及其关系，是极为有用的。例如：挑选袜子的尺寸大小，只需将袜子绕自己拳头一周试一下，因为拳头的周长等于脚底的长度。侦缉人员根据犯罪的脚印之长判定出他的身高。进行小测量时，如无尺子，则可记住大拇指尖与小拇指尖叉开的最大距离，约为18厘米，食指与中指间叉开的最大距离，约为8厘米；食指、中指、无名指紧密排列时的总宽度约为4厘米；大步约为100厘米，小步约为75厘米。在意大利有很多做服装生意的商人，现在就不用尺子，而用起人身自己这把活尺子。

人的另一把尺子是人的"心理才能"。心理学家认为：在学术、政治、军事等方面有影响别人的力量。首先就要看他能否有战胜自己的本领，有了这个本领，他才能去战胜别人，才有了事业成功的起点，牛不是吹的，火车不是推的，"见了王母娘娘喊岳母——想娶个天仙女"是不容易的。

要想自己在事业上能走向成功，必须懂得"走向成功的五个基本要素"。

(一)集中精力。支配精力的最理想方法是:将你的一天时间分成若干单位时间,同时把你的工作也分解成为若干部分。你应当先集中精力去完成其中的一件,作为一天的起始,这样会给你带来从一开始就成功的欣慰。

(二)防止惰性。防止惰性和克服厌倦情绪,再没有什么事比惰性和厌倦情绪更会损伤一个人的元气了。不妨试用以下几种方法来克服厌倦情绪:

1. 和自己打赌,你可以向自己发誓,一定要在今天完成某件工作;

2. 每天为自己规定一个主要目标,然后设法去完成它;

3. 在做每一件工作时,要限定时间;

4. 不要把每一天都看成是前一天的继续,而把当天的工作推移到下一天。

(三)顺乎自然。顺乎自然地安排工作,既能节约精力,又能达到事半功倍的最佳效果。

(四)改进记忆方法。凡是有可能记下来的东西,就不必先去记忆。训练自己多动笔。许多成功的人都具有一种经常动笔写条子和记事的好习惯。

(五)充分发挥想象力。多数成功者都属于幻想型。要允许自己为某一个既定目标,去花时间培养自己的想象力,并把它同你的奋斗目标联系起来。你的幻想越多,成功的希望也越大。

只要你用功了,出力了,当不了科学家,做个聪明人,有知识的人,不当愚昧无知的人,不懂不要装懂,虚心学点知识,并应心安理得去做好自己力所能及的事,还是大有希望的。

二十九 博览群书多智慧 起跑线上莫错位

世界名人西德尼曾经说过："做大事的，眼光应当看到将来，力量需要用于现在。"人一生若自己没有做出理想的事来，就不必去后悔，就应该把眼光看到将来，培养好自己的孩子，把力量用于现在。

一个孩子呱呱落地，是从一个家中诞生，来到这个世界的，当他睁开惺忪睡眼，第一眼看到的可能就是他的家，他的父母。家是子女的第一起跑线，家庭氛围对子女的成长是至关重要的。家庭是爱的学校，是塑造子女健全人格的第一环境，是父母与孩子共同学习，一起成长的发展空间。如果这个家庭被吵架、暴力、酗酒、婚外情等等包围，孩子受其影响是无疑的，孩子是第一受害人，父母任何一方都是第二受害人，心中都是极端苦闷和愧疚的。

若夫妻感情不和，家庭气氛紧张，父母不仅无心照顾孩子，甚至还会将孩子当做"出气筒"。这种家庭的孩子感情很痛苦，精神上很压抑，健康和智力都会受到严重影响。心理学研究表明，从小就生活在气氛紧张的"缺陷家庭"中的孩子，智商一般较低，而且存在不少心理问题；而生活在恩爱和睦家庭中的孩子，不但心理比较健康，而且智商也较高。美国一位心理学家对一些独生子女调查发现：家庭气氛和睦，常有笑声相伴的家庭，孩子的智商都比不和睦家庭孩子的智商高。

父母离异往往会在孩子的心里投下阴影，容易造成孩子压抑、自卑、孤僻、冷漠的性格。单亲家庭的孩子，因为受父母离异的影响，致使心理多憎恨、少爱心。由于心理发育还不成熟，容易受伤害而变畸形，如不小心加以呵护，最终很有可能会走上犯罪道路。离异双方如果能正确处理个人感情以及孩子教育的问题，无疑对孩子是有好处的。

如果我们正确对待孩子，把眼光放远些，去关怀和爱护他（她），让他长大了当不了一个优秀工程师，也会成为一个有高技能的砖瓦工，不致成为一个废品，也会像"甜瓜地里种甘蔗——从头甜到脚底下"。

怎样使他（她）们在第一起跑线上不错位呢？

首先对孩子从小就要精心地呵护、关心、观察，观察他们的生活习惯，观察他们的爱好，根据他们的爱好和智力强弱的反应，从小就给他们予以引导，让他们学会和开始去观察事物，思考问题，思考从小至大，从简至繁，从浅至深，去思考、比较、分析问题，逐渐学会去思考前进的目标，这样从始而终让他们学会认识世界，认识自己，控制自己。使自己从起跑线开始就不错位，这一切做起来都要动真格，要到位，不错位，不能像"哈巴狗逮老鼠——像猫没猫的本事"。

从小就要让孩子懂得"自古雄才多磨难"。

磨难，就是对人才的考验。纵观科学技术发展史，那些登上科学险峰的雄才，无一不是经历了坎坷不平的道路。

科学史上的伟人，大都出身贫寒。巧匠鲁班的父亲是木匠，被恩格斯誉为"近代化学之父"的道尔顿出身于纺织工人家庭，只念过几年书。化学家门捷列夫出身于一个被沙皇流放的教员家庭。美国的莱特兄弟，在试制飞机时，就靠修理自行车来筹集资金……贫困，是一种困难，但科学家们却认为"贫困"养育着"奋斗"，这话是不错的。

贫困对科学人才是一种磨难，而当他们有所创造发明时，却往往还会招来歧视、斥责、非难乃至压制、迫害等更大的磨难。达尔文创立的进化论学说，曾被人咒骂为"粗野的哲学""牲畜哲学"；孟德尔创立遗传学说时，他的论文遭到植物学权威内格里的压制，致使现代遗传学的建立，被推迟了35年；而布鲁诺因坚持日心说，甚至被教会烧死在罗马的鲜花广场……

在今天，人才成长的磨难比过去大大减少了，但他仍然还会遇到。想一伸手就能拿到甜美的科学之果，是不现实的。自古雄才多磨难，从来纨绔少伟男。真正的雄才是在磨难中诞生、锻炼和成长起来的。

要使人才顺利成长起来，就要抓住"不错位"这个主题，首先要做好"注意力分型及培养"。

意欲使孩子提高学习成绩，和成人提高工作效率，需先辨别其"注意力类型"，并因人而异，有计划地制定"培养注意力"的有效方法。

"注意力"分四类：

①内向、上升型。这种人少言、好静、做起事来不专心，中途注意力渐集中。安排学习和工作时，应先易后难，使其逐步适应。

②外向、下降型。这种人活泼、好动、善交友,凡事开头专心致志,但虎头蛇尾,善始不能善终。应根据此人对事物能高度集中的时间制订学习和工作计划。一般人是干 50 分钟后休息 10 分钟,7 岁儿童学习时间不多于半小时,应间以娱乐或休息。

③情绪稳定型。这种人情绪稳定,有毅力和耐性。宜有节奏地工作及休息,以免脑细胞过度疲劳而降低效率。

④精神不振型。这种人注意力有缺陷,不易集中。通过制订明确的学习计划,并监督其严格按时完成,计划应先易后难,利于培养兴趣及自信心。注意力的集中是可以根据各人具体情况加以培养的。

其次,是注意"培养创造力"。如何把自己训练成一个富有创造力的科技工作者呢? 美国科学史专家希夫勒教授列出了下列条件:

(一)如果需要的话,能够夜以继日地、年复一年地独自工作。

(二)勇于负责。

(三)有勇气在关键时刻坚持不懈。

(四)能与别人合作,能理解别人是如何工作的。

(五)能有好奇心,特别对于人类和自然界的各种各样的问题有好奇心。

(六)爱好实验,并力求准确。

(七)富有独立性,愿意探索自己特有的研究途径。

(八)不但能过细地考虑自己的工作,而且有全局观点。

(九)在为一项科学研究项目奋斗时,即使暂时得不到什么荣誉、赞扬和报酬,也仍有责任感,坚持不懈。

(十)富有想象力,具备像伟大的作家、艺术家、音乐家那样的想象能力。

上述种种条件，都是一个科学工作者应该具有的基本素质，加强以上几个方面的自我修养，是有好处的。

第三，要培养好孩子和成人的科研能力，我们应该学习和懂得一些相关的"观察与成才"方面的经验。

总结人才的观察方法和素养，大致有以下十条：

迷：指的是观察者对观察对象的"聚焦"反应。观察贵在专一，观察最忌浮光掠影。

苦：指的是成才者在观察中所具有的艰苦卓绝精神。

全：指观察事物要全面。

微：是指观察者善于察微知著，从平凡中看到殊异。

时：指的是观察要度时，要观察有获就一定要考虑事物的时间因素。

比：指的是对比观察，从"异"中求"同"。

思：观察与思考相结合，往往迸发出五彩斑斓的创造火花。

巧：指的是旨在扩大观察领域而借助的物质手段以及为了增强观察效果而施用的精巧装置。

写：就是写观察笔记。

恒：指的是观察要有恒心。

要有持之以恒的决心，教育成人和孩子，让他们养成虚心好学的习惯，不要不懂装懂。

有个《和尚应考》的故事：

从前有一个和尚，每次读书见别人应试回来，或中进士，或中举人，或为秀才，光彩得很，不免心存羡慕，决定也去试一试。

第一场考试是口试对联。主考官出上联曰："孔圣人三千弟子下场去。"和尚答道:"如来佛五百罗汉上西天。"主考官又出一联:"子曰,克己复礼。"和尚想了一想说:"佛道,回头是岸。"考官一听火了,抓起惊堂木一拍:"旗鼓!"和尚仍以为是要他对对子,用手作个敲的姿势道:"木鱼!"考官再也忍耐不住了,拂袖起身道:"岂有此理!岂有此理!"和尚以为考试完毕,连忙合掌道:"阿弥陀佛!阿弥陀佛!"

要真正有知识,就要善于博览群书,行万里路,读万卷书。我国古代有个大教育家叫朱熹,他就是一个爱读书会读书的典范,刻苦读书,读活书,读懂书,循序渐进,熟读精思,而成为了一个有用之才。

朱熹(公元 1130—1200 年),字元晦,南宋时期的著名学者,也是我国古代重要的教育家。

积累了几十年为学与讲学经验的朱熹强调,要想做一个"明人伦"的人,必须专心致志地读书学习,"为学之道,莫先于穷理;穷理之要,必在于读书"。这就是说,学习首先要立定志向,勇猛精进,自学自得,"读书是自己读书,为学是自己为学,不干别人一点事,别人助自家不得"。他还把读书比做饮食,不能等别人安放在自己口里。

那么怎样读书呢? 朱熹提出了两句总的原则。即"循序而渐进,熟读而精思"。读书必须先熟读,熟读才能使书上所说与自己口里说的一样,再在此基础上,加以精思,使书上的言语与自己心里所想的意义一样,这样才有所收获。

读书不仅需要循序渐进,而且需要持之以恒、专心一意揣摩玩味。只有循序渐近、坚持不懈,才能称为善学。他的弟子们把他的见解归纳为六条要诀,称为"朱子读书法"。这六条即:循序渐进,熟读精思,虚心涵泳,切己体察,着紧用力,居敬持志。

(一)循序渐进。读书应有次第。读通一本书,再读一本。就一本书来说,篇、章、文、句、首尾次第,一定要依次序读懂。好高骛远,急功近利,读了犹如不读。朱熹以人遇大病作比喻说:"所读书太多,如人大病在床,而众医杂进,百药齐下,绝无见效之理。"读书要打好基础,有的人只读书而不能"明道""不是上面欠功夫,而是下面无根脚"。

(二)熟读精思。读书必须记得背得,必须精熟。"学者读书,读得正文,记得注解,成诵精熟,注重训释文意、事物、名件、发明相穿纽处,一一认得,如自己已做出来的一般,方能玩味反复,向上有通透处",务广而不求精,是读书的大忌。

(三)虚心涵泳。读书要虚心,自己要凭着心去称量,思考书的含义。不可用自己的主张来解释"其有不合"之处,"使穿凿之使合"这是没有丝毫好处的。

(四)切己体察。要把书上的话"体之于身"检验一下,自己能否照此实践。

(五)着紧用力。读书务必要"宽着期限,紧着课程",这好比撑上水船,一篙不可放松。

(六)居敬持志。读书须收敛心思,这便是敬。应事时,敬于应事;读书时,敬于读书,心才能专静统一。心静理明,然后才能体会书中的意味。

朱熹的读书法,对后人影响极大,元朝人程端礼曾依据他的方法,订立读书程序,叫"读书分年日程"。直到今天,他的读书法仍可供我们借鉴学习。

在博览群书、熟读精思的基础上,还要学习牛顿那种忘我思考问题的精神,从始而终把握好自己,根据起跑线上所定的目标莫错位。

牛顿由于全神贯注地思考问题,常常忘掉了自己,也忘掉了别人。

一天,牛顿请一个朋友吃饭,菜饭都做好摆上桌子了,牛顿突然想到他计算月球轨道的一个公式,就离开了饭桌到另一房间去计算。客人等他很久都不见他出来,便独自吃起来。他吃掉一盘鸡后,想和牛顿开个玩笑,就把鸡骨头吐在盘子里,盖上盖子,然后离开了牛顿的家。

几小时后,牛顿从书房走出来,感到很饿,当他揭开盘子盖,看到鸡骨头时,恍然大悟地说:"我还以为自己没吃饭呢,原来已经吃过了。"于是又回书房,开始了工作。

要培养出成功人才,除了博览群书,熟读精思,还要很好地同实践相结合,在实践中锻炼成长。不仅要经过实践,认识,再实践,再认识的过程,还应当学习和了解一些能使你成功的一些原则。

美国人希尔与斯通从 20 世纪美国最成功的几百位名人的终身经验中提炼出来人生成功的"十七条原则":

(一)积极的心理态度。最重要原则之一,你要学会自我激励,用积极心理指挥你的思想,控制你的感情,掌握你的命运,而非消极的心理态度。

(二)确定的目的。是一切成功的起点。你要把积极心理态度等其他原则作为你生活、交际的目标。写下你人生的目标。确定实现目标的时限,可以把目标定得高一些,作为我们年轻人,更应胸怀壮志,用更高目标激励自己奋起战斗。

(三)多走些路。目标确立后,走起来很难,特别是迈出第一步,然后你再步步为营,直至成功。如果一条路对你确实行不通,还可以选择另一条路,但不要把困难作为自己的障碍,要有勇气去面对困难,敢于做个失败的英雄。

(四)正确的思考。要善于思考,遇事要三思而后行。

(五)自制能力。当你生气时,要保持沉默不语,控制激动情绪,事态平和后,再做出自己的行动。

(六)集思广益。不可一意孤行,要善于集众人智慧。

(七)应用信心。信心就是无穷的智慧,相信自己有能力去完成你决定要做的事。

(八)令人愉快的个性。不要养成令人讨厌的习惯,要让周围的人都喜欢你,但你却不可以经常打扰别人。

(九)个人首创精神。但不可显露锋芒,要把功劳分给大家,别人不会忘记你。

(十)热情。对人要热情,对工作、生活要充满热情。

(十一)集中注意力。像听课、工作一样,别人讲话要注意听,这是对讲话者起码的尊重。

(十二)协作精神。要学会与他人和谐相处,要乐于接受别人的帮助,并且要乐于助人。少和别人发生不必要的争论。

(十三)总结经验教训。前面说过要做个失败的英雄,要从失败中得到启发。

(十四)创造性的见识。不要一味照章遵命办事,要学会提出新主意,但要听从合理的忠告。

(十五)预算时间和金钱。要学会安排学习、工作和睡眠。金钱来之不易,要会正确使用它。

(十六)保持身心健康。这才是本钱,要保持良好的精神状态,这是取得成功的保证。

（十七）运用普遍规律的力量。

知道以上十七条原则，关键在于行动。我们都可以成功，获得爱情、朋友、好的人际关系，还有美好的生活。

二十　赞美他人实为妙 和谐温馨提示好

首先学会"赞美"人，在现实生活中，有些人不讨人喜欢，甚至四面楚歌，主要原因不是大家故意和他们过不去而是他们在与人相处的时候总是自以为是，对别人百般挑剔，随意指责，甚至当面不说，背后乱说，歪曲事实，添枝加叶，小题大做，别有用心，人为地造成人际间的矛盾。古人云："快刀割体伤易合，恶语伤人恨难消。"出言不逊者只会自食苦果。只有处处与人为善，严以责己，宽以待人，才会建立与人和睦相处的基础。所以，如果你想成为一个被别人喜欢的人，就必须学会衷心地赞美人。

美国著名作家詹姆士有句名言："人性中最本质的愿望，就是希望得到赞赏。"俄国文豪托尔斯泰说得也很深刻："称赞不但对人的感情，而且对人的理智也起着巨大作用。"上司对下级给予赞美，是对其工作成绩的肯定，能鼓励下级充分发挥主观能动性和聪明才智，再接再厉取得更大成果。同事对同事，朋友对朋友予以赞美，能使感情更融洽，友谊更纯真。夫妻相互赞美，可以增添恩爱，巩固婚姻。父母不失时机，恰到好处地赞美子女，既能激励后代百尺竿头更进一步，又能增添家庭的凝聚力，一个笑容可掬，善于发掘别人优点总给予赞美的人，肯定会受到别人的尊敬和喜爱。这种人自然身心健康，生活、工作十分惬意。

值得注意的是赞美别人千万不能言过其实，如果赞美过头，会令人生厌，效果必然适得其反。有句土话说得好："誉人之言太滥不可，责人之言太尽不可……含蓄少妙不可不知。"此外，提倡赞美，并不摒弃批评，"明知不对，少说为佳"的处事哲学弊多利少，不足为训。那种分寸恰当、善意真诚、委婉含蓄、入情入理的批评是去病除疾的良药，它的重要作用是不可低估的。

喜欢赞美别人的人，是"现代人应有的内在美"：

培养爱心。有了爱心，你就会去爱人，惜物；知道爱人惜物，心中自然平易近人，如果一心想被爱而不知付出，那就私心太重，别人自然不会感觉你的潇洒美丽可爱。

谦虚为怀。自大、自傲，会使别人觉得你不太容易亲近，你表现得越谦虚，虚怀若谷，人家越想去接近你。

积累知识。"口耳之学"人人做得到，听、讲谁都会，但要融会贯通可就不易，读书可以改变气质。知识积累越多，人越博闻，行为自然合乎礼仪，你的"书卷气"也就会流露出来。

体谅别人。"严以律己，宽以待人"是每个人应具有的品德，有此品德心胸自会宽大，人缘自然变化。反之，若处处指责别人的不是，人们必定避之唯恐不及。

不慕虚荣。人一旦爱慕虚荣，处处就会以利益为先，私心为重，私欲熏心，自会挤他人，他人为保护自己，也会对你格外小心。

举止优雅。行为举止优雅，自然会对人喜欢；矫揉造作，不仅不会博人欢心，反会令人作呕。

现代人应学会给人一点点温情：

给一点点温情，世界就会变得很不一样。一点点温情并不来自你的亲人，丈夫和妻子，也不是父母的关心，子女的孝心，也不一定是你的很要好的朋友，只是一个不很熟悉的人，甚至是一个陌生的人，给一点点温情，你会有百倍的感受。

一点点温情也不是特意的赐予，只是人间真情的一种自然流露，你感受这一点点温情，你的心里也许会荡漾出很多很多的情意。

不必特别地去做什么，只流露一点点温情，对人生的，对世界的，对他人的，一点点就行。

常言道，你把你的给予别人，你的不会减少只会增多。你把你的真诚给了他人，你就会得到众多的朋友；你把你的感情给了你爱的人，你就有可能获得爱情与一生的幸福；你把你的钱给了慈善事业，你就会赢得崇高与掌声；你把你的爱给了社会，你就会得到全社会的温暖；你把你的快乐分赠给亲友，你的一个快乐就会变成许多个快乐；你把你的文章分享给读者，读者越多你的幸福指数就会越往上升……反之，你若把你的只留给你自己，你的一点也不会增多而只会减少。譬如，你的文章写得再精彩，若永压箱底不给大家读，你的歌唱得再好若不让大家听，你的画画得再美若不给大家欣赏，你的衣服再漂亮若不穿出门去给大家看，你不但得不到更多的快乐，可能连原有的那一点点快乐也要失去了。

从别人那里得到一点点温情，或许你就会想着也给别人一点点温情，哪怕是一个陌生的人，尝试着给人一点点温情，尤其是在别人痛苦的时候，尝试着给人一点点温情，一点点就行。

学会快乐地赞美他人，首先自己也应快乐，不论哪类人都应快乐。怎样快乐法？有专家和"热心人"提示我们应怎样快乐。

忧伤,是损害健康的大敌,而快乐则是最佳的养生保健品。我们应当少一些忧伤,多一些快乐。

快乐是一种甜美的心情,除来自他人的温情抚慰外,更多的是靠自我修养,从自我修养中去培育。

淡泊就快乐。追名逐利,最使人患得患失。得失之间常造成人的心理失衡。倘若名利不成,就会感到失落难安。如能保持淡泊心境,抛开功名利禄,求得心态平静,自会快乐生活。

恕人就快乐。对人要有宽仁的气度。遇到他人有对不起自己的事,别因而忌恨,耿耿于怀,影响自己心情。要善于宽恕别人,让别人在你的宽容感召之下,自觉反省,佩服你得理让人的度量,发生的矛盾即会消除。少去烦恼,你就会心情愉快。

善良就快乐。与人为善,抱着一颗仁爱之心待人,人际关系协调和谐,有众多的朋友和睦相处,便会获得友谊的慰藉,生活自会爽心。

心宽便快乐。凡遇不快事,不必先挂在心上,自困于郁闷中。要善于自我排解,自我宽慰,把事情往好处想,就会消除低沉情绪,保持乐观心态。

助人便快乐。"助人为快乐之本"。你常常帮助他人,同样你会得到别人的帮助,受到别人的赞许。你享有这样可贵的回报,就可获得精神上的慰藉和快乐。

知足便快乐。你若还是中青年,当然不应该满足现状,应有所追求和进取,而当你已退休,进入养老休闲期,如还要与别人攀比名誉地位、生活待遇,倘别人胜过自己,心里就不好过,那是自寻苦恼。你应该懂得各人的机遇不同,承认差别,就可调整心态,无所贪求,满足于悠闲的养老生活,感到快乐自在。

不嫉妒就快乐。一个人若常怀嫉妒之心、不平之气,就会困扰自己,日夜难安,哪来什么快乐?如果你心胸开阔,不嫉妒他人,心境平和,也就生活快乐。

不怨恨就快乐。生活中,若总是对他人怀恨,怒气难消,心情就不舒坦。若要心情欢畅,最好是少一些怨恨,多一些爱心,就会排解郁结,开朗胸怀,快乐便随之而来。

诙谐就快乐。生活不宜太严肃、太古板,应当善于发掘生活中的趣事,用以调侃、幽默,既可逗乐他人,也让自己开心。每天都乐呵呵地过日子,心情哪还会不舒畅?

唱歌就快乐。唱歌能抒发感情。哼一曲欢快的歌曲,可让你精神焕发,情绪振奋,唱一首婉转轻柔的歌曲,可让人心情放松,感到舒展。

健康就快乐。拖着一身病痛,会苦不堪言。唯有保持健康的生活方式,重视保健养生,坚持锻炼,养成健康的体魄,才会感到生活有朝气,有向往,感到舒心快活。

潇洒就快乐。观念要更新,善于摆脱陈规旧俗,让生活尽可能洒脱随意。怎么愉快,就怎么过日子。力求把生活过得充实,做到绚丽多彩。生活很潇洒,便可获得种种乐趣。

会享受就快乐。生存、发展、享受,是人的生活要义。享受是人在创造、发展之后的收获。你要享受生活,可要懂得放手消费。在可能条件下,应让生活过得更甜美:穿得时髦、靓丽一些,住得舒适,讲究一些,玩得爽心、快意一些,让精神生活过得更滋润一些。你如果善于享受生活、丰富生活,浓浓的乐趣就在其中。

有时候,有些事,为了快乐,也可装点糊涂,来个一笑了之,最使人"摸不透"的笑是假笑;最"难为情"的笑是掩面而笑,最愉快的笑是有说有笑。

二十一 | 交往处处有学问 与上司"相处准则"应学成

明白人的明白话告诉我们:"明白世事并非'非黑则白',而是在极端之间往往有一整系列的中间状态;明白一个地方的人不比别一个地方的人更难'相处';你眼中的缺点并不是所有人眼中的缺点,能否'相处',百分之八九十在于自己。"

我们生活在社会上,每个人都有交往的需要。美国心理学家曾做过一个"交往剥夺"实验:把受试对象关在隔离室里,不让任何人接触他。结果仅几天被试者就忍受不了了,甚至出现精神不正常的迹象。可见交往对人是十分重要的。但是并非每个人都能很好地与他人交往,不少人为之苦恼。我们只要客观认识和分析交往中的种种心理状态,或许对大家有所裨益。

(一)目光

目光接触,是人际间最能传神的心理沟通。一般会见,正眼看人,显得坦率诚恳。斜眼看人,是轻蔑鄙视的表示;凝视对方,显得胸有成竹或者盛气凌人;不住地上下打量对方,则是含挑衅性的无理表示。晋代阮籍有个习惯,对器重人青眼(正视)表示尊重,对鄙薄之人以白眼表示憎恶。交谈中,眼神的交流也十分重要。作为听者,应注视着说话者,表示专心和兴趣,东张西望就显得心不在焉。但不该长时间凝视对方的目光,尤其是异性之间更不应这样。

(二)握手

握手是双方互致问候的传统礼节。若都是男子,彼此应倾前握手,若对方为女子则随她们自己的意思。在一般场合,女子总是习惯于点头或微笑,是否要握手,这完全看她的个人的习惯和高兴程度而定。不过,一旦男子伸出手来,女子也理应有所反应,不论怎么说,漠视一个自然而友好的举动是很不礼貌的。握手时眼睛应正视对方,不要东张西望,握手时不宜过分用力,否则给人以粗鲁之感。但也不能过于无力,否则对方可能会推测你是一个缺乏自信的人,或者怀疑你在敷衍。有些人握住别人的手紧紧不放而只顾热情地说话,特别是在公共场所或路上,使对方很不自在。

(三)表情

人的面部表情是内在态度的显示器。面部肌肉松弛,露出微笑的神色,使人乐于接近。相反,双眉紧蹙,面部肌肉绷紧,使人感到冷漠和孤傲,令人避而远之。交谈时,面部表情起到一种配合和呼应的作用。感到紧张时睁大眼睛,幽默时发出内心的微笑,伤感时轻轻叹息,会使说话者感到你是"知音"。但这种表情是基于心理共鸣之上的。如若对方意识到你的表情是故意夸张或装假的,就会觉得受到了愚弄。

(四)空间

人们常以空间交往距离的远近来表明交往态度和亲密程度。你与交往对象靠得较近,往往表明关系密切,乃至"亲密无间"。你若不时注意与对方保持距离,说明彼此感情疏远。

我们每个人都有特定的交往空间,分成不同距离。与不同对象的交往总是按照相互关系来调节相隔距离。为了不使人讨厌又不令人感到疏远,我们就应注意交往空间上的分寸感。

(五)声调

同样音的词,可以正话反说,也可以反话正讲,可以郑重其事,也可在与人交际时讲究动态美,每一个动作都要力求高雅、美观而富有表情。这些都体现在声调的起伏高低变化之中。声调太高使人感到你粗鲁,声调太慢又感到不耐烦,经常打断他人的谈话或抢接别人的话头,会扰乱别人的思路。

(六)代沟

青年人与老年人之间往往存在着某些隔膜,有人称之为"代沟",只要分析其中的心理因素,"代沟"是可以逾越的。长辈与晚辈都各有所长,他们的交往常能起到一种互补作用。长者总是羡慕晚辈的青春年华,希望从年轻朋友那里接受新鲜事物,汲取朝气与干劲。对于晚辈来说,则希望从那些可为师友的长辈那儿获得智慧、经验,使自己变得更为成熟。生物学家达尔文从长辈那儿得到的益处,比所能表达的要多得多。

(七)服饰

意大利影星索菲亚·罗兰说过:"你的衣服表明你是哪一类人物。"它们代表你的个性。一个和你会面的人往往不自觉地根据你的衣着判断你的为人。不同的服装起着不同身份的传播作用。在不同的场合,选择特定的服装表示其态度。赴约会或参加社会聚会,你总会考虑一下服饰,这不仅为了外表美观,还在于显示出对交往的重视和诚意。

(八)仪表

有人认为人的观点不受容貌影响,而实验表明并非如此。心理学家雪莱·紫肯思让麻省大学的 68 名志愿者每人到街上找四位行人,吁请反对某一组织。人们很明显地根据志愿者的外貌、演说才能、可靠性、说明力和智力来做出他们的决定。仪表端庄的自愿者比起仪表较差的志愿者影响人们方面远为成功。

(九)时间

人们可以运用时间作为一种交往符号。人们为了表明事情紧急或心里着急,就会早早地等候着对方。准时,能体现出交往诚意。如果朋友请你做客,并约定了时间,你到得太晚,是轻慢的表现。若到得太早,对方来不及准备,也会尴尬。准时则表明,你对这次交往的看重,显示出你是遵守诺言的人。

此外,还应懂得点交际美学,这在与人交往中,也显得特别重要。

坐姿大有讲究,从医学角度来说,坐姿端正有利于健康。从交际角度来说,则有利于你的形象。动态与姿势,是人的思想情操与文化修养的外在体现。人们往往通过自己的动态姿势来表现个人的风雅,同时也通过别人的动态姿势去衡量人家的价值。

在社交场合,坐的姿势要求端正、舒适、自然、大方。不论坐椅子还是沙发,最好不要坐满,只坐一半,上身端正挺直,不要垂下肩膀,这样显得比较精神,但不宜过分死板、僵硬。年轻人或身份低的人采取这种坐姿能表示对对方的恭敬和尊重。坐时两腿要并拢或稍微分开,男性可以翘"二郎腿",但不可很高,不可抖动。女性可采取小腿交叉的姿势,但不可向前直伸。切忌把小腿架在另一条大腿上或将一条腿搁在椅子上,这都是很粗俗的表现。

入座后,手不要随心所欲地到处乱摸,有的人有边说话边挠痒的习惯,还有的人喜欢将裤腿捋到膝盖以上,这些动作要绝对避免。坐定之后,两眼要平视,不要肆无忌惮地打量人家室内的陈设并因此而忽略了主人。表情要表现得矜持、庄重、含蓄。

在社交场合,应避免指手画脚、拉拉扯扯、手舞足蹈的动作,这样会惹人讨厌。那种坐着或站着都习惯抖动腿的动作是很低俗的。尤其是当着贵客的面更不能有这种不良动作。它会使你的形象在客人眼里一落千丈。

当着别人的面伸懒腰、挖鼻孔、打呵欠、剔牙缝、喷烟圈,不仅是不礼貌的举动,而且正是没有教养的表现。

那种不加控制的张着大嘴狂笑是令人毛骨悚然的,脸上老是挂着毫无意义的傻笑,会使人感到一种莫名其妙的不安,点头哈腰,胁肩谄笑,装腔作势,歪头斜眼等动作,也会让人感到俗不可耐。

人的风度和动作,有着明显的性别之分,男人和女人各有各的美态标准,不可要求一致。如一个男人昂首挺立,凝视前方,稳健地站立着,仿佛一尊大理石雕像,威武、英俊、雄健、刚毅,给人以崇高、伟岸、强壮之美感。如果一个女人也做这个姿势,那就显得太放任、太狂。

男人要有男人的气质,要表现出男性的刚健、强壮、粗犷、彪悍、英武、威风之貌,给人一种"动"的壮美感。女人要有女人的特点,要表现出女性的温顺、娇巧、纤细、轻盈、娴静、典雅之姿,给人一种"静"的优美感。男人的动作应有力度,女人的动作应有柔性;两者是各具特色,互不相同的。如果男人不像男人,优柔寡断、扭扭捏捏,有所谓的"女人气""娘娘腔",缺少男性的果敢、刚毅、坚强,尽管他生得眉清目秀或是个"白面书生",也不能看做是美的。

相反,如果女人不像女人,有男性的举止,缺乏女性的温柔、文静,尽管她长相秀丽,也不能称做是美的。

一个人生就一副漂亮的外貌,那自然是幸运的,但这必须与美丽的心灵、优美的语言和潇洒的风度结合起来,才堪称为真正的美。

综观全局,不论你在什么地方工作,都应该学会专家、学者所告诉我们的"与上司相处"的十条准则。

事实上,每个人,不管他是一名低级职员还是一名高级官员,也不管他是一名新加入的志愿者还是一名为某项运动筹措资金的组织的领导,都有可能对他或他们的工作,心理的健康和稳定产生影响的顶头上司。对你的未来而言,与自己的上司保持正常的、良好的关系或许是至关重要的。下面便是与上司相处的十条准则:

(一)认真听

我们大部分时间仅佯装在听。我们都过于忙碌于来自上司的赞成或反对示意,或者过于忙碌于拟定上司的回答,以致不能听进上司正在讲的东西。有效的听不仅指要听进上司讲的话,而且要领会上司的寓意。这就是说要娴熟地概括出他说的意思,并理智地做出自己的反应。

要克服任何紧张,全神贯注于上司讲的话,做到用眼睛接触但不凝视,并做好记录。在上司讲毕后,你即停止记录,显示出自己正沉思于他所说的话。你可提出一或二个问题,以澄清一些观点,或者你可简要小结他已说的内容。

(二)讲话要简明扼要

时间对上司来说是最宝贵的东西。因此,与之讲话做到简洁是非常重要的。当然,这并不是说把大量情况滔滔不绝地快速讲完,而是说要有选择地、直截了当地讲清楚。

(三)提供多种方案选择

你要向上司提出各种可能的方案,包括这些方案的长处和短处,而不能仅提出某个具体措施或行动步骤,以供上司抉择。

这种方法既容许上司去做最后决断,也逼迫你更全面、更透彻地去思索问题。显然,其结果对你和上司都有利。

你绝不要当即拒绝上司提出的建议,因为他可能了解该建议中的合理方面或者他并不厌烦听取你的意见。如果你最终不赞成上司的建议,你可借助提问(如:我们能在不出现许多混乱的情况下做出改变吗?)或别人也可能产生异议(如:人们可能对它抱怨不止。)等方式,来提出自己的反对意见。如果你能表明自己的异议是建立在上级不了解的事实基础上的,那效果会更好的。

(四)独立解决难题

独立处理手中的难题,将有助于你提高工作能力和发展交际关系,也将提高你在上司心目中的位置。你不要害怕向上司讲出坏的真情(即使是委婉地讲出)。从长远观点看,愿意并温和地讲出"皇帝什么衣服都没有穿"的下属,比只阿谀奉迎,怂恿上司做出蠢事的人好得多。

(五)维护上司声誉

这点是上司搞好工作的关键,你要向他人讲上司的长处。你不要等到上司出席的某会议才提供新情况,而要及时向上司通报各种信息,事先告诉他各种事实,由他在会上通报新情况。

在维护上司声誉中,你有必要把自己的一些思想成果奉献给他,以提高其威信。有名人说过:"一个人只有甘愿为别人声誉做出牺牲,他才能在世上慷慨行善。"当你的上司显得光彩时,你也将显得光彩;当你的上司声誉得到提高时,你提高自己声誉的机会也将来临了。

(六)富有信心

有作为的上司通常是乐观主义者,他们爱在自己下属中寻觅知音。做到自信不是一种纯策略,而是一种态度。一个出色下属懂得极少使用像"困难""危机"或"挫折"等词语。他把艰难处境仅当做一种"挑战",并敢于制订周密计划迎接这样的挑战。

在和上司谈及你的同事时,你要多讲他们的优点,而不是缺点。这将帮助你巩固自己作为一名工作人员的地位,也将提高你作为一个善于待人者的声望。

(七)提前上班和准时下班

从事艰苦工作要有热情和献身精神,以激励他人和赢得上司的欢心,因为你毕竟在为他工作。你应做到提前上班和按时下班。这样你将是显得精神抖擞,而不是疲惫不堪。此外,提前上班意味着"我急切盼望工作",而延缓下班则意味着"我不能完成工作"。

(八)信守诺言

上司会原谅自己下属的缺点,只要他们表现出足够坚定。但上司不会谅解反复无常的下属。如果你表示出自己胜任某项工作,但你又不尽力而为,那上司将对你的可信性持怀疑态度。

如果你发现自己不能做演讲的话,你就尽可能提醒上司注意。此后他了解此事将带来少得多的麻烦。管理学权威说:"在他人眼里,一个人犯下诚实的过失比他的话不足信要好。"

(九)了解上司

了解自己上司的经历、好恶、工作习惯及其公司历史和职业目标,是非常重要的。

如果你的上司是一个体育迷,那要他在其所崇拜的运动队受挫后的第二天清晨去解决某重要问题,那是不明智的。精明的上司赏识那些熟知自己,并能预知自己心境和愿望的下属。

(十)不与上司过于亲热

了解你的上司,并不是指与上司的关系过于亲热。在单位里,你和上司的地位是不平等的。而亲密的关系意味着平等,经常有危险的后果。上司可能改变对你的信任,也可能以后追悔对你的信任。他可能向你提出过分的要求,这样,你独立思考和行事的自由权便被剥夺了。与上司保持过于亲密的关系还可能招致同事不信任你和暗中触你的"壁脚"。在单位中,任何人把自己的立足点扎在与上司维持亲密关系的基础上,这都将是脆弱的,极易被摧毁。

你绝不要把维持与上司和睦关系看做是压倒一切的东西,以致妨碍你的工作能力和创造能力的发挥。你为上司做的最好事情就是尽职尽责。

此外,保持与上司的融洽关系,将使你和上司双方在为所有人谋利的过程中,变得更富有成效。

三十二 成功奥秘多考量 经商要学"成衣匠"

人生是什么？困难说，人生就是那条坎坷曲折的山路；奋斗说，人生就是与风浪搏斗的那双橹！我们眼前的社会生活，待业者、求职者，不计其数，每年还有成千上万的学生参加高考，也有成千上万的人名落孙山，成了"失败者"。他们叹息、失望、无奈，却又渴求。

"失败者"，心灰意冷，自认为是"火柴盒做棺材——成（盛）不了人"啦！"失败者"，你这时应挺起胸来，向自己大喝一声："我就是人才，我才是最后的胜利者！"

"失败者"有渴求、有期盼、有发问："什么是生活？生活是挑战——迎接它；生活是旅程——走完它；生活是悲伤——征服它；生活是竞争——赢得它。"

人们都希望去迎接那些生机勃勃的现实生活的来临，可能是风平浪静，也可能是狂风暴雨，那么，我们怎样去战胜它，赢得它呢？我们要像著名科学家爱迪生那样用"五心"去迎接它，战胜它。

爱迪生总结自己一生工作中成功的秘诀主要有"五心"，即：

开始工作有决心,碰到困难有信心,研究问题要专心,反复学习要耐心,向人学习要虚心。他在实验中失败过上万次也不气馁,终于发明了电灯、电话、留声机等,成为举世闻名的发明大王。

用"五心"去实现自己的人生价值,为了这种价值的实现,我们应该懂得符合社会和人们需求的"六条人才价值原则":

(一)目标原则

凡能为社会主义建设事业和社会需求作贡献者,即为人才,自有用武之地。

(二)效益原则

用人才要讲效益,无效益地使用人才,不仅违背经济规律,而且使目标原则流于空谈。

(三)功利原则

要鼓励人才为实现目标而立功,做到有功必有利,有过必有失。

(四)自主原则

自主原则的核心,是承认人才的主人翁地位,鼓励人才为实现目标自由发展。

(五)协调原则

要建立人才的最佳智能结构,使每个人可以取长补短。

(六)伦理原则

坚持社会文明和道德修养,人才的作用才能充分发挥,才能得到不断增长。

总之,人才价值的实现是一个新陈代谢过程。要想自己不落伍,不被淘汰,就必须提高自己。

在这些原则的基础上,努力学习和勇敢积极地参与社会实践,去锻炼提高成熟自己,成熟了,就有了实现成功的基础和希望。

怎样的人才才算成熟呢? 客观的存在有十条人才成熟标准:

(一)行事有主见,有原则,不以别人的喜恶作为自己行事的标准;

(二)承认生活中有光明的一面和黑暗的一面,不苛求于世;

(三)懂得怎样与对方相处,包括接受对方的优点和缺点;

(四)明白"人必先自爱,而后人爱之,人必先自助而后人助之"的道理;

(五)做事考虑后果,明白良好的动机未必会有良好的效果;

(六)不"以人废言",懂得"以事论事",而不"以人论事";

(七)不会坠入"非此则彼""非白即黑"两个极端思维的陷阱;

(八)懂得人与人之间的沟通,是最困难又最有意义的事情;

(九)深信世界上的一切事物,包括自己的思想都在变化前进,勇于改变自己身上落后的一切而适应这一前进;

(十)不盲目地与别人乱加比较,认识到人与人之间的不同特点。

你懂得了这些标准,就应该大胆地去探索、实践、奋斗,去走向成功之路。

在探索、实践的过程中,你还应清楚地认识和排除一些使你难以成功的心理障碍。

失败恐惧症:许多人在干任何事的一开始时就会预想到失败,从而产生一种莫名的恐惧,终于束手不干了。他们只希望做轻松的、无挑战性的、没有失败压力的工作。他们认为失败会显出他们的平庸、无能和不堪一击,所以总是采取最安全最保险的做法,而且表现得谦虚温和。这种惧怕竞争的敏感反应,是出于"怕丢面子"的心理。在处理一切问题时都过高地估计了困难,过低地估计了自己的能力。一旦你消除了这种失败恐惧症,你的潜力就会像泉水一样喷涌而出。

成功恐惧症:有的人获得成功,但下意识地又惧怕成功带来的一切后遗症。这些人大都有相当的抱负,爱向艰难的境地挑战,可是当他们朝着目标努力时,又会产生一股压力:"为此而努力值得吗?"接着就可能退缩了。因为一个人一旦成功后确会失去一些东西,譬如:失去家庭的乐趣,被人们孤立,被人议论,遭讽刺和打击,被说成矫揉造作、野心勃勃等,常常会令人进退维谷。故许多人采取的策略是尽量抑制成功的欲望,终于一事无成。

完美主义:很多人给自己定下了太高的,不切实际的标准,而且雄心勃勃。一旦没有达到目的,就害怕自己被沦为平庸之辈,于是失望、气馁,从此一蹶不振。一般来说,完美主义者对别人的批评十分敏感,不爱与他人相处,多半是孤独的。此外,他们不单对自己,而且对别人也要求很高。另一特征是容不得"错误"二字,一旦自己有了失误,就会耿耿于怀,痛不欲生,从而对事业更加慎之又慎,不敢越雷池一步。

要想事业获得成功,必须有效地排除这些心理障碍。

李嘉诚之所以能成为香港首富,他既是一个事业的成功者,也是一个善于排除心理障碍的思想者,他运用逆势思考营销的策略获得成功,就是一个典范。

李嘉诚认为,由于营销的竞争越来越激烈,所有营销的变数、利器或战略、战术等等,往往会有无效失灵或射程有限的情况。当这种情况发生时,正常的思考方法已不足以解决难题,此时就要毫不犹豫地运用逆势思考。

1982 年北京宣布将在 1997 年收回香港主权,香港的股市、地产、港元汇率等,在一夜之间狂泻千里,港人笼罩在世界末日的恐慌中。但是,像李嘉诚、郭炳湘、吴光正等人则大量低价收购英资和地产。匆匆十多年已过,香港之繁荣更胜于昔日,于是这些冒着风险逆势而上者,如今都已成为亿万富翁。李嘉诚旗下的长江、和记黄埔、港灯三家公司,市值共达 3249 亿港元,李嘉诚成为香港首富和世界第十大富豪。

他还善于总结经验教训,开初他在工作上遇到很多麻烦,他很快找到了"失败的五条原因"。

(一)误导信息

要分析种种社会状况及趋势跟投资的关系,绝对不能从表面去看,否则便会选择了错误的投资策略。

(二)过度自信

在投资时应步步为营,稳扎稳打,小心谨慎。过度自信,妄自尊大的性格缺陷会带来你失败的危机。

(三)赌注心理

有这种心态的人,永远不会在投资市场成功,甚至于无立足之地。

(四)缺乏计划,没有原则

升得高、跌得重是投资格言,亦是自然定律。切勿因价位升跌而改变计划,心如柳絮随风摆是投资大忌。

(五)恐惧与贪婪

人类的基本心理弱点——恐惧和贪婪往往使绝大部分商者走入误区。

他针对上述问题,花尽心血,努力克服,冲破一个又一个的难关,获得了成功。

他又总结出成功的"三条诀窍"和"成功的三个条件"。

李嘉诚在接受美国《财富》杂志采访时透露了三条经商诀窍:在别人放弃的时候出手;不要与业务"谈恋爱",也就是不要沉迷于任何一项业务;要让合作伙伴拥有足够的回报空间。

他的这三句话,不管放在任何行业,不管任何一个管理人员,都应该从中理解出不同的意味来,都应该从中得到极大的收益。

(一)在别人放弃的时候出手

在别人放弃的时候出手,李嘉诚的意思不是说在别人放弃的时候图便宜买下来,那样是收垃圾的行为。在考虑出手的时候,应该考虑别人为什么放弃? 如果自己做是不是可以做好?

任何一个产业,都有它自己的高潮与低谷。在低谷的时候,相当大的一部分企业都会选择放弃, 有的是由于目光的短浅而放弃,还有的是由于各种各样的原因而不得不放弃。这个时候就应该静下心来认真地进行分析, 是不是这个产业已经到了穷途末路,是不是还会有高潮来临的那一天。

如果这个产业仍处在向前发展的阶段,只是由于其他的一些原因暂时处于低潮,看到了这种情况,并从真正意义上理解了这种状况的实质,就应该选择在这个"别人放弃的时候出手"了。这个时候出手可以少走很多弯路,得到很多别的公司通过血的代价得出的经验教训,从而以比较低的成本获得比较高的效益。

(二)不要与业务"谈恋爱",也就是不要沉迷于任何一项业务

这是一种有着丰富的商业经历之后超然于商业活动之外的心灵感悟。对于一个真正的商业人士来说,在他的眼中,应该是只有赢利的业务,而没有永远的业务。任何一项业务,当它走过自己成熟阶段之后,必将走向衰落,而这个时候如果不进行自我调整,还抓住不放,必将随着该项业务的衰落而走向失败。

大丈夫,拿得起,放得下。拿得起或许很多人都还可以做得到,但真正到了要放下的时候,大部分人或许都不舍得了。没有永远的业务,只有赢利的业务,在该放弃的时候,就应该学会放弃,利用进行前一个业务所积蓄的力量,可以很轻松地展开下一个业务,业务不断转移更换,但赢利的中心却不能改变。

(三)要让合作伙伴拥有足够的回报空间

合作伙伴是谁? 合作伙伴对自己有什么用,想清楚了这个问题,就比较容易理解这一句话。在任何一个行业中,如果能有两家公司保持比较好的合作伙伴关系,这两家公司都可以达到双赢的局面。合作伙伴之间的活动对双方都有利是双方操持稳定合作的基础,这就需要合作的任何一方都要为对方着想,多考虑对方的利益,如果只是想着自己多得一些利益,而让对方少得到一些利益,这种合作伙伴将走向破裂,受害的是合作的双方。

合作伙伴之间是一种相辅相成、互相弥补的关系,处理好这种关系,就会达到双赢。

商人"成功的三个条件":

以企业家和商人的标准来看李嘉诚,他无疑是成功的。关于他成功的奥秘,有许多人做过专门的研究,但无论如何,以下"三个重要条件"是不容忽视的。

(一)好手腕

所谓手腕包括商业竞争的方法和与社会沟通的方法两个方面。有人归纳为李嘉诚"高超的外交手腕"。其实,熟知李嘉诚的人都知道,言行较为拘谨的李嘉诚绝不像一位话锋犀利、能言善道的外交家。他像一个从书斋里出来的中年学者,亦不像那种巧舌如簧、精明善变的商场老手。但在这样一个随意而平常的外表后面,你不难发现,李嘉诚所具有的善变的商业谋略和灵活的沟通技巧。概括李嘉诚所具有的商业谋略,可以归纳为耐心等待,捕捉机遇,有智有谋,从长计议。李嘉诚正是这样不断地通过官地拍卖与私地收购,为地产发展提供了源源不断的土地资源。

(二)好口才

关于李嘉诚的好口才,许多人都有同感,李嘉诚的语言第一是诚实,第二是幽默。有关诚实大家已司空见惯,而其所具有的幽默则别具一格。例如,有记者采访李嘉诚,问:"都说您是拍卖场上'擎天一指',志在必得,出师必胜,可有时为何还是中途退场?"

李嘉诚幽默地说道:"这已超过我心定的价,你们没有看到我想举右手,就用左手用劲捉住,想举左手,就用右手捉住。"

(三)好素质

有人常说,李嘉诚的成功是由于幸运。其实,谁都了解幸运成全不了股市常胜将军,李嘉诚之所以能成为股市强人,靠的还是他的良好素质。因此,他在每一次股灾之中,都能够安然度过,而不致翻船落水。

例如,一位跟李嘉诚多年的高级经理人在会见《财富》记者时说:"李嘉诚是一位纯粹的投资家,是一位买进东西,最终是要把它卖出去的投资家。"这位经理人的话,提示了李嘉诚在股市角色的优势。这种优势或许很多人都明白,但由于急功近利的驱使,许多人都不愿做这种角色,而宁可做投机家。

投资家与投机家的区别在于:投资家看好有质的股票,作为长线投资,既可趁高抛出,又可坐享常年红利,股息虽不会高,但持久稳定;投机家热衷短线投资,借暴涨暴跌之势,炒股追求暴利,自然会有一夜暴富,也更有人一朝破产。香港股坛上赫赫有名的香港大师香植球、金牌庄家詹培忠,都曾股海翻船,数载心血几乎化为乌有。可见,人算不如天算,再聪明的人,都有失算之时。因李嘉诚依靠的是自己良好的素质和考虑周全的智囊谋略,故而李嘉诚大进大出,都是一待良机,急速抛出,无形之中减少了自己的风险。

如果你决心在生意场上做个成功者,还应学会如何去"激励"你的合伙人或你的下属。"激励"是一种艺术,不管你在什么行业,什么岗位,运用好"激励"艺术,对于你事业的成功都起着极大的推动作用。下面是"激励六艺术":

(一)影响式激励

领导者以自我实现的行为方式,即通过自身的模范作用激发群众,就像启动空气调节器一样,把本单位的空气调节到最适宜培养积极性因素的环境,就会产生用正式权力难以奏效的感召力。

(二)融通式激励

领导与部属之间的融通,是建立在相互谅解、相互信任的基础之上的。人际间的通融,是一种激励素,通融的程度越彻底,方式越得当,越能调动人的积极因素。

(三)民主式激励

以民主方式对待部属和同人,可激发人的自尊心和荣誉感,使其潜在的能力得到最大的发挥。相反,命令式布置工作和主观武断地处理问题,它一开始就剥脱了下属的主动创造的机会,打击了部属工作的热情。

(四)授权式激励

权力是完成任务的基本条件,授权是授给部下与其承担责任相适应的权力,使其各行其事,各负其责。委任不授权,或是权责不统一,都会产生逆反心理,即会消极怠工。授权式激励,就是领导者用人不疑,变激励为压力,让人信心百倍地完成工作任务。

(五)期望式激励

当一个人有了出色的成绩时,最大期望是想得到恰当的评价和适当的鼓励,而一旦发生过错时则害怕受到批评和惩罚。期望式激励,就是领导者对部下有成绩要给予评功,出过失要给予帮助,以激发其长,避短改错。

(六)参决式激励

领导者在决策的过程中,善于启发下属出主意、想办法献计献策。部属提出有创见和有价值的建议要鼓励和奖励,以激励人们的智慧和创造力。

养儿育女功夫到
教子要学郑板桥

　　世界名人伊莎多拉·邓肯这样说过："我常听见有些家长说，他们的工作是为了给孩子们留下很多的钱。真不知道他们是否意识到，这样做正好是把这些孩子生活中的冒险精神一笔勾销了。因为给子女们留下的钱越多，孩子们就越软弱无能。我们给子女最好的遗产就是放手让他自奔前程，完全依靠他自己的两条腿走自己的路。"在当今的现实生活中，怎样对待后人和孩子，不外乎有两种办法：一是拼命地干多找些钱，留给后人，养他一辈子；二是给予知识培育，放手让他自奔前程，走自己的路。我属后者，因为没有本事也没有本钱去养他一辈子，就放手让他走自己的路。

　　他（她）们的路怎么走法？还得去扶上马送一程。要想让孩子能走好自己的路，还要让孩子的孩子走好自己的路，我们就必须时常精心地给予指点、提醒，就这一点要做好，也不是简单的事。自己不好好地学习知识没能耐，那也是"懒婆娘的鞋后跟——提不起来"。

　　如果前辈都是无知之人，什么事情都是"一问三不知"那能行吗？

《左传·哀公二十七年》记载，晋臣中行文子说："君子之谋也，始、中、终皆举之而后入焉。今我三不知而入之，不亦难乎？"意思是：君子谋划一件事，对这件事的开始、发展、结果都要考虑到，然后向上报告，现在我对这三方面都不知道就向上报告，不是很难吗？这里"三不知"说得很明白，是始、中、终三阶段三方面都不知道。邓拓在他的《变三不知为三知》一文中，对始、中、终做了很详细的阐述："'始'，就是事物的起源、开端或创始阶段，它包括了事物发展的历史背景和萌芽状态的种种情况在内。'中'就是事物在发展中间的全部经过情形，它包括了事物在不断上升或逐步下降的期间各种复杂变化过程在内。'终'，这就是事物发展变化的结果，是一个过程的终了，当然它同时也可以说是另一个新过程的开始。"

"三不知"从最初的始、中、终三方面都不知道，逐渐产生了别的意思。后来用"三不知"指对内情一无所知，有时是指装糊涂。明代小说《二刻拍案惊奇》卷三说道："桂娘一定在里头，只作三不知，闯将进去，见他时再作道理。"用"三不知"表示匆匆忙忙，冒冒失失。《金瓶梅》十三回里有"那西门庆三不知就进门，两个撞了个满怀"。可见，"三不知"还有突然一下子的用法。清代无名氏所作《定情人》中写道："小姐一见彩云，就问她：'我刚与若霞说得几句话，怎就三不知不见了你，你到哪里去了这半晌？'而到现代，"三不知"就是只是表示对情况一无所知。

看来，要教育好孩子，首先得自己老老实实有点学问。要虚心向古人学习，向今人学习、向朋友、同学、同事学习，特别是要向学识渊博的人学习，就不会一问"三不知"。据说历史上有个郑板桥就是一个教子的楷模。

郑板桥52岁时才有了儿子,起名叫小宝。他对小宝自然是十分爱惜喜欢。但他非常懂得"娇惯孩子就等于杀了孩子"的道理,因此从不溺爱小宝。

郑板桥被派到山东潍县去做知县,将小宝留在家里,让妻子和弟弟郑墨照管。郑板桥看到当时富贵人家子弟多数被宠得不像样子,更是担心自己的儿子被娇惯坏,所以他从山东不断写信给弟弟要他严加管教。他还告诉小宝说,你每天吃完晚饭就坐在门槛上,念些诗给叔叔和母亲听,念得好了他们会给你好吃的。

当郑板桥听说在家的小宝,常常跟孩子们夸耀:"我爹在外面做大官!"有时还欺侮佣人家的孩子的时候,郑板桥立即写信给弟弟郑墨说:"我52岁才得一子,怎么会不爱惜他呢!然而爱也必须有规矩有方法。"他要弟弟和家人对小宝严加管教,助长他天性中诚实敦厚的一面,帮他去掉奸诈残忍的一面。弟弟和家人按照郑板桥的意愿对孩子进行教育,收效很大,于是给郑板桥写了封信,说这孩子长大之后,准是个有出息的人,能像你一样,当个官儿。郑板桥看信后立即给弟弟郑墨复信:"我们这些人,一捧书本,便想中举、中进士、做官,如何摄取金钱,造大房屋,多置田产。起头便走错了路,越来越坏,总没个好结果。读书中举、中进士、做官,都是小事,第一要明理,做品德高尚的人,才是有益于社会的人。"

小宝长到6岁以后,郑板桥就把小宝带在自己身边,他亲自教导儿子读书,要求每天必须背诵一定的诗文,并让他参加力所能及的家务劳动。到小宝12岁时,他又叫儿子用小桶挑水,天热天冷都要挑满,不能间断。由于父亲言传身教,小宝的进步很快,当时潍县灾荒十分严重。郑板桥一向清贫,家里也未多存一粒粮食。一天小宝哭着说:"妈妈,我肚子饿!"妈妈拿一个用玉米粉做的窝头塞在小宝手里说:"这是你爹中午节省下来的,快拿去吃吧!"小宝蹦跳着来到门外,高高兴兴地吃着窝头。这时,一个光着脚的小女孩站在旁边,看着他吃,小宝发现这个用饥饿眼光看他的小女孩,立刻将手中的窝头分一半给了小女孩。郑板桥知道后,非常高兴,就对小宝说:"孩子,你做得对,爹爹真喜欢你!"

直到临终前,他还要让儿子亲手做几个馒头端到床前。当小宝把做好的馒头端到床前时,他放心地点了点头,随即合上了眼睛,与世长辞了。临终前,他给儿子留下遗言:"流自己的汗,吃自己的饭,自己的事自己干,靠天靠人靠祖宗,不算好汉。"

革命老前辈,谢觉哉也是个善于教子的楷模。

20世纪60年代初,谢觉哉的孩子谢飘到东北去上学。有一次谢飘给谢老写信说:"我想爸爸妈妈还是尽可能给我们多讲些,我感到父母的话,孩子是最能接受的。别人的话虽对,自己接受起来却不那么服气。"

谢老很能理解儿子的心情,他说:"听从父母正确的教导是应该的,但是子女不可能一直守在父母身边,所以不能光听父母的话,而应多听周围同志的话,你说别人的话虽对,接受起来却不那么服气,这是错误的。你应该把周围的老师、同学作为自己的良师益友。择善而从,有一学一,有二学二,如此下去,必能不断地丰富和提高自己。"

严格是爱,护短是害。赵括的母亲不护短,要儿子辞去大将军,很有眼光。

战国时期,赵、秦两国于长平关交战,赵王任命赵国名将赵奢之子赵括为大将军,指挥四十多万兵马。

赵母问儿子："你为什么不辞王命呢？"只会背诵书本，没有真才实学和解决实际问题能力的赵括自鸣得意地说："因为朝中没有比我更强的人了。"

赵母心忧，急忙向赵王上书进谏："不可任用赵括为大将军。"赵王见书，召见赵母询问缘故，赵母说："以前他父亲为将时，从受命带兵出征那天起，就住到军营中去，不问家事。打仗所得的赏赐，也全都分给部属。现在赵括刚当上大将军，就自恃尊贵，坐在高位上。所属军吏来见，都不敢抬头看他。大王赏赐给他的金银绸缎他全都藏在家中，还四处钻营，购便宜的田地房屋。大王，您看他哪一点像他父亲呢？"

他父亲临终前嘱咐我："如果赵括为将军带兵，必定失败。请求大王另择良将，千万不要委派他担任这样的重任。"遗憾的是，赵王并没采纳赵母的忠告。果然，长平关一战，赵括打了败仗，四十万兵全军覆灭，自己中箭身亡。

赵母知其子而不护其短，这才是真正爱护儿子，爱护国家。

小时候，我就听爸、妈讲过："黄荆棍下出好人。"可现在，哪个父母用黄荆棍子打了"小皇帝、小公主"不被告上法庭才是怪事？说来很有趣，宋太祖能当个好皇帝，是他姐姐用"擀面棒"打出来的，这到如今还是个谜。

据《邵氏闻见录》记载：宋太祖还没有皇袍加身的时候，外面舆论沸沸扬扬，说他要在北征出兵之日自立。传闻有板有眼，结果，"富室或挈家逃匿，独宫内不知"。事至如此，太祖如何呢？实在不如人们想象的那样形象高大，而是吓得全无主意，秘密地告诉家人这些话，还向家里大小人等讨主意："外间汹汹如此，将如何？"这时候，太祖的姐姐，面如铁色，方在厨，引面杖逐太祖，击之曰："大丈夫临大事,可否当自决,乃来家内恐怖妇女何为耶?"这几下擀面棒,打得太祖冷静下来,终于以大无畏的勇气在陈桥兵变,开创大宋几百年的基业。这几下子擀面棒你说打得好不好?而"大丈夫临大事,可否当自决"的观点,当然也会如同挨过的擀面棒一样,在太祖脑海中深深地扎下根来。所以,他派人去主持考试,主考大人不肯自决的时候,他绝不肯让自己的大旗被别人拉过去做虎皮,而是重申"取舍汝当自决"的观点,明明白白地承认自己"我安知其可否",并且强调了自己监督官的地位:"这事儿该你办,你不办好,弄得外面议论纷纷,我就砍你的头!"虽然蛮横,却极为放手;虽然粗率,却极为坦荡。既没有装出一切都懂的内行架势,又没有放任自流撒手不管的缝隙,所以,承办的人什么空子也钻不着,只好老老实实完成任务。

据说那位主考大人战战兢兢,如履薄冰,虽已索贿受贿,却"悉改其榜,以协公议",不敢明目张胆地营私舞弊了。

这么说起来,宋太祖还是很聪明过几天的。他是封建帝王,挨姐姐一顿揍,却接受了一个很好的教训,为自己廓清吏治提供了经验。

国家需出一大批人才,小家也想出个聪明能干人,聪明人,需要精心培育:

(一)培育一个"有奋斗目标,懂得只靠自己"的人

懂得做事不靠别人,只靠自己的人,才是真正有前途的人,正如郑板桥给儿子遗嘱所忠告的:"流自己的汗,吃自己的饭。"这种人才经得起各种艰难的考验,在逆境中也能成才,古今中外如此。著名的童话作家安徒生就是这样的人,安徒生是丹麦人,从小家里非常贫寒,父亲是个鞋匠,在他小时候就去世了,全家靠母亲帮人洗衣度日。幼小的安徒生求知欲望很强。无钱上学读书，就向邻居借书来看，苦读数年之后学到了不少知识。

安徒生十四岁就到首都哥本哈根谋生，在熟人的帮助下，进校读了几年书。那时由于公费不能保证最低生活开支，他不得不轮流到熟人家里吃午饭。离开学校之后，他一面自学，一面进行文学创作。在那等级森严的社会里，他被别人看不起，经常受到上流社会文人的奚落，挖苦他是"企图攀登文学高峰的浅学之辈""对语法一窍不通却时刻觊觎着诗人荣誉的人"。检察官把他的剧本一个又一个地扼杀掉。当他一段时间没有作品时，那些人又讥又讽他"才思枯竭"，直到他成名后，他们还恶意地提出"不应让一个鞋匠的儿子爬进上流社会"。但他没被歧视吓倒，没有因受到诽谤丧失信心。他咽下了被凌辱的苦水，迅速地写作，反复修改自己的作品，为它们熬过了无数个漫漫长夜，直到笔从手中掉下来。因为出身贫寒，连爱情也没得到，终身未婚。但他写出的《丑小鸭》《皇帝的新装》《卖火柴的小女孩》等160多篇优秀童话，却为全世界的小朋友留下了美好的精神食粮。

安徒生历尽人间艰辛，正如他自己所说："每走一步都要挨骂，我所获得的一切，是全靠我自己，而不是靠金钱或出身赢得的。我想，我有权为此感到骄傲!"

(二)培育一个"有本事，懂得不逞强"的人

自己能刻苦学习，并勇于实践，就会有越来越多的知识积累，就开始有了"本事"。有了本事，做任何事情，千万不能逞强，逞强的人，既办不了好事，也难于成功。

三国时的蒋干就是这么一个人，他自己认为了不起，认为自己的口才可以同春秋战国的雄辩天才相比，他向曹操自荐，可以去说服周瑜投降曹操,而且信心十足,青衣小帽,再加一个书童,一叶扁舟就去见周瑜。周瑜岂是白吃饭的?年纪轻轻便能统率百万军队岂是一个同窗的说客可以动摇的?他来到周瑜的兵营,连三句半都没说上,就被周瑜玩得团团转,最后走得也不正大光明,带回的密信让曹操上了当,损失两员大将,兵败无数。

(三)培育一个"能战胜别人,懂得必先战胜自己"的人

一个人如果在学习、工作上,没有竞争意识,不想去战胜对手,他一辈子做任何事都不会成功。但必须懂得,要战胜别人,必先战胜自己。在现实生活中,这样的事例多如牛毛。美国前总统富兰克林·罗斯福,就是这样一个懂得"要战胜别人先战胜自己"的典范。

罗斯福小时候,是一个十分脆弱胆小的人,当老师叫他起来背诵课文时,他就双腿打颤,呼吸急促,嘴颤动不已,回答得含糊而且不连贯,然后就在同学的讥笑中颓废地坐下来。然而他后来却成了领导美国人抗击法西斯,为世界和平作出了巨大贡献的和最得人心的美国总统。这是为什么呢?

这主要是罗斯福认识到了自己的缺陷,但是,他从未向命运屈服,他不断地超越自己,战胜自己,不因自己的缺陷而自卑,也没害怕同伴的嘲笑而退缩,反而很好地将残疾带来的压力与痛苦转化为不断地促进自己前进的极大动力。当别的孩子骑马,他也骑马;别的孩子参加童子军,步行几十英里,他也步行几十英里。背课文时,他坚强地咬紧牙关,使嘴唇不颤动,努力克服恐惧。到他成年时,他已成为非常强壮的男子汉,常去非洲猎狮,在山中猎熊,再也看不出丝毫脆弱胆小的痕迹。

他怀着积极的心态,了解了自己,正确认识了自己,并认真对待自己,战胜了自己,不断完善自己,最后战胜了别人。

(四)培育一个"不卑不亢,懂得自尊"的人

现实生活中,有的人为了私利求别人,不惜一切,甚至丢失自己的人格,不知自尊,丧失人格,这样得来的好处一文不值。当需要求别人时,首先想到自尊的人,才算有人格、有志气,有了志气,再难的事,总能克服。

有个《纪晓岚戏先生》的故事:

纪晓岚小的时候,有一天与伙伴们淘气,上树掏了一只小鸟带回家里养。第二天到塾馆念书的时候,把小鸟放在家中不放心,就带到塾馆,和同学们一块儿玩。

到了先生上课的时候,他就在墙上挖下一块砖,成了一个小洞,把鸟放进去,外面再用一块砖将洞口堵好。两天过后,他们的秘密被教私塾的施先生发现了。施先生怕学生玩物丧志,影响了功课,便将砖块用力向里一推,把小鸟挤死了,又向外拉一下那块砖,使之恢复原样。等到纪晓岚又来喂鸟时,发现小鸟被挤得扁扁的,十分痛恨干这件事的人,只是不清楚是谁干的,心中郁愤难平。

临放学时,施先生又给学生们出了一个对子,要学生们来对。上联是:"细羽佳禽砖后死。"纪晓岚听先生念完这句话,马上断定是先生干的,便按着性子,心里琢磨着报复先生的办法。猛然间来了主意:"学生愿来试试。"先生脸上露出得意的神情:"好吧,你就对吧!"纪晓岚不慌不忙地说:"先生的'细'字,对'粗'字可以吗?"说着,他看看先生又说:"羽字对一个'毛'字,如何?""不错!""'佳禽'我对它个'野兽'怎样?""好,这'细羽家禽'对上'粗毛野兽',十分工整。"先生脸上露出了满意的神色。

纪晓岚接着若有所思地说道："砖瓦的'砖',我用石头的'石'来对,先生看行吗?"纪晓岚以往回答先生的问题,总是非常流利,从没有这样一字一句啰啰唆唆,先生心中有些纳闷,便说:"行行,你快往下对吧。"纪晓岚略作迟疑,说道:"那'后'对'先','死'对'生'也可以吧?"施先生被他说懵了,连连点头说好,不过听着有点乱,就对纪晓岚说:"再完整地说一遍,你对的句子。""粗毛野兽石先生。"纪晓岚大声读道。先生一听,气得几乎晕倒,但想想又没什么可说。纪晓岚看到老师气急败坏的样子,更是得意,口中道:"学生遵照先生的教诲,按照对对子的规矩,一字一字地对上来的,学生愚钝,有哪里不工整的,恳请先生赐教。"施先生想来想去,还是没话可说,只好忍了这口气,让他回家去了。

(五)培育一个"处事机智灵活,懂讲原则"的人

处事不灵活的人,办不好事;没有原则,还会办坏事,要善于巧妙回答问题,还要学会机智应对。有个《捶牛脚》的笑话:

牛贩子去兜揽生意时,给儿子留下了条子。儿子回家一看,困惑了:怎么父亲会喊我"在家好好捶牛脚"呢?儿子是个严遵父训的老实人,便钻进牛棚,捶起牛脚来。

父亲带着买主回来一看,牛脚已被捶肿,气恼这赚1000元的计划落空,抓住儿子就一顿毒打,边打边骂:老子叫你在家睡午觉,你怎么去干蠢事。原来这孩子把睡午觉读成捶牛脚啦!

王元泽是宋朝著名政治家、文学家王安石的儿子,在他刚几岁时,有一个客人把一头獐和一头鹿放在一个笼子里,问王元泽哪一头是獐,哪一头是鹿。王元泽回答说:"獐旁边的那头是鹿,鹿旁边的那头是獐。"王元泽的回答固然没有错。但是,王元泽的回答是含糊其辞的,因为他没有确切地说明哪头是獐,哪头是鹿。然而妙也妙在这"含糊其辞"上,王元泽如果老老实实地回答"不知道"那就显示不出他的聪颖和机智,也不可能引起客人对他的才华的赞赏。

真正值得赞赏和学习的还应算"周恩来巧答西方记者"。

周恩来总理在一次记者招待会上,介绍中国经济建设成就以及对外方针。之后,他谦和地请记者们提问题。一位西方记者急不可耐地站了起来,结结巴巴地说:"请问总理先生,中国可有妓女?"对于这一不怀好意的问话,总理十分坦然,双眼盯住这位记者,思索了一下,正色回答:"有。"这一问一答,引起了全场的骚动,记者们轰动起来了。紧接着,总理说:"在中国的台湾省。"话音刚落,全场响起了一阵掌声,记者们赞服总理的聪明才智。

西方记者又接着说:"请问,中国人民银行有多少资金?"这句话,实质是讥笑中国贫穷。周总理幽默地回答:"中国人民银行的货币资金嘛!有十八元八角八分。"这一回答,使全体记者为之愕然!场内鸦雀无声,静听总理做解释。

周总理说:"中国人民银行发行面额值为十元、五元、二元、一元、五角、二角、一角、五分、二分、一分的十种主辅人民币,合计为十八元八角八分。"中国人民银行是由中国人民当家做主的金融机构,信用卓著,币值稳定,在国际上享有盛誉。总理的话,再次激起了场内热烈的掌声。

(六)培育一个"不畏强权,懂灵活战术"的人

在现实生活中,不管生活在什么国度,什么环境,总有那么一部分称王称霸,欺压别人的人,智者就应同他们做有理、有利、有则的斗争。斗智斗勇,给强权者来个"王八腿上拴老鹰——想飞飞不了,想爬爬不动"。

英国批评现实主义作家狄更斯,从小家中十分贫寒,父亲是个小职员,工薪微薄,经常靠借债养家糊口,曾因无力偿还欠债被关进监狱。狄更斯从小饱尝人间辛酸,但自幼酷爱学习。在他家的阁楼上,堆放着没有人读的书报。狄更斯常常在落满尘土的阁楼上贪婪地读书,忘了吃饭和睡觉。

狄更斯在父亲出狱后,曾上过两三年小学,因为家境贫困,不得不停学,为母亲分担家务。狄更斯十二岁时,到一家鞋油作坊做童工,挣钱养家糊口。作坊主把他关在厨窗里劳动,让过路人参观,当做招揽生意的活广告,屈辱生活使狄更斯对不幸的儿童,对被压迫的穷人充满同情,对资本主义社会产生了莫大的憎恨。在生活那样艰苦的情况下,他清醒地知道,没有知识,就没有本钱同他们对抗,决心做个"人样子"给狠心老板们看一看。于是他拼命读书,获得了丰富的知识,为他后来的创作积累了宝贵的素材。

狄更斯还善于向社会学习,每到晚上,不论刮风下雨,都要上街散步,跟在行人后面走一阵子,听人们的交谈,增加对下层社会的了解,狄更斯由于勤于自学,善于自学,一生写出了《艰难时世》《大卫·科波菲尔德》等十多部长篇小说,在世界进步文学宝库中占有重要地位。

有个《铁砂掌击碎白马头》的故事:

解放前,有一个居住在广州沙面的白俄,每天骑着一匹高头大马,施纵疾驰,撞伤许多市民。此事被两广武术馆教师顾汝章知道了,决心教训他一下。

有一天早晨,白俄骑马飞奔,顾汝章从骑楼下突然冲向马前,单手紧握缰绳,喝令白俄下马。白俄蛮横无理,双方争执不休。最后白俄提出一个要求:要用他的白马踢顾汝章一脚。顾汝章沉思后,也提出一个条件,要击白马一掌。双方立字为据,立即照办。

白俄牵着马,调转马头,"唰"的一下朝顾汝章腿上踢了一脚,周围观众无不为顾捏了一把汗,他却稳如泰山,毫无损伤,接着顾汝章朝马头飞起一掌,白马的头连骨头都碎了,倒地不起。群众喝彩叫好,那个白俄却蹲在死马旁边,他伤心极了,目瞪口呆,没说一句话。

(七)培育一个"善与他人共事,懂得团结"的人

一个人要想在事业上做成一件像样的事,如果不善于团结人,发挥集体智慧,去开创成功的事业,其结果可能会是"二郎庙坐个孙大圣——是那个门,不是那个神了"。古今中外如此,现在我们身边还是有大大小小的成功人士,懂得这个道理,并且做得很好,成功了。

有个叫佛罗伦斯·南丁格尔的人,是一位年轻美丽的英国姑娘,家里很有钱,受过良好的教育,学过音乐和美术,能像讲英语一样流利地讲法语、德语和意大利语。她的父亲想要她成为一位"贵夫人",然而,当她跟随父亲访问许多国家的医院,看到病魔给人们带来那么多的痛苦之后,她毅然决定:"我应当去当一个护士。"为此,她专程到法国和德国去学习护理知识,回到英国后,便创办了一所妇女保健院。他把许多有志之士的妇女动员起来,一起学习和做护士工作。

1854年,在克里米亚战争期间,许多战士负伤或病倒,但得不到很好的治疗和照顾。她闻讯后,志愿申请上前线,率领由38名护士组成的一支救护队参加战地医院工作。她把自己的积蓄献出来,为伤病员添置衣服和药品,她患有重病,仍日夜操劳,每天深夜总是提着一盏灯巡视每一张病床,伤病员常亲切地叫她"提灯女士"。

战后,她回到英格兰,由于出色的护理工作,她获得了维多利亚女王的嘉奖。此后,她又献出更多的钱,在伦敦创办了一所"南丁格尔护士之家",还写了一批护理学的著作,被许多国家翻译出版。她活了九十岁。为了纪念这位护理学的创始人,每年5月12日被定为国际护士节。

(八)培育一个"有股拼劲,懂得终战必胜"的人

一个人,要想立志开创一项事业,首先要有计划和目标,有了目标,没有拼劲,不会成功,有了拼劲,没决心做到底,就会像"苍蝇叮在玻璃上——看见光明,就是没有出路"。

清代著名数学家李善兰就是一个既有拼劲,又能战到底的人,因而成功了,他给后人树立了光辉的榜样。

19世纪中叶,西方近代科技开始传入中国,在国内思想界形成了一股学习西方先进科学技术的潮流,并产生了我国新一代的知识分子。翻译家兼数学家李善兰(1811—1888)是其中之一。

李善兰,字壬叔,号秋纫,浙江海宁人,幼年极爱好数学,中年后从事翻译西方科学著作。自1852年起,他用了八年时间翻译了《代数学》《圆锥曲线说》《重学》《谈天》等有关数学、力学、天文等书八种。这些内容在当时被人称为"皆西人至精之诣,中土未有之奇",在质量上和数量上都是很高的。至今在数学上用的代数学、常数、函数、变数、微分、积分等数学术语的译名,就是他在翻译西洋近代数学时,首先创造的,有的还被日本学术界采纳,成为日文的科学名词。

李善兰自己在数学上也有不少贡献,他当时被公认为"天算名家"。他自称:"于算学用心极深,精到处自谓不让西人。"表现出不甘落后,赶上先进的精神。

他撰有许多数学著作,对尖锥术、三角函数与对数的幂级数展开式、有限级数求和等都有研究。值得指出的是,他继承了我国数学家精心研究二项式定理的传统,独立钻研,创造了尖锥术,以及别具一格的李善兰多项式,与西方人命名的同类公式相比较,具有不同的优点,是一项优秀的数学创造。

(九)培育一个"头脑清醒善判断,懂得不以貌择人"的人

人活动在一个千姿百态,纷繁复杂的社会中,不仅要勤于观察,还要善于判断,懂得不能以貌择人的道理。在现实生活中,有时一个补鞋匠,就比科学家还聪明。

有个《补鞋匠的特殊贡献》的故事:

家燕是一种候鸟,每年春暖花开之时,它们就要千里迢迢地从低纬地区向较高纬度的地区迁徙。在今天,这几乎是老幼皆知的常识。然而古代的人,对燕子在冬天的去向一无所知,很多科学家,花了大量的心血也没搞清楚燕子冬天住在何处,结果还是一个补鞋匠解决了这个难题。

在2400年前,古希腊的哲学家、科学家亚里士多德曾下了一个结论:家燕在沼泽地带的冰下越冬。多少个世纪以来,人们都把这一结论当成真理信奉。直到18世纪,一位叫布丰的科学工作者对此提出了质疑。他捕获了五只燕子,把它们放进冰窖里,结果五只燕子都被冻死了。

这实验证实了亚里士多德的结论是错误的。但是,燕子究竟是到哪里越冬的呢? 这个问题还是没有得到很好的解答。

就在布丰生活的时代,瑞士北部城市巴塞尔有一个补鞋匠,他在露天搭了个棚子,一只雌燕飞来檐下筑巢,补鞋匠和"她"建立了感情。可这只燕子每年秋凉后总要飞走,留也留不住。补鞋匠很想弄清"她"的去向。于是他写了一首并不高明的诗：

燕子，你是那样忠诚，请告诉我，你在何处越冬？他把字条缚在燕子的脚部。

第二年春天，燕子翩然归来。补鞋匠先是对它爱抚一番，发现有了一张新的字条：

它在雅典，安托万家越冬，你为何刨根问底打听这事？

这意外的机遇传开了。研究人员受到启发，开始给燕子计算放飞，逐渐掌握了燕子的迁徙规律。

幸亏补鞋匠的好奇和多情，不然，要弄清世界各地燕子迁徙规律和迁徙路途不知还要晚多少年。

看来，那种"以貌择人"的观点，确实有点根深蒂固。以前有位宰相，他已到老还乡了，还要与童年时代的农夫朋友，划个三等九级。

有这样一个《宰相与农夫》的幽默笑话：

从前，有一个年迈退休的宰相，回来遇见他的童年时代一起玩的农夫，两个人都已古稀，成了驼背老人。

一见面，宰相对农夫说："啊，你我都衰老了，但我俩有个共同点和不同点。"

农夫说："这是啥意思？"

宰相说："相同点就是我们都成了驼背老人，不同点，就是你生活在田野，我生活在朝廷。"

农夫说："我俩还有一个不同点。"

宰相说："此话咋讲？"

农夫说："我驼背是因为长年劳累，弯腰锄草、栽秧造成的；而你驼背是因为长年在皇帝面前俯首弯腰所致……"

宰相听了只得苦笑，无言以对。

三十四 | **面对窘境办法多**
学点力学美生活

著名的心理学家卡尔·罗吉斯在他的《如何做人》一书中写道："当我尝试去了解别人的时候,我发现这真是太有价值了。我这样说,你或许会觉得奇怪。我们真的有必要这样做吗?我认为这是必要的。在我们听别人说话的时候,大部分的反应是评估或判断。而不是试着了解这些话,在别人述说某种感觉、态度和信念的时候,我们立刻倾向于判定,'说得不错'或'真是好笑''这不正常吗''这不合情理''这不正确''这不太好'。我们很少让自己确实地去了解这些话对其他人具有什么样的意义。"我们怎样去了解人,识别人,是好人,还是坏人?人的外表美,心灵美不美?外表美凭感觉,一见所知;心灵美不美,看内心,三五天都看不出个"门道"来,"脑门上贴邮票——由(邮)不得人"。

人们的视觉美感是大脑对图像信息的一种愉快的反应。在宇宙间,力学的法则,构成了审美法则的基础。力学的知识帮助产品设计师自由地翱翔在美的王国。

美,无处不在,无所不有;美在于发现,又在于创造;美的爱好者,发现了许多,创造了许多。一根孔雀羽毛,也许太普通了,但一根一根组合起来,却是艳丽的彩屏;一缕丝线,或许太一般了,但一缕一缕组合起来,却是一匹光滑缤纷的绸缎;一截线条,也许太单调了,但一截一截组合起来,却是一幅美丽斑斓的图画;一个字,一个词,也许太平常了,但一经组合起来,却让多少人觉得芬芳盈口,余香满心,却令多少人笑之忘我,悲之落泪。

组合能给人一种匀称的美,组合能给人一种平衡的美,组合能给人一种统一的美,组合能给人一种和谐的美……不过,只要是一种发自内心的顺乎自然的组合,即便有所残缺,也是一种至情之美。

人人都希望通过自己的一颗慧心,一双妙手,组合出一种美。然而,孩子的玲珑是一种可爱,成人的玲珑却只能是一种做作,一种滑稽。少女头上插花会增添几分妩媚,老妪插花则是一种妖冶与搞怪了。夏日的大风给人带来凉爽,冬日的狂风却会让人更感寒冷:干旱时的雨是甘露,水患时的雨则是淫雨。美的组合最重要的莫过于合乎时宜。

美的组合是一种个性情绪的彰显。一首歌,或急促,或悠缓,或低沉,或高亢,或结构的整与散,或色彩的浓与淡,或组体的简与繁……有什么样的情绪就需要什么样的旋律,而一种旋律正恰到好处地渲染自己的一种心情。与其自缚于呆板的成规,窒息于枯燥乏味的所谓人生主旋律,我们何不多来一些主干之外的枝枝叶叶的辅助性的组合。如动辅助以静,劳辅助以逸,昧辅助以思,忧苦辅助以幽默,繁缛辅助以简单,现实辅助以梦想,慷慨悲歌辅助以含蓄蕴藉……这样会让生命丰盈灵动,会让人生千姿百态。

为名利聚集在一起,那是乌合;面和心不和,那只是凑合;"甘言如饴,游戏征逐",那也只是掺和;"利则相攘,患则相倾",那是狼狈为奸式的纠合。"道义相砥,过失相规""缓急可共, 生死可托",此才是志同道合的美善的组合。

"三个臭皮匠,顶一个诸葛亮",这是智慧的组合;"一个篱笆三根桩,一个好汉三个帮",这是力量的组合;"群蚁敢推山,众人敢戽海",这是胆略的组合;"万马扬蹄嫌路短,群鹰展翅恨天低",这是豪气的组合……

(一)平衡感——对称和非对称形体

自然界大多数动物,都是左右对称的体型,这样可以保持在静立或运动时躯体的平衡。平衡感成为形体视觉美的一个要素。人类很早以前就惯于把器物制作成对称形体,并懂得:在主体形象的两侧重叠地增添对称的陪衬形象能够增强整个形象的均衡、稳定和庄严的感觉。

力学中的杠杆原理还可以说明在不对称形体上也可以得到美的感受。一把茶壶的正面是对称的,它的侧面由于使用功能的要求就不能对称,但可以通过恰当地处理壶嘴和壶把的体量比例来取得平衡感。

在张家界的动物中,我们还看到一种"飞虎"(书名中叫鼯鼠),飞虎,飞虎,顾名思义,它是能飞的"老虎"。它身披金色毛,似黄鼠狼,长着同蝙蝠一样的双翅,还拖着一条毛茸茸的长尾巴,它四脚灵敏,能滑翔飞行,飞起来发出"呼呼"的响声,它有一种独特的本领,就是"剪索",常常剪断悬崖绝壁上探险家的绳索,弄得不好就会伤害人命。除了飞虎,还能看到红蛇、白蛇、胡子蛇,这也是十分珍贵而稀少的。它们的飞行,爬行,行走,都与茶壶一样,它们会自然地把自己的头、尾和"翅膀"的体量比例很好地求得平衡感。这种非对称平衡的形体往往较为生动活泼。

如同天秤的支撑和杆秤的提手一样，物体形象也有一个或几个视觉上的平衡支点。在简单的情况下，对称形体的支点在对称轴上非对称形体的支点则在形心或重心的位置上。建筑师认识到，这个位置往往是在一幢房屋的最突出的部位，例如道路所对的主要入口。这样，观赏者就能确切地感受到建筑物的平衡。器物的视觉平衡，除了体量关系外，还要考虑各部分表面的色彩和质地，以及图案及线条划分等，它们都影响到视觉的重量感。

（二）坚固感——从厚重到轻盈的变节

随着人类科学技术的发展，人们的审美标准也在更新。几千年来，人们只相信厚墙大柱的房子才是坚固的，并创造出一套套美的建筑形式体系。在有了强度高的钢可以随意塑造的混凝土和轻质的墙体材料后，人们可以把建筑物的墙和柱子做得大为纤巧，又薄又细。人们在玲珑剔透的现代结构所覆盖的巨大空间里惬意地走来走去。人们活动的空间和视线不再被房屋的墙所密密遮挡，而是远近美景交相掩映，妙不可言。人们利用力学中的等强度原理，使得悬挑的梁和桌子的脚可以做成轻盈的楔形，毫不损及坚固性而且大大节省材料。力学培育了薄壳、悬索和网架，这些身骨轻薄的大力士，给建筑物带来潇洒飘逸的美。

从厚重到轻盈的变革，也给机器人的创造和发展带来了机遇。

世界上第一个机器人士兵，前不久在美国军队中服役，它的名字叫普罗拉。普罗拉的大脑系统有一台高性能电脑，由电视摄影机充当眼睛，具有感觉和思维的功能，还能用它履带式的双脚自由地四处活动。普罗拉可代替士兵来执行巡逻放哨和冲锋陷阵等作战任务。如发现可疑的移动物体,它立即用语言来喝令其停止移动,如不服从指令,它就会开枪射击,做到百发百中。这种机器人还可指挥交通系统,有助于减少交通事故的发生。

(三)匀滑与光洁感——流线形的秘密

人们普遍喜欢流线或曲线。流线形体运动时阻力最小,现代高速交通工具普遍采用这种形式。流线形体还扩大应用到其他器物上。作为连续结构,它使材料内部的力线匀滑,避免应力集中引起的局部破坏,并且有优越的空间受力作用。作为器皿、壳罩,它易于清洁积尘,便于制作。因此,流线形体给人以完整、光洁、优美、轻快的感觉。器物上必要的圆角除了保护它自己,也避免损伤人体和相邻物件。这些都说明,力学功能是美感信息的重要基础。

石柱县,神奇巨石居然"怕痒",并发出咯咯的笑声。巨石约2立方米,重5吨左右,成不规则的多面体,上面有大量龟裂纹和小凹陷。它"长"在一块露出地面、成圆柱体的石头上,衔接处约有半平方米。

传说这是鲁班杰作。传说,当年鲁班和徒弟赵巧前往湖北路经此地,见附近有一群牛躺在地上休息。师徒二人于是打赌:赌是黄牛先起来吃草,还是黑牛先起来吃草,结果身为师傅的鲁班输了。鲁班不服气,便又与赵巧打赌:两人各捡一块石头,看谁放的石头动而不倒。结果鲁班的本领高一筹,他放下的石头动而不倒,而赵巧放的石头要么不动,要么翻倒。现在的"怕痒石",就是鲁班当年的杰作,而"怕痒石"旁边倒着的一块石头,就是赵巧放的。

这个故事,在我脑海里根深蒂固,有这种本事的人,除了鲁班,何其谁也,没有第二个,也没有怀疑过。看了点书,学了点力学,虽然似懂非懂,却在脑海里增添了几个问号,对鲁班大师做的事,也产生了疑问。那么石头怕痒,石头咯咯地发笑,又到底是何原因呢?专家得出了结论,"怕痒"原是力学原因。该石属于沉积岩石中间的碳酸钙岩石,大约形成在5亿年前,它身上的龟裂纹,原本"长"在附近崖壁上,在地质运动、风化等作用下,从崖壁上掉落下来,碰巧掉在下面的基石上,在掉落过程中翻了个个儿。它不属于自然界常见的风动石。原来上下两块石头的缝隙处长满了青苔等植物,当上面的石头摇动时,便会挤压到这些植物,同时还会碰撞到下面的基石,从而发出咯咯的"笑声"。

(四)运动感——动态平衡、节奏和韵律

我们欣赏运动物体时,运动学与动力学的规律以及时间的因素将起作用。一具纵蹄飞奔的骏马雕塑。其侧面形象从静态的眼光来看可能是不平衡的,但如果它正确地反映了奔驰运动的力学规律,就会获得动态的平衡感和美感。骏马的跃奔,就其整个躯体来说,不外乎是连续的抛物线运动。就其四肢来说,相当于一组机械杆体;马蹄的每一次着地都是为了获得新的向上奔驰。

"世界飞人"到月球上能跳多高?

我国体坛跳高名将朱建华一举跃过2.38米的高度,赢得"世界飞人"的美誉。一个人的跳高成绩,是由起跳时人体重心的高度,加上跳至最高点时,弹跳力度使其重心提高的高度,再减去跳至最高点时的重心离横竿的高度。假设朱建华在起跳的重心离地面是1.10米,跳至最高点时,他的重心离横竿的高度是0.1米,那么,弹跳力使他的重心提高了1.38米。假如朱建华在月球上跳高,重力虽然改变了,但他的重心和弹跳力是不变的。由于月面重力为地面重力的1/6,所以,同样的弹跳力只会使他的重心提高值等于地面的6倍,而不应包括起跳时他的重心离地面1.10米。据

此计算，朱建华在月球上能跃过的高度应为：1.1 米 +1.38 米 × 6-0.10 米 =9.28 米，而不应该是：2.38 米 × 6=14.28 米。

力学与美关系如此密切，那么，美究竟是什么？

为了正确解读这一问题，有人从审美的形式入手，也有人从审美对象对人的功利着眼，也有人从客体的特性或审美感受去进行分析论证，但都没有得出正确的结论。比如，有的认为美是生活，有的认为美是理念，有的认为美是形式，也有的认为美是完满……但都没有包括美的本质的全部含意，因而是片面的。

在长期的社会生活中，人们逐渐认识到，当自己观赏一朵鲜艳的花，或者欣赏一曲贝多芬的交响乐，能够用各自生动的、丰富的语言具体地描绘花的形态和色彩，表达听了音乐之后的激动心境，说它们很美，但是，很难由此而给"美"下一个恰如其分的、大家一致公认的定义，即"美是什么？"这个问题争论了两千多年。众多的美学家，从毕达哥拉斯、亚里士多德、康德、黑格尔，到包姆斯顿、车尔尼雪夫斯基等等，做过种种尝试，但都没有得到令人满意的结果。孟子说："充实之为美。"那么，罗丹的《欧米哀尔》就不美吗？北京古典建筑的雕梁画栋不失为美，而青山绿水之中的几个小茅棚，难道不是另一种韵味的美？所以，何为美，历来是仁者见仁，智者见智。

人，不愧为万物之灵。难题是难题，但它未能妨碍人们审美生活的不断发展和深化。许多目不识丁、根本不知"美学"为何物的人，依然能够根据自身的生活体验，分清美和丑。为什么呢？这主要在于美的事物蕴藏着一个客观的规律，就是它融目的性与规律性于一身。换句话说就是目的性与规律性统一。

对称、比例、和谐、均衡、变化和统一等等，都是美的基本规律。作用于审美主体(人)的视觉、听觉感官的那个形象。它的线条、色彩、造型、声音等等符合了这个基本规律,唤起了人们对于生活的憧憬和向往,就是美。比如对称,生活中几乎到处都可以见到。就说人自身,双手、双脚,对称的耳朵和眼睛,在全身的布局上很适中,一眼望去,给人一种和谐、匀称、富有朝气的感觉。这样的对称的例子,在生活中俯拾皆是。陵谷相间的山峦,潮汛的起落,树木对称生长着的枝叶……人们常常利用这种对称的规律于人类的生产、生活之中,创造了许多令人叹为观止的艺术珍品。北京城的布局,就是以永定门、前门、天安门直至地安门为轴心的在东西和南北建筑上的对称。天坛对地坛,日坛对月坛,建国门对复兴门,东直门对西直门等等,给人一种总体结构上和谐、均衡、浑然一体的美的享受。

在长期的社会实践中,人们还逐渐地从客体中,选择最能体现不同心境的人的不同情感、特点的形态、线条、声音、色彩来表达自己内心的喜悦和悲怆。在许多人的眼里,红色象征热烈、喜庆,白色表示悲哀和纯洁,黑色意味着庄重,绿色则是蓬勃的生命力的显现。人们遇有红白喜事,节日喜庆,用什么颜色的物品,穿什么样式的服装,也有特别的考虑。总之,美的规律在客体,美的目的性则反映了人们情感世界的无限需要。二者的和谐统一,便产生了美。

列夫·托尔斯泰说:"美是什么? 这一问题至今还没有完全解决……'美'这个词的意义,在150年间经过成千的学者讨论,仍然是个谜。"解答这个问题为何如此难? 这主要有以下几个主要原因:

①"美"是到处都有的(罗丹语),自然界、人类社会、人们的生

活和艺术中都有美的痕迹。

②事物是发展变化的,美也是发展变化的,有的甚至稍纵即逝,难以捕捉。

③自然界、人类社会、人们生活乃至艺术作品中,有着不同的形态,有动态的,有静态的;有人造的,有自然的;有实的,有虚的;有形似的,有神似的……有的解释只能适应某一个方面,不能概括全体。比如,车尔尼雪夫斯基关于"美是生活"的解释,对于在死亡线上挣扎的人是无论如何也感不到美来的。有人说"美是观念",这是从主观感受出发来谈美,却又否认了美的客观性。"美是形式"说,从事物客观属性来寻找美的根源,但离开了人的社会生活和实践,把美仅仅归结为事物的某种自然属性,也是片面的。

④审美标准的差异性。你说漂流长江的壮举是美的,他却说这是玩命;你认为这支曲子很美,但对于没有音乐感的耳朵来说,再美的音乐也是毫无意义的。

⑤美还具有相对性。一事物在此时此地是美的,在彼时彼地不一定就是美的。鲜花盛开时显得美,凋谢时就不美了。

正因为上述种种原因,美是什么还没有一个全面而准确的表述。但是唯物主义认为,任何事物都是可以认识的,解决美学中这一基本问题,也必然会遵循认识论这一基本规律。

争论不清楚是另外一回事,可是人人都在讲美、想美,讲美首先要"注重气质美"。

气质是指人相对稳定的个性特点,风格以及气度。性格开朗,风度潇洒大方的人,往往表现出一种聪慧的气质;性格开朗,风度温文尔雅,多显露出高洁的气质;性格爽直,风度豪放雄健,气质多表现为粗犷;性格温柔,风度秀丽端庄,气质则表现为恬聪……

无论聪慧、高洁,还是粗犷、恬静,都能产生一定的美感,相反,刁钻奸滑、孤傲冷僻,或卑琐委靡的气质,除了使人厌恶之外,绝无美感可言。

在现实生活中,有相当数量的人只注意穿着打扮,并不怎么注意自己的气质是否符合美的标准。诚然,美的容貌、入时的服饰、精心的打扮,都能给人以美感。但这种外表的美总显得浅淡短暂,如同天上的流云,倏忽即逝。如果你是有心人,则会发现,气质给人的美感是不受年龄、服饰和打扮的制约的。

一个人的真正魅力主要在于特有的气质。这种气质对异性有着异常的吸引力。

气质美首先表现在丰富的内心世界。理想则是内心丰富的一个重要方面。因为理想是人生的动力和目标,没有理想和追求,内心空虚贫乏,是谈不上气质美的。品德是气质美的又一重要方面,为人诚恳,心地善良是不可缺少的。文化水平在一定程度上影响着家庭生活的气氛和后代的成长,此外,还要胸襟广阔。

气质美看似无形,实为有形。它是通过一个人对待生活的态度、个性特征、言语行为等表现出来的。

气质美还表现在举止,一举物,一投足,走路的步态,待人接物的风度,皆属此列。朋友初交,互相打量,立刻产生好的印象,这个好感除了言谈之外,就是举止的作用了。要热情而不轻浮,大方而不造作。

气质美还表现在性格上。这就要注意自己的涵养,要忌怒、忌奸、能忍让、体贴人。温柔并非沉默,更不是逆来顺受,毫无主见。相反,开朗的性格往往透露出天真烂漫的气息,更易表现内心感情,而富有感情的人更能引起别人的共鸣。

高雅的兴趣也是气质美的一种表现：爱好文学，并有一定表达能力，欣赏音乐且有较好的乐感，喜欢美术而有基本的色彩感等等。

有许多人并不是大美人，但在他们身上却流露着夺目的气质美：如工作的认真、执著、聪慧、洒脱、敏锐、企业家的精明、干练，这是真正的美，和谐统一的美。

追求美，而不亵渎美，这就要求我们每一个热爱美、追求美的人都要从生活中悟出美的真谛，把美的形貌与美的气质、美的德行结合起来。只有这样，才是真正的美。

金无足赤，人无完人。外表美，心灵也美的人，有时候，在一个特定的环境，也有可能出现差错，说话欠妥，处得不当，甚至还会发脾气，这是为什么？除了我们说的气质美之外，还有另外一个问题，人体的"生物钟"活动和变化的问题，了解了这个问题，对你的学习、工作、生活、健康都有很大的益处。

现代人体科学研究认为，人一天24小时的生物活动(包括工作、学习、饮食、睡眠、社交、娱乐等)都是由生物钟所主宰。

人体生物钟位于大脑深部的上交叉核，与眼睛有密切关系，这是生物钟得到明暗信息的途径。其一般周期规律如下：

半夜到凌晨4点：身体大部分功能处于最低潮，但听觉处于最灵敏状态。史前人类就靠这个"雷达"在睡眠中保护自己。

早上7点：肾上腺激素达到最高潮，心律加快体温上升，血液回速流动，这是一种天然的报警。

上午10点：注意力和记忆力达到高峰。如果你是内向性格者，学习新事物此其时矣。

中午：对疲劳效应最易感受。这就是午后的精神困倦。这与吃的东西关系不大,而与中午正常的激素变化有关。

下午3点:对外向性格者这时是他们进行分析和创造最旺盛的时刻,而且持续几个小时。内向性格者此时则处于退潮时刻。

下午4点:脸部潮红、出汗、胸部憋气。这是由于上午工作耗费精力而出现的体内代谢的变化。

下午5点:嗅觉和味觉处于最敏锐的时刻(对控制体重的人应倍加小心)。听觉则处于一天中的第二次高潮期。

下午6点:耐人寻味的是,当我们绝大部分人正乘车下班的时刻,体力活动的潜力正处活动时刻,可是精神因素能削弱这种精力。

晚上7点:由于激素变化,脾气急躁者容易爆发,血压达到高潮,情绪最不稳定。

晚上10点:激素水平及体温均下降,呼吸减缓,身体的各种功能处于低潮。

半夜:身体自身内部开始其最繁重的工作,更换已死亡的细胞,为下一天做好准备。

透过生物钟的运转,许多日常生活都受它影响。如你以生物钟的规律来安排工作和生活,那对你的健康长寿无疑是有很大好处的。

有个《喝墨水》的典故:

小王进门,把作文本交给童童的爷爷:"李老师,我肚子里墨水少,请您多批评。"

童童吃惊地瞪大眼睛:"小王哥哥,你肚里怎么会有墨水呀?是不是不小心,把墨水当开水喝了?"

爷爷拍拍童童的圆脑袋,说:"我国古代真有过喝墨水的事。

据说南北朝时期,朝廷下过一道命令,科举考试时成绩低劣者,一律罚喝墨水。汉武帝时,对罚喝墨水数量作了具体的规定:凡成绩拙劣者'罚饮墨汁一斗'。"后来,喝墨汁的制度取消了,人们把没有文化或知识浅薄的人,叫做"肚里没有墨水"。成语"胸无点墨",就是说肚子里一点墨水也没有,形容人读书太少,学问低。有时,自谦的人也说自己"肚里没有墨水"。

"小王哥哥就是自谦,对不对?"童童拍手笑道。

小王不好意思地说:"我以前只是跟着别人讲'肚里墨水少'表示谦逊,今天才知道它的来历了。"

没有墨水,就是没有知识,没有知识的人,在社会交往中若遇上难事,就多有难解;如果你多有知识,遇上难事就会是"白鹤落到鸡群里——高众一头"。

在社会交往中,面对"窘境",你该怎么办?

在社会交往、交谈之中,面对"窘境"之事,还常会遇到,这是很多人面临的一件难事。此事,早有专家、学者专门作过研究。

在交谈中,你有时还遇到难于解答的提问,出乎意料的申述、咄咄逼人的论辩、气势汹汹的责难……

缺乏经验者往往会一时语塞,无言应答,上天无路,入地无门,窘态百出,你应该怎么办?

(一)引申转移法

用适当的话把尴尬情绪引申到别处,以消除僵局。老诗人严阵和青年女作家铁凝等访问美国,有一次去参观一所博物馆,开馆时间未到,他们便在广场上散步。恰巧有两位美国老人在旁休息,看见中国人来,他们很高兴地迎上来交谈,说中国人是他们最为敬仰的。其中一位老人为表达这种崇敬的感情,热烈地拥抱铁凝,并亲吻了一下。铁凝十分尴尬,不知所措。另一位老人抱怨那老人说,中国人不习惯这样。那拥抱过铁凝的老人,像犯了错误似的呆立一旁。严阵走上前去,用一句话打破了僵局。他微笑着说:"呵,尊敬的老先生,您刚才吻的不是铁凝,而是中国,对吧?"那老人马上朗声笑道:"对,对!我吻的是铁凝,也是中国,两种成分都有。"尴尬气氛在笑声中烟消云散了。看来,交谈中遇到紧急情况,应尽力以新话题、新内容引申转移,千万别拘泥一头,执著不放,那会弄得僵持不下,导致更为难堪的结局。

(二)模糊应答法

即努力寻找一些伸缩性较大,不甚精确的话语,来回答一时难以明讲的问题。1986年3月6日,中央人民广播电台报道一则新闻:有记者问,戈尔巴乔夫在苏共全会作报告,你对其中的国际部分有何看法?我国新闻发言人答:"这个部分很重要,我们将注意研究。"这里使用了模糊应答法。这部分内容重要到什么程度,我们持什么看法,将从哪些角度研究等等,都没从正面做出明确回答。此法在外交、对敌斗争等场合使用较多。如答复对方的邀请时,说:"将在适当的时候访问贵国。"涉及某些不便表态的问题时说:"对此,我已注意到了。""很遗憾,我无可奉告。"

(三)巧妙闪避法

有些问题,正面回答很难讲清楚,可以巧妙地避开话锋,说说另一些相关内容,通过旁敲侧击,引导听话人深思,在思考中自求答案。如有位青年问刘吉先生:"有人说留长发、蓄胡子是精神污染,你也这样看吗?"刘答道:"一个民族有一个民族的风俗习惯。马克思和恩格斯不仅头发长、胡子也长,可他们是共产党的老祖宗(大笑、鼓掌)。毛主席和周总理头发不长、胡子也没留,他们同样是我们尊敬和热爱的导师。"刘吉先生讲了两种情况,让提问者思考,巧妙地闪避,圆满解决了几句话就能解答清楚的问题。闪避成功的关键,是找准闪避的去向。一般是寻找可以类比的事例,给予闪避。

(四)即兴回敬法

当场用对方所使用的讲话方法和语句,立即回敬,能使谐谑的谈话相映成趣,使饶舌的对手知难而退。歌唱演员关牧村出国演出,在英国的一次酒会上,主人诙谐地建议:关牧村的歌喉太迷人了,要用他们的市长来交换她。这当然是句玩笑话。关牧村立即也用开玩笑的方式回敬:"实在对不起,我只能把歌声留给你们。因为临来时,我把心留在祖国了。"妙语惊四座,赢来阵阵欢笑声和鼓掌声。此外,面对不讲道理的对手,也可用"即兴回敬法"。如甲乙双方经过一番争论后,乙对甲说:"跟你争论,简直是对牛弹琴!"甲即兴回敬:"对,牛弹琴!"仅在对方的话中加上个逗号,奉还给对方,表达效果妙不可言。

(五)反口诘问法

有些问话,不便于答复,又不便于回绝,就可循其话题,反口诘问,诱引对方自己去说,从而达到回避难题的目的。我国足球教练高丰文,一次率队南下,在与香港队大战前夕,有记者想探听"军情",向高提问:"你将怎样对待香港队惯用的打法?"拒绝回答这一问题,似乎不够礼貌。要是回答,又近乎"泄密"。怎么办?高丰文采用了反诘问法。他镇静地反问道:"你说香港队的惯用打法是什么呢?"这记者冷不防被问住了,只得改口退守:"大概是防守反击吧。"高丰文立刻补上一句:"我不是郭家明(香港队教练),我不知道他如何布阵。但不管香港队怎样变化,我们都一样准备。"

答话坦率而自信,机灵而礼貌。

(六)反思求解法

面对一些很难从正面回答的问题,我们则可试着从话题的反面去思考,转180度,常能找到完全新的答案,可以帮助自己迅速解脱困境。比如:一位中国人去美国探亲。他的姐夫在西雅图开了家餐厅。一天,他正帮大姐洗碗,忽听店堂传来一阵喧闹声。原来,餐厅为招揽生意,每当客人离座时,总要奉送点心一盒,内附精致"口彩卡"一张,上印"吉祥如意""幸福快乐"等吉利语。眼下店堂里一对新婚夫妇,原是老主顾,昨天他俩满怀喜悦地光顾。这天上午,他们打开点心盒,意外地发现竟没有往常的"口彩卡"。两位信奉上帝虔诚的基督徒顿感太不吉利了,便来"兴师问罪"。新郎还算克制,只是追究原因,新娘却委屈得快要落泪了。身为招待的外甥女,自知忙中出错,急得张口结舌。大姐不断赔礼道歉,仍无济于事。去探亲的这位弟弟不慌不忙地跨到大姐跟前,微笑着,用不熟练的英语说道:"No news is the best news.(没有消息就是最好的消息)"一句话,使新娘破涕为笑,新郎也顿时喜上眉梢,高兴地和他握手拥抱,连连道谢。这句平息风波的妙语就是"反思求解"的结果。没有吉利话,这当然不好,但是否就是绝对的不好呢?反过来想一下,就想到了美国的一句谚语:"没有消息,就是最好的消息。"妙语一下子就找到了,"反思"常常能发现"顺思"所不能发现的问题。交谈应对时做"反思",常能得到解脱困境的妙招。

(七)透视根源法

有些问题,表面扑朔迷离,令人费解,很难用一两句话说清。但如果抓住本质,像X光一样,直视其本源,则往往能很快找到应对的答案。如有人问一位干部:"现在有些地方分房比建房难,调老婆比找老婆难……你如何解释？"这些问题涉及面广，看起来很复杂，只有透视本源，抓住实质，才能回答清楚。那位干部回答："现实中的'难'，有些地方比你提的还多得多，原因是多方面的。但是那些手中有权解决这些'难'的人，如果自己也有这么多'难'，可能就会解决得快些。"

上列七种方法，只是"举隅"而已。有个成语，叫"急中生智"。交谈应急术的基础建立在这个"智"上。这就需要灵敏的思维、丰富的语汇、渊博的知识、娴熟的技巧。只有经常学习、总结，充实交谈应急术，掌握了各种应急之术，交谈时才能使自己立于不败之地。

三十五　做事为人讲道德 切记莫把"心子黑"

有位世界名人涅克拉索夫这样说过："对于社会的阴暗的或值得怀疑的现象，文学不应降低到社会的水平。无论在什么情况下，文学一点也不应离开自己的目的。这目的就是：把社会提高到自己的理想——善、光明和真理的理想的高度!否则文学就会失去它全部良好的影响，而导致最为可悲的结果。"在现实生活中，社会经济在不断向前发展，人际交往大流动越来越多，面越来越宽，不同层次的交往越来越深入而更加复杂化。

人们的物质生活在不断地提高的前提之下，层次上也相应地出现了多样性，因而在人们的道德观念和道德标准上也相应地发生了不同的变化，不少人的道德观念和道德标准在不同因素的影响下降低了。

为了追求高标准的物质生活和金钱美女，一些人自然而然地干起缺德事来，卖起假药品、假商品、假冒伪劣食品，说假话，做假事，欺骗他人，概而言之，不讲"道德"。

讲"道德"，简单地说，就是要讲"善良"。作为商人，如果不能足斤足两,那么不掺杂使假也是一种善良;作为富翁,如果不能仗义疏财,那么不仗势欺人也是一种善良。有善良,必定讲"道德"。

道德是什么?

道德是一种社会现象。在社会集体生活中,人们为了维护共同的利益,协调彼此的关系,便产生了调节行为的准则。人们不仅根据这些准则来评论一个人的行动,而且也根据这些准则来支配自己的行动。当一个人按他所处的社会集体的行为准则去行动时,我们就说他的行动是符合道德的:一个人不按这个集体的行为准则或直接违反这个集体的行为准则去行动时,我们就说他的行为是不道德的。

道德作为社会意识形态,它的产生、发展和变化服从于整个社会发展的规律,它是伦理学和历史唯物主义的研究对象。

道德品质是社会道德现象在个体身上的表现。一个人常常依据一定的行为准则采取有关道德方面的态度、言论和行动。道德品质就是指一个人在一系列有关道德的行为中所反映出来的那些经常而稳固的倾向和特征。一个人的道德品质是在社会道德舆论的熏陶下或社会或学校道德教育的影响下形成的。它是对社会现实的反映。道德品质作为个体现象,它的形式和发展既依存于客观的社会生活条件,也有赖于人的心理发展的规律。

玛丽·凯是美国的一位出色企业家。她于1963年50多岁退休后,自立门户办起了玛丽·凯化妆品公司。20年后,她的雇员由最初的9人发展到5000多人,年销售额超过3亿美元。现在有20余万美容顾问在世界各地为该公司推销产品。她成功的主要秘诀之一,就是处理任何事情都必须讲原则,她说:"原则就意味着道德。"

除了原则之外，公司里的一切（人员、产品、建筑物、机器）都可以变。在原则问题上应当坚如磐石；在其他问题上可随波逐流。

不过，你的原则同你所在的公司所奉行的原则水火不相容时怎么办？如果遇到这种情况，那就只好做出抉择——"要么遵循你所在的公司的原则，要么辞职。"玛丽·凯说。

"在成立玛丽·凯化妆品公司之前，我曾先后辞职好几次，因为我反对我的好几个雇主奉行的原则。我对他们的有些做法简直不能容忍。例如：我不相信那些工作成绩同男人一模一样的女人的智力比男人差一半。我还无法接受一个女人应该得到晋升时仅因为她是女人而不予晋升的做法。"

有时，你的原则也许与同事们的原则不一致。不过，假如你在这时不先设法解决问题就另择高门，那你做出的反应就过分了。例如：要是你的同事们常常使用你认为冒犯你的语言，你怎么办？你这时仍然希望有一个友好、融洽的工作环境，你怎么办？是大发牢骚，生闷气，还是忍气吞声地同他们继续待在一起？我认为，最糟糕的是，仅仅为了得到这些人的承认而忍气吞声地继续同他们待在一起，这会大大损害你的原则。你也不必大发牢骚和生闷气。我认为，你应该让其他人知道他们用什么样的恶语冒犯了你，然后继续履行自己的职责。通过这种形式来表明你的原则，你会得到其他人的尊重，从而激励其他人学着你的样子去做。

我在这里所谈的原则是指道德问题。有时一些人滥用原则这个词，例如，一个人也许是干会计工作的，当他的经理要他多为销售服务时，他却坚持说："我不是销售人员，我不干销售工作。干销售工作违背我的原则。"其实，一个会计不想参与销售工作，这与原则毫不相干。我之所以画出这样一条重要的界线，就是因为许多人误用原则这个词来表达只是属于喜欢或不喜欢的概念。除非你意指你认为某事不道德，否则，千万不要说某事"违背我的原则"。

在英国，有很多医院重视"医术之外的医术"。医生、护士上岗前要进行"微笑服务"培训，而后再上岗。

对于医生来说，精湛的医术，无疑是应当努力追求的首要目标。但是只有医术还不够，医术之外还有医术，那就是临床态度。

医生和护士良好的临床态度，对治疗的顺利进行极为重要。如果医生和护士在给患者治病和进行护理的同时，能注意自己的临床态度，以适应患者的精神状态，这样，患者在医院就会感到轻松，就好像在家里一样，这对治愈病症大有裨益。而且医生和护士工作起来也会信心倍增。

最近，英国一家医院要求本院护士学会怎样微笑，以提高护理工作的效用。有关权威认为，微笑对于患者来说，是"一剂焕发生机、振奋精神的补药"。

英国的格拉斯哥大学把临床态度定为医学专业学生考试的一部分，临床态度方面成绩不佳将会影响学位的获得。格拉斯哥大学还开设了系统的临床态度训练课程。学生进入二年级，开始学习与病人"打交道"。学生们先彼此进行模拟练习，然后才能接触真正的病人；三年级，学习护理老年病人和晚期病人；四年级，学习怎样应对精神病人；五年级，学习如何护理那些做了乳房切除手术和临产的妇女。所有这些都是学生的必修课。

目前，临床态度的效用在英国医学界引起广泛注意，并得到普遍承认。一位教授评价说："医生为患者治病时的态度和医药的效用一样重要。"临床态度被认为是"医术之外的医术"。

孔子在《道德经》中所宣扬的一种辩证思想,宗旨就是讲"道德"。

古时,有一老翁,姓塞。由于不小心丢了一匹马,邻居们都认为是件坏事,替他惋惜。塞翁却说:"你们怎么知道这不是件好事呢?"众人听了之后大笑,认为塞翁丢马后急疯了。几天以后,塞翁丢的马又自己跑了回来,而且还带回来一群马。邻居们看了,都十分羡慕,纷纷前来祝贺这件从天而降的大好事。塞翁却板着脸说:"你们怎么知道这不是件坏事呢?"大伙听了,哈哈大笑,都认为塞翁是被好事乐疯了,连好事坏事都分不出来。果然不出所料,过了几天,塞翁的儿子骑新来的马玩耍,一不小心把脚摔断了。众人都劝塞翁,不要太难过。塞翁却笑着说:"你们怎么知道这不是件好事呢?邻居们糊涂了,不知塞翁是什么意思。事过不久,发生战争,所有身体好的人都被拉去当了兵,派到最危险的第一线去打仗。而塞翁的儿子因为腿摔断了未被征用,他在家乡大后方安全幸福地生活。

常年说,善有善报,恶有恶报,塞老翁得到了善报,坏事变成了好事。

要讲道德,就是为人善良,学好人,说好话,做好事,做不了好事,但绝对不要做坏事。

常听一句话"整人之心不可有,防人之心不可无。"世间上有那种人,明里暗里总想整人,欺诈别人,自己占点什么便宜,你不去整他,他可要整你,所以,还是应多点心眼防着点,以免无意招暗算,上当吃亏。

有时候,装傻也是迷惑敌人、以退为进的策略。

魏明帝曹睿死时,太子年幼,大将军司马懿与曹爽共同辅佐太子执政，曹爽是皇室宗族，自从掌握大权后，野心勃勃，要独揽大权。但司马懿是三朝元老，功劳高，有威望，而且谋略过人，在朝廷中有相当大的势力，因此，曹爽还不敢公开与司马懿斗。而司马懿也想夺权，他早把曹爽的举动看在眼里，但表面上仍然装糊涂，后来，干脆称病不上朝。

曹爽虽然一人独揽朝廷大权，可他对司马懿仍然不放心。司马懿虽然自称年老多病，不问朝政，可他老奸巨猾，处事谨慎，谁知他是真有病还是假有病？当初武帝曹操创业的时候，听说司马懿胸怀韬略，多次派人请他出来为官，可司马懿出身士族，自视高贵，瞧不起出身寒门的曹操，不愿在曹操手下做官，就装病在家。后来见曹操的势力强大了，才出来跟随曹操，为曹操出力。这一次有病，谁知他是不是故技重演呢？因此，曹爽对司马懿不敢掉以轻心，他经常派人打听司马懿的情况，可就是摸不到实情。

处事忌以我为大
劝君学会"激将法"

人生箴言告诉我们："思索会使你富有远见，展望会使你看到前程；专横会使你失去理智，虚心会使你永远进步。"在日常生活中，我们不难发现：骄傲自满的人，他不可能或很难做出一件成功的事来；而虚心好学之人，会处事得益，办事多会很快成功，而且他们还善于思考，勤于动脑想问题，极富创造力，有远见卓识，因而必会有创造，有美好的前程。

创造学是一门研究创造发明的思维过程与方法的学问。它通过对科技史上发明和发现过程的研究，力求探寻出创造发明的活动规律，以有效地促进各种创造发明活动。创造学不研究爱因斯坦的相对论，而研究它是怎样从爱因斯坦大脑中脱颖而出的，即研究其思维过程和思想方法。尤其重要的是，创造成果是一时的，而创造方法比创造成果更富有实用价值。

创造学的研究发源于美国。1936年，美国通用电器公司首先开设了"创造工程课程"，用心训练和提高职工的创造性，使其创造发明能力提高了三倍。创造学自1980年介绍到我国，目前还处于萌发阶段，上海交通大学已正式开展了对这门新学科的研究。1983年6月，全国第一届创造学术讨论会在南宁召开。

1985年1月，湖南正式成立了《创造学研究会》开展了一些开拓性的活动。这就是"创造学"和"创造学"在我国的建立和发展，我们应为此感到欣慰。

有创造性的人，做大事小事都是谦虚的，谦虚是有志于创造者的"座右铭"。这样的人做事，只知道一心为既定的工作目标而奋斗前行，而探索不止，不愿与别人比表面的高、低、美、丑、善、恶，绝不专横，处事不以"我为大"。

创造者还善于说话，但更重于观察。可说可不说的，他们会少说或不说，在需要说的时候，他们绝不会是"叭儿狗咬月亮——不知天有多高"。

战国时期著名的纵横家鬼谷子曾经精辟地总结出与各种各样的人交谈的办法：

与智者言依于博，

与博者言依于辩，

与辩者言依于要，

与贵者言依于势，

与富者言依于豪，

与贫者言依于利，

与卑者言依于谦，

与勇者言依于敢，

与愚者言依于锐。

说人主者，

必与之言奇，

说人臣者，

必与之言私。

　　上面这些话，不能说不精彩，意思是说，和聪明的人说话，须凭见闻广博；与见闻广博人说话，凭辨析能力；与地位高的人说话，态度要轩昂；与有钱的人说话，言辞要豪爽；与穷人说话，要动之以利；与地位低下的人说话，要谦逊有礼；与勇敢的人说话，不能稍显怯懦；与愚笨的人说话，可以锋芒毕露；与上司说话，须用奇的事打动他；与下属说话，须用切身的利益说服他。

　　毛泽东就是这方面的第一高手。1975 年，美国国务卿基辛格为中美建交来中国活动。当时任美国驻中国联络处主任的布什曾随同基辛格拜访过毛泽东，他回忆当时的情景说：

　　"毛泽东在离人民大会堂不远的中国高级官员住宅区。我们穿过精制宏伟的大门，沿湖行驶，又过了几个院子，最后在一座房子前停了下来。一群中国电视摄制人员等在那里。他们跟着我们穿过几间屋子，走进了毛泽东的书房……"

　　基辛格询问他的身体怎样？毛泽东指着自己的头说："这部分工作很正常，我能吃能睡。"他又拍拍大腿说："这部分不太好使，走路时有些站不住。肺也有点毛病。"他停顿了一下道："一句话，我的身体状况不好。"然后又笑着补充说，"我是给来访者准备的一件陈列品。"

　　"基辛格坐在毛泽东的左边，我坐在基辛格的左边。我环视了一下室内，发现在一面墙上安装有拍电视的照明灯光。在我们面前的桌子上有一本书法书。在屋子对面有几张桌子，桌子上放着一些针管和一个小氧气袋。"布什说。

毛泽东泰然自若地说："我很快就要去见上帝了。我已经收到了上帝的请束。"听到世界上最大的社会主义国家的领导人说出这样的话,令人震惊。

基辛格笑着答道："不要急于接受。"

毛泽东不能连贯地讲话,他在一张纸上费力地写了几个字来表达自己的意思。他写完后,身边的两位女士立即站起来,看完之后,按着毛泽东的意思说："我接受 Doctor 的命令。"这是一个双关语,既指医生,又指基辛格,因为中国人习惯称他为基辛格博士。

享利·基辛格点了点头,然后换了话题。他说："我非常重视我们之间的关系。"毛泽东举起一个拳头,又竖起另一只手的小拇指,他指着拳头:"你们是这个,"又竖起小拇指说,"我们是这个。"他还说:"你们有原子弹,我们没有。"其实当时中国掌握原子弹技术已经有十年了,很明显毛泽东是指美国的军事力量更强大。

基辛格说:"中国方面说军事力量不能决定一切。中美双方有着共同的对手。"

毛泽东将他的回答写到了纸上。他的助手将手拿给我们看,上面用英语写着一个字:"对。"

毛泽东主席和基辛格国务卿就台湾问题交换了意见。毛泽东说这个问题到时候就解决了,大概需要"一百年"甚至"几百年"。中国人使用这样的表达方式,我想是为了给外国人留下深刻的印象:中国有着几千年的悠久历史。他们把时间和他们的耐心作为对付性急的西方人的武器。

郑成功举起"杀父报国"的大旗,就是不以我为大,不以父为大,而以国家和人民利益为大的最高典范。

郑成功(1624—1662)本是福建省南安县人,因父亲郑芝龙娶日本女子为妻,他生于日本,7岁时回到南安县,15岁时考取为生员。

郑成功青年时期就很关心国家大事,清军入关占领北方以后,他父亲投降了清朝,并写信劝他也来投降,他回信说:"一向听说做父亲的教儿子精忠爱国,从来没听过教儿子投降敌人的。"这时他听说清军占领了他的家乡南安,并抄了他的家,他母亲被侮辱后上吊自杀了,他极端悲愤,便举起"杀父报国"的大旗,自称"招讨大将军",实行起义。投奔他的人很多,队伍发展到几千人。这时他才23岁。

1661年4月,郑成功率领25000官兵向台湾进军,打击荷兰侵略者。次年2月1日,荷兰总督揆一宣布投降,被荷兰殖民者侵占38年的台湾,终于又回到了祖国的怀抱。

当今,海内外中华儿女仍深深怀念这位伟大的民族英雄。

平民自古以来对那种"以权压人""处事不公""权贵至上"之人,内心极为讨厌,今古代代如此,辈辈相传。

(一)平民讨厌:仗势欺人,以权压人

在现实生活中,在不同的角落,仗势欺人,以权压人之事,时有发生,古代也如此。

古代的齐国有个太史伯,是专写历史的。当时,齐国的宰相崔杼用计谋害了国君,却逼令太史伯写史时要写先后君"实病而死"。但他不惧相国的权势,坚持写"夏五月,崔杼谋杀国君"。崔杼大怒道:"你长着几个脑袋敢这样写?"太史伯回答说:"我虽然只有一个脑袋,可是你叫我颠倒是非,我情愿不要这个脑袋!"崔杼因此杀了太史伯。现在讲真话的人不会遭到太史伯的恶运了,但受到了不公正的冷遇还是有的。在这种情况下,需要有坚持真理的勇气。"是桃不结李""真的假不了,假的真不了",历史是公正的。

(二)平民讨厌:处事不公,陷害好人

在现实生活中,仍有少数人,有法不依,执法不严,甚至乱断乱判,民众无不怨恨。历史上有个最大的"御医奇冤"。

懿宗劭(一作绍),湖南郴州人,以医术著称于世。唐懿宗时为"翰林医官"。

懿宗有一女,特别钟爱,被封为"同昌公主",后公主下嫁给右拾遗韦保卫。不料好景不长,一年后,同昌公主忽得一绝症,卧床不起。懿宗劭奉命率医官二十余人尽心诊治,然绞尽脑汁,也想不出什么起死回生的好妙方,后勉强进药一二剂,也不过苟延数日,公主还是一命呜呼。懿宗十分悲痛,但他把悲痛发泄在御医身上,不问青红皂白,当即将懿宗劭等官二十余人拿下,说他们用药毒死公主,一并处斩,并累及其家属三百余人,全都成为阶下囚,从而制造了御医史上的一大奇冤。当时,中书侍郎同平章事(即宰相)刘瞻与京兆尹温璋等上书或面奏进谏,结果非但营救无效,反遭贬谪。

由此可见,在封建社会行医,特别是当皇帝的御医,动辄得咎,是充满艰难险恶的。

(三)平民讨厌:花天酒地

有权者用公款大吃大喝,游山玩水,贪污浪费。民众极为怨恨,唱起"五子歌":"上级面前装孙子,对待群众称老子,贪污受贿捞票子,胡作非为胜疯子,法律不容挨枪子。"民众还怨恨那些"五最官":"最负责的话——给你反映一下;最难捉摸的话——研究研究;最关心的事情——个人的官运;最难管的东西——一张大嘴;最难找的地方——有关部门。"

（四）平民讨厌：愚弄民意

少数有权者,民众有意见,当面说得好,背后另搞一套,不闻、不问、不查。对那些"五心"干部(国家利益不关心,宰割群众下狠心,收礼受贿最贪心,吃请赌博最热心,戴上手铐不死心),民众怨声载道。

（五）平民讨厌：权贵至上

俗话说:"有钱能使鬼推磨。"有了钱就有了一切,无权可买权,叫权钱交易。别人办不到的事,有钱能办到,于是他们相互拉拢,相互吹捧,在众人面前高高在上,得意扬扬,对这种卑劣的行径,平民十分讨厌。古时,有个叫《丈人考女婿》的笑话:

从前,有个举人新建一栋楼房,亲戚朋友都来祝贺,举人有三个女婿,大女婿是举人;二女婿是秀才;三女婿未能及第,岳父和两位连襟均瞧不起他。

一天,举人大摆筵席,招待亲朋。岳父大人,权贵至上,见到三女婿那个穷光蛋,心里总不是滋味,又不好明说,叫他退堂。席间岳父说,为了凑兴,想出题考考三个女婿。接着他便出题:把一个字拆成两个相同的字,说出两种相关的物体,但这两种物体的名称又必须是两个不同的字。

举人把题出好后,大女婿沉思片刻便答道:"林字拆开两块木,两物相关楼与阁,一块木建楼,另一块木建阁。"二女婿也从容不迫地对道:"出字拆开两座山,两物相关橘与柑,一座山栽橘,另一座山栽柑。"

唯有三女婿没有文化,无言可对,心里很不是滋味,他呆呆地望着桌子很久,突然思想开窍,忙大声说:"品字拆开三张口,两物相像肠与肚,一张口吃肠,另一张口吃肚,还有一张口……"三女婿说到这里想不起来了。岳父和两个连襟忙齐声问:"还有一张口怎样?"谁知问话未停,三女婿把酒杯端起,喝了一口酒,然后慢条斯理地说:"还有一张口喝酒。"岳父和两个连襟见答得如此巧妙,顿时目瞪口呆,半天说不出话来。

(六)平民喜欢:热心为民,爱民至上

当今的社会,人们越来越走向和谐,民众为之叫好。

吴起,是战同时期著名的军事家,他在担任魏军统帅时,与士卒同甘共苦,深受下层士兵的拥戴。当然,吴起这样做的目的是要让士兵在战场上为他卖命,多打胜仗。他的战功大了,爵禄自然也就高了。"一将成名万骨枯"嘛!

有一次,一个士兵身上长了个脓疮,作为一军统帅的吴起,竟然亲自用嘴为士兵吸吮脓血,全军上下无不感动,而这个士兵的母亲得知这个消息时却哭了。有人奇怪地问道:"你的儿子不过是小小的兵卒,将军亲自为他吸脓疮,你为什么倒哭呢?你儿子得到将军的厚爱,是你家的福分哪!"这位母亲哭诉道:"这哪里是爱我的儿子呀,分明是让我儿子为他卖命。想当初吴将军也曾为孩子的父亲吸脓血,结果打仗时,他父亲格外卖力,冲锋在前,终于战死沙场。现在,他又这样对待我的儿子,看来这孩子活不长了!"

人非草木,孰能无情,有了这样"爱兵如子"的统帅,部下能不尽心竭力,效命疆场吗?

吴将军,不管从哪个角度去看,去评说,他都应该是一位好将军,他能亲自为士兵吸脓血,是一般人所办不到的。有的人,只要捞到一官半职,就会自以为是,高高在上,不懂装懂,处事全以我为大。

有个《叶知县看春联》的故事：

乾隆年间，有个名叫叶先春的人，不学无术，花钱买了个七品官，被朝廷派到粤东惠来县当知县。叶先春上任以来，不管老百姓疾苦，只为自己的腰包着想。他审案子向来是认钱不认人，谁送来的钱多谁就有理，便判断胜诉。这正应了俗话所说的那样："衙门八字开，有理无钱莫进来。"老百姓对叶先春可谓恨得咬牙切齿。

话说这一年新春，天气十分恶劣。雷雨交加，大雨一连下了十多天，老百姓个个叫苦连天，怨声载道。正月十六这天，雨过天晴，老百姓高兴地出家门，观赏那新春景色。县衙左侧倒了一棵枯死的大榕树，树干上张贴着一副春联，大家都十分好奇地上前观看热闹。

就是在此时，叶先春出门，看到一群围观的老百姓，觉得蹊跷，忙令差役停轿，前去看个究竟。原来老百姓看的是一副春联，联文中提及他叶先春的名字，心里感到很高兴。叶先春在得意之时，忽听背后有人禁不住笑出声来。叶先春转过身子一看，见是个穷秀才模样的年轻人。他气愤地训斥道："你这穷鬼胆大包天，竟敢当着太爷的面哈哈大笑！今罚你当众把春联的内容念出来，若有一字念不出，罚打四十大板！"

那穷秀才很高兴地当众一字一句地念起来：

雷打枯枝，苍天不容老叶；

雨湿元宵，万民皆怨先春。

念罢，那穷秀才故意问道："太爷，小的念得对吗？"叶先生听罢，捋着山羊胡子得意地说："念得对，念得对呀，这真是一副好春联也！"围观的人听了，不觉都笑了起来。

叶知县就是一个典型的处事必以我为大，处事专横的无知之人,他的行为不但不值得学习而且讨厌。我们所要学习的是那些富于思考且有远见之人,勤苦学、善实践、喜为民之人。对有这样那样缺点甚至有错误的人,也要热心去帮助他们,使他们能知错改错,变成一个有益于人民的人。

"水激石则鸣,人激志则宏。"正确地运用"激将法"就会收到积极的效果。

英国著名神经生理学家谢灵顿,早年是一个横暴乡里、染尽恶习的浪荡子。一次,他心血来潮地向一位女工求婚,不料那女工断然拒绝:"我宁愿跳到泰晤士河里淹死,也不嫁给你。"这一当头棒,羞得谢灵顿无地自容。从此,他发奋读书,改过从善,终于成了近代神经心理学的创始人,并于1932年获得了诺贝尔奖。

这个事例告诉我们,自尊之心人皆有之。强烈的自尊心是一种可贵的精神能源。女工由于厌恶,对谢灵顿出言刺激,在客观上对他的自尊心却起到了"引爆""点燃"作用,促使其猛醒。从一定意义上说,姑娘在无意间运用激励之言创造了一个科学家。可见刺激性语言在一定情况下能产生"点石成金"的奇效。俗话说"劝将不如激将"说的就是这个道理。所谓"激将法"就是用反面的话激励别人,使他决心去做什么的一种语言表达方式。

从心理学角度看,"激将法"是运用了人们的心理代偿功能,即每个人都有自尊心、荣誉心,但有时由于某种原因,自尊心受到了自我压抑,出现自卑、气馁的状态。此时,正面开导与说服往往不能使之振奋,如果有意识地运用反面的刺激性语言"将"他一军,反而可以使其自尊心从自我压抑中解脱出来,达到新的心理平衡以改变原有的状态。"水激石则鸣,人激志则宏。"正确地运用"激将法"在交际中能收到积极的效果。

（一）"明激法"

就是针对对方的状态直截了当地给以贬低，否定的语言刺激，刺痛之、激怒之，使之"跳"起来以达到改变现状的目的。例如，某单位搞人事制度改革，张榜招聘中层干部，实行公开竞争上岗，人们都希望小丁揭榜，可他却瞻前顾后，不敢揭榜。正在大家为他着急的时候，他妈妈直言相激道："我花那么多钱送你上大学，读了一大堆书，连个科长的担子都不敢去挑，真是个窝囊废!"

"我是窝囊废!"小丁一气之下，三天三夜苦读书，勤习文，并积极报名参加培训班，竞争上岗时，对领导提问，对答如流，出任了科长，科室工作很快面貌一新。

明激法直接贬低、否定对方，语词尖锐、刺激性强，对对方的自尊心具有很大的激发作用，往往对方不服气，不认"熊"，反过来否定你的意见。这样，否定之否定，就实现了你本意要达到的目的。

（二）"暗激法"

就是要有意识地褒扬第三者，暗中贬低对方，激发起压倒人超过第三者的决心。例如：三国时，诸葛亮为了联吴、抗曹来到江东。他知道孙权是刚强有为、不甘居人之下的人，对其绝不能靠劝说，只能用激将法，但又不能直接说他无能。于是，诸葛亮采取了暗激的方式。

诸葛亮见到孙权，大谈曹军兵多势大，说："曹军骑马、步兵、水兵加在一起，恐怕有一百多万呐!"

诸葛亮便一笔一笔地算，最后算出曹军有一百五十多万。他说：我只讲一百万，是怕吓倒了江东的人士呀!这句话的刺激性可谓不小，使孙权急忙问计："那么是战，还是不战？"

诸葛亮见火候已到，说："您应该根据自己的力量做出决断。如果东吴人力、物力能够和曹操抗衡，那就战；如果您认为敌不过，那就降!"这又是一激。

孙权不服，反问："像您这样说，那刘豫州为什么不降呢？"

此话正中诸葛亮下怀，他进一步使用激将法，诸葛亮说;"田横，不过是齐国的一个壮士罢了，尚且能坚守气节，不屈服受辱，何况我们刘豫州是皇室后代，盖世英才，怎么能甘心投降，任人摆布呢？"

孙权的火立即被激了起来，决心与曹军决一死战。诸葛亮达到了联吴抗曹的目的。

暗激法的巧妙处就在于它不是明言刺激，而是通过"言外之意""旁敲侧击"的说法，委婉地传递刺激信息。实际上，人们都希望别人尊重自己，而有人在自己面前有意夸耀第三者，显然会对他产生一样暗示性刺激，而要与第三者比个高低的心理。

（三）"自激法"

就是褒扬对方光荣的过去，从而激励起对方，改变现状的决心。例如，某校教学质量很差，升学率下滑，一天教委主任来到该校，请该校校长一同到学生班上去听课，教委主任问校长："你在本校是先进校长吧？"

"是的。"校长笑，"过去的事啦!"

"出席过市里的先代会？"

"是的。"

"现在如何？"

没答话，惭愧地低下了头。

当天晚上，校长一夜睡不着觉，第二天，八条新的校规出台了,两个星期学校面貌大改观。

可见,对于一时消沉的人,褒扬他们过去"闪光"的一页,无疑是对现状的批评,从而引起他的反思,唤醒尚未泯灭的荣誉感使之重新振奋起来。

(四)"导激法"

有时激将法不能仅仅简单地否定或贬低,要"贬中有导",用明确的诱导性语言把对方的激情引导到你所希望的方向上。如:某医院,一名新来不久的护士,工作很积极,就是爱同病员陪伴争输赢,甚至吵架,引发群众对该院的意见很大,一天,老护士长很和气地将她带到另一个先进科室上班,科室有位护士是老先进,对病人如亲人,病人有不耐烦的时候,她总是微笑上前问寒问暖,热情服务。三天后,老护士长去看新护士:

"还好吗?"

"好!"

"你看她(先进护士)'好不好'?"

"她很好,她肯指点我!"

"你与她有区别吗?"

她无言以对,惭愧地低下了头,半晌没说话。

老护士长微笑着拉住她的手:"在商场,顾客是上帝,在医院,病员是上帝!病员给我们提意见,我们应耐心听,细心看,热情问,主动帮,赶快改,对错都不争输赢。"

"这样做可不可以呢?"

"可以,可以!"

"那你就回原科室去,行不行?"

"行,行,行!"

又过了三天,老护士长再去看新护士,并面访病员,都说她大变样了,改好了,有了显著的进步。

综上所述,我们可以看得出,不管使用哪种激将法都必须以刺激对方的自尊心理为要诀,才能达到目的。但要说明的是,激将法的成功离不开以下条件:

首先要看对象。"激将法"顾名思义,被激的一方必须是那种能激起来的人物,换言之,在思想性格上具有被激的主观因素,这就是强烈的自尊心,方能"一石激起千重浪"。另外,激将法通常又是双方在较为熟悉的情况下,进行的表达方法,而对陌生人是不宜采用的。

其次,要看时机。如果出言过早,时机不成熟,"反话"容易使人泄气,出言过时,良机错过,又成了"马后炮",取不到良好效果。因此,使用激将法一定要注意恰到好处。

最后,还要注意分寸。激将法需要使用刺激性语言,但出发点要正确,应体现出对对方的尊重、信任和爱护。不痛不痒的语言,当然不行,但语言过于尖刻,又会使人反感。因此,运用激将法要注意语言的分寸和感情色彩,抑扬有机地结合起来,这样,激将法才会产生积极的效果。

三十七　做事为人讲"清廉"莫让名利遮双眼

印度名家泰戈尔这样说:"有勇气在自己生活中尝试解决人生新问题的人,正是那些使社会臻于伟大的人!那些仅仅循规蹈矩过活的人,并不是在使社会进步,只是在使社会得以维持下去。"如今,我们的国家进步了,经济繁荣发展了,在这经济活跃的大潮中,我们看见、听见不少人,特别是有一点权力的人,由于没有思想准备,没有防腐能力,一个个在金钱美色的诱惑之下,断送了自己的前途。善良的"平民"们,希望这个社会能维持下去,是一边怨恨,一边痛惜,也很希望"有勇气在自己生活中尝试解决人生新问题的人"能够出现。

怎样才能让带有"长"字号的人,勤勤恳恳,兢兢业业,为"平民"做事,做好事,不做坏事,不贪不沾,不见利忘义,这是国家和"平民"共同期待、共同关心的一件大事,很值得"有勇气在自己生活中,尝试解决人生新问题的人"去思索、探究,拿点新招出来挽救一些人,让那些带"长"字号的人,堂堂正正地做官,做好官,办好事,做有益于人民的人。

对于那些带"长"字号的人,要求他们都能做到清廉,确实是一件很不容易的事,人不是神,古今中外亦如此。很多出过远门的人都在弥勒佛堂见过"大肚能容,容天下难容之事。开口常笑,笑世间可笑之人"。这副对联,据说出自明太祖朱元璋之手。只是原为"难容之士",后来好事之徒改"士"为事,改糟了,有研究者信此一说。原因之一,合乎朱元璋的和尚身份;第二,有帝王气势;第三,朱有此经历。

史载,朱元璋幼而失学,目不知书。初起事,留心招聘文人谋士,并对他们量才录用,这些文士对朱王朝也作出不少贡献。朱实施"容士"政策是深受其惠的。但既然是勉勉强强容其所难容,终不免耿耿于怀,这也是常情。朱元璋后期到底按捺不住,对难容之士亮出屠刀了,说明封建帝王"家天下"毕竟鼠目寸光,肚子大得有限。当时杭州一学者,写的贺表上有一句"光天之下,天生圣人,为世作则"的颂词,朱元璋却硬说"光"和"生"("僧"的谐音)是讽刺他做过和尚,"作则"是骂他"作贼",那学者因此被砍了头。类似的冤案很多,一般人只知道明成祖朱棣,残酷杀害方孝孺,很少知道他老子早对难容之士开了杀戒。可见文字狱绝不自清雍正始。他说了的话,也并没有那么做,不知内情的人,以为他真的"大肚能容人",其实是表里不一,更说不上有什么"清廉"可言。

还有一个《康熙公开小报告》的历史故事。

在清代十个皇帝中,康熙是一个颇具雄才大略和慧眼卓识的君主。

康熙末年,有个江南总督叫噶礼,贪婪而骄横,尤其喜欢整人。当时,苏州知府陈鹏年,官声清廉,刚正不阿,常与噶礼意见相左。噶礼忌恨在心,便寻机参劾,要将他充军黑龙江。康熙没有同意,觉得陈鹏年很有才华,就调他到京城编修图书。噶礼还不罢休,又密奏陈鹏年写过一首"游虎丘"的诗,说诗中有怨恨不满情绪,应予治罪,并将原诗密封附上。

康熙年事虽高,却仍然很清醒。他细读了陈鹏年的诗,并不觉得有什么"怨恨悖谬之心",再看噶礼的密奏,深以为噶礼完全是挟嫌整人。于是,他召集君臣,当众宣布:噶礼总督喜欢惹是生非,陈鹏年稍有声誉,噶礼就想坑害他。并将噶礼的密奏和陈鹏年的虎丘诗公之于众。噶礼自讨没趣,窘困之极。

按当代人的眼光看,康熙虽年事已高,头脑还清醒,能公正处理问题,这一点是值得肯定的。但此事与"清廉"二字而论,严格说来,还有一定的差距。

宰相赵普收礼被免职,真算得上是一件"清廉从政"的事,赵匡胤做的是很对的,因而受到了民众的欢迎。

赵普是北宋初期的著名人物,他可以说是北宋王朝的开国元勋之一,也是北宋政权的第一任宰相。赵匡胤对他十分信任,事无大小,都要听取他的意见。

赵普做了10年宰相,权力很大。日子久了,就有人想走他的后门,因此,不断有人给他送礼。有一次,吴越王钱椒派人给赵普送信来,并捎来10坛"海产"。赵普尚未起封拆信,正巧,赵匡胤来到他家。在厅堂坐下后,看到10只坛子,就问赵普是什么东西,赵普回答说:"是吴越送来的海产。"赵匡胤笑着说:"既然是吴越送来的海产,一定不错,把它打开来看看吧!"赵普不得不吩咐仆人打开坛盖,在场的人一看都傻了眼,原来不是海产,而是一坛坛金子。

赵匡胤向来就怕官吏接受贿赂,滥用权力,看到这种情形,心里大为窝火,脸色就阴沉下来。这时,赵普满头大汗,立即请罪,说:"我没有拆封看信,实在不知坛中是何物,请陛下恕罪!"赵匡胤冷冷地说:"你就收下吧!"他们这些人以为国家大事都由你们来决定呢!"不久,赵普被免去了宰相职位。

海瑞是个清官,这是众所周知的事,从古到今,没有一个不说海瑞好的,广大人民世世代代地把他记在心里。但在那个时代,要做个清官,确实是件不容易的事,可民众却希望多出几个像海瑞这样的人。

海瑞这个人在明清两代官场上是一个异数,是个一清见底的官。当时所有官员都要收红包才能维持生活,他是唯一不收红包的人。

明代是官员俸禄最低的时期。按照吴思《潜规则》里的换算,明代一个县太爷的月薪只相当于现在的人民币 1130 元,这点钱,要赡养父母,供养妻儿,周济亲友,置办产业,还要养几个办事人。另外,当时官员朝觐、调差、上任,朝廷是不出路费的,得自己想办法。

支出如此之大,不盘剥百姓,钱从何来?只要在收税收粮时,多加收一点,甚至只要对下属睁只眼闭只眼就行了。不用亲自动手,一切都会有人帮你打理好,不用担心受到指责和处分,因为大家都是这么做的。海瑞不肯收红包,日子自然不好过。他在衙门里种萝卜白菜,日子过得很艰苦。他给母亲祝寿,买了两斤肉,还成了新闻。他手下的官员写公文需要用纸,领了十张纸,如果只用了五张纸,就必须还五张回来。

这样的清官,老百姓当然由衷地拥护,官员们对他却又敬又怕,对于海瑞,他们嘴上不便多言,心里却有说不出的嫌厌和腻味。一听到要和海瑞共事，就更是头皮发麻。海瑞调升应天巡抚的任命刚一公布，应天府官员便纷纷请求改调他处，有的甚至自动离职，宁肯不要头上的乌纱。

海瑞善良、正直、刚毅、果断，勇于负责，不怕困难，宁折不弯，绝不妥协，意志坚定，勇往直前。他对微薄的薪金毫无怨言，像勇敢的斗士，向一切腐败行为开火。而且六亲不认，不管是朋友还是恩人，只要是贪官就绝对打击。这样的人在官场上自然四处碰壁。

海瑞踏入仕途33年，一半光阴属于罢官状态。奇怪的是罢一次升一次，官反倒越做越大。海瑞的官职最后非常高，南京督察院右都御史，官阶二品，相当于现在的中纪委书记，但只是个闲职。实际上他当时已经成了一个政治摆设，被供起来了。他办过好多案子，做了很多实在的事，但是他无力扭转乾坤。

万历皇帝对他有个批示很有意思，万历批示说：海瑞"当局任事，恐非所长，而用以镇雅俗、励颓风，未为无补，合令本官照旧供职"。意思就是说，用他做实际工作是不合适的，用来做道德表率还是很合适的。海瑞看到皇帝的御批很伤心，一连七次向皇上递交了辞呈。

但每次都为御批所不准。没过多久，他便郁郁寡欢地死在任上。

所以，人们代代相传，都称赞海瑞是个好官，清廉的官。客观地说，当今仍有许多好官、清官，但也有为数不少的贪官，民众怨声载道，极为不满，好在现今我们的国家，能够发现一个"整治"一个，应该说实有收敛。

（一）视觉

当别人把金钱美色奉献到你的面前的时候，首先定会是你的双眼能见到,你这个时候,应该有一个明确的"意念"回向自己,"大喝一声,叫出自己的名字""止步,悬崖勒马,回头是岸!"并以鄙视的目光收回你的视线:"钱财如粪土,仁义值千金。"可以告诉对方,我要讲的是义,可以交朋友,是朋友就应该相互爱护、关心、支持、体谅,不是朋友不讲义,就是不给好处不办事,断然回绝。

(二)听觉

当你听到别人欲给你好处时,你仍应向自己"大喝一声,叫自己的名字""注意,别让苍蝇飞进耳朵!""有什么事要办,请你细细地讲清楚,其他的我听不见。"这对那种赖皮脸很有用,你不妨可去实践一下,对你会有好处。

(三)嗅觉

当你"嗅"到有"自来喜"扑面而来的时候,你应好好把味儿嗅嗅,是甜味? 苦味? 酸味? 铜臭味? 待你自己嗅出个子曰之后,你还是应该向自己"大喝一声,叫自己的名字":"注意,是陷阱,有定时炸弹!"这时你就应该高度警惕自己,毫不犹豫地断然拒绝。

(四)知觉

当别人把五万元、十万元现金拿到你面前的时候,你应该警觉地握紧你的双手,仍然向自己"大喝一声,叫出自己的名字":"止步!别伸手。伸手拿的是钱,缩手带的是手铐!"这时,你应该开动自己的脑筋,想一想你自己该不该去拿那个钱,拿了会怎样? 不拿会怎样? 但千万别相信"神不知,鬼不觉"和"天知、地知、你知、我知,无人可知"的无知遐想。假若你信了,伸手去拿了钱,你定会从此背起包袱睡不着觉,总觉得会有"魔鬼"来到你的面前,会吓得你惊叫起来。

(五)思觉

当别人把金钱美色奉献给你的时候,你应该"正经八百"地拍拍自己的脑袋,清醒地去思考一下,别人为什么送你钱?你凭着什么去拿钱?你手中没有权,别人会不会给你钱?手中的权是不是自己的?这时你就应该果断地向自己"大喝一声,叫出自己的名字":"人无横财不富,马无夜草不肥。"既是横财,就是横祸,大难临头的祸。这时你应认真地想一想,自己到底需要什么?是要平安?还是要横祸?想通了,得出了正确的结论,你就会断然拒绝,冲破难关。

这"五觉",并非灵丹妙药,信不信由你。如果你不信,你就去拿,去接受,去享用,那就会让名利遮住了你的双眼,就会造成恶劣的后果,不仅得不到别人的好处,还会遭到重罚,最后丧失自己的政治生命,丢掉饭碗。如果你信了,会一身轻松,不做噩梦,工作顺心,家庭幸福,一生平安。

三十八 论辩能力培养好 简到极致是"绝招"

　　歌德说道:"每个人都必须按照他自己的方式去思考,因为他在自己的道路上,就会发现能帮助他度过一生的一条或一种真理。但是切不可放任自己,他必须克制自己,光有赤裸裸的本能是不行的。"读了歌德这段话,真的触动了我的心,勾起了我连串的回想和记忆,理想、目标、生活,千百条,出路很多,却又没有找到出路,可现在才发现了,不,说是发现,自己还没那个眼光,能发现为什么没早发现? 是别人早已发现了,我现在才知道了,我知道了什么呢? 我知道有人这么说:"世间上,只会一招的人往往是最可怕的!"为什么最可怕? 就是因为有"绝招"。七十二行,行行有"绝招",但很多人又没有"绝招","绝招"又是怎么来的? "简到极致是绝招"。

　　怎么个简法? 要求一个人努力学习,很多人都办得到,要求一个人多学点知识,掌握一种基本功,这个很多人也办得到。但是,"要把基本功练到极致",很多人又办不到,只有少数有恒心的人才能办得到。难怪有人说:"宁在人前全不会,莫在人前会不全。"

这里有一则燕妮与历史学家的故事,叫做《历史的浓缩》。

马克思的女儿燕妮,曾向当时德国著名的历史学家维特克请教,能否将历史缩成一本简明的小册子。教授含笑答道:不必。他巧妙地用了四句谚语来概括古今的历史:

(一)当上帝要灭亡某人的时候,总是先令其有炙人的权势;

(二)时间是筛子,最终会淘汰一切历史的沉渣;

(三)蜜蜂盗花,结果反使花荣盛;

(四)暗透了更望得见星光。

在古龙的作品中,曾塑造过一个只会一招制敌的武功高手,叫傅红雪。据说傅红雪在对敌之时,轻易不会出招,但只要出招,必定一招致命。傅红雪的武器是一把刀,握着刀的傅红雪既不会"老树盘根",也不会"力劈华山",他只会简简单单的一招——用精神锁住对方,然后从某一个角度朝对方砍去。

只会一招的人往往是可怕的,因为你很难想象一个人可以几十年来,翻来覆去只练那一招,傅红雪就是这样的人。对于他来说,招数有限,速度无限,傅红雪的出刀速度,无人能避,所以,在那个风云诡诈的江湖,没有人可以杀得了傅红雪。

很多事情的解决方法,说到底就是千方百计地把复杂的事情简单化。做到这一点并不需要太高深的理论,我们只需把最基本的工作做到位。而失败往往不是因为我们没有基本功,而是我们没有去"把基本功练成极致"。

但在现实生活中,各行各业能把基本功练到极致的人也大有人在,那确实是有点真本事,他在那一行就是"囤顶上插旗杆——尖上拔尖",就会受到众人的刮目相看。

从前,有个向恺然能文善武,他就有一招。20世纪20年代以写言情和武侠小说驰名的"平江不肖生",真名向恺然,原籍湖南平江。他曾两次留学日本。他写的《江湖奇侠传》《留东外史》等书畅销东南亚各国和港澳地区。

向恺然不仅是一位作家,而且精通武术。1907 年,向恺然在东京街头见到一个日本人欺侮中国留学生,他跃步上前,一拳将那人打倒在地,显示了中国人不可侮的气魄。1932 年向恺然担任湖南国术训练所秘书。一天晚上,他在二楼发现窗外电杆上有人"倒挂金钩"在路灯下朝房中窥视。向知其来意不善,立即从口袋里摸出一块银圆,信手朝外一抛,路灯应声而碎,顿时一片漆黑。那人知他确有武功,便马上溜走了。

有了基本功,就应认定一个目标,把它练到极致,不达目的不罢休,直至成功,就算是"简到极致"。

俄国著名化学家门捷列夫就是这样一个人,"终生努力,便成天才"。

门捷列夫对科学的最大贡献是,最先发现了化学元素周期律,并排出了第一个元素周期表。1867 年,他在前人成就的基础上,仔细研究了各种元素的性质,归纳出一个自然规律,称做元素周期律。1869 年,他又把当时已知的 63 种元素依据这一规律排成了元素周期表。这项成果,被誉为是近代化学史上继道尔顿提出原子论后的又一个丰碑。他根据所排的元素周期表,还预见了 11 种当时尚未发现的元素,这都被后来的发现所证实。1869—1871 年,他写出《化学原理》一书;1887 年提出溶液水化理论,成为现代溶液学说的先驱。他研究气体、液体的体积同温度和压力的关系,发现了气体的临界温度。1888 年,他还首先提出了煤的地下气化的主张。

有人称赞门捷列夫是天才,他回答说:"什么是天才?终生努力,便成天才。"他为科学劳累了一生。1907年2月2日,他坐在自己的书桌前去世,手中还握着笔,桌上放着他尚未完成的科学著作。

美籍华人电脑大王——王安,他以工业起家而跻身于美国富豪之列。1920年出生于上海,他在上海交通大学毕业后,又到美国深造,1948年获哈佛大学应用物理博士学位。

1951年王安发现了一种"磁脉冲控制技术",被公认为"推动电脑科学技术的里程碑"! 随后他在波士顿创办了私人电脑工厂——王安实验所。

1978年王安将总公司搬到了美国东北部的小镇——洛厄尔,在这里建立了最现代化的电脑设施,成为电脑制造的大本营。

1982年,王安的电脑公司全年收入达十亿美元。在美国的亿万首富中,王安名列第五,其财产额达十六亿美元。

王安博士致力于社会公益事业,乐善好施。他一次便捐赠波士顿表演中心和母校哈佛大学各400万美元。他说,他之所以捐赠是因为他有义务报答曾给他以帮助的大学、社会和国家。1984年,王安在唐人街修建了一座耗资1500万美元的工厂,给当地居民提供了就业机会。他还向研究东南亚问题的费正清中心捐赠了100万美元,以培训年轻的中国学者。

为了奖励王安在事业上的杰出成就和对促进中美友谊的贡献,纽约华美协会颁给他"青云奖",美国副总统还特地向他发出了贺信。

简到极致,不仅是武功、科研,写文章的人,练到了"极致",也极为精彩。

蒲松龄的《聊斋志异》中的《秦桧》一文全文仅 48 字:青州冯中堂家,杀一豕,燖去毛鬣,肉内有字云:"秦桧七世身。"烹而啖之,其肉臭恶,因而弃之,投诸犬。呜呼!桧之肉,恐犬亦不当食之矣!

这个小故事是受古人"犬豕不食其余"的启迪,但又赋以新意。同时还讽刺了当代吏治的腐败。

蒲松龄用一支锋利的笔,以辛辣的讽刺笔法,用短短的几句话,深刻揭露了民众对杀害忠臣岳飞的民族败类秦桧的深恶痛绝,言简意赅,字字入目,真可说是:"写鬼写妖高人一等,刺贪刺虐入骨三分。"使中国文言短篇小说达到了很高的境界。

最短的杂文,只有六个字,仍然精彩至极。

1946 年 6 月国民党反动当局派特务殴打上海反内战的请愿代表,造成"下关血案",激起公愤。当时,杂文家拾风先生在《南京人报》工作,他觉得报纸不能沉默,沉默就是犯罪,但也不能抗议,抗议会遭致报毁人亡,于是,他凝聚全身愤怒,写了毕生最短的杂文,六个字:"今日无话可说!"

讲话、回信、回答问题,练到极致也如此,"隔行如隔山"。

巴黎《解放报》曾向世界 400 多名作家发信,请他们回答问题,发表意见:"你为什么写作?"得到的回答五化八门,各有见地。有的严肃令人寻味,有的风趣引人发笑,但都"只有一句话"。

巴金说:"我以文学改造我的生命、我的环境、我的精神世界。"台湾作家陈映真,因坐过七年牢,则说:"让被侮辱的人重获自由尊严。"华裔作家白先勇说:"我要把人类心灵沉默的痛苦化为文字。"《日安夏郁》的作家莎冈只回答六个字:"因为我喜欢写。"诺贝尔文学奖获得者马尔克思说:"是要我的朋友爱我更久。"英国的格林干脆说："这问题根本没有必要,我长了疮,熟了,我把它挤掉,写东西就是这么回事。""科幻小说纪念碑"之称的阿西莫夫的回答当然是与科学有关："我写作与呼吸是同一道理。我不这样做就会死掉。"明星化的美国作家库纳则说："如果我们是作家,我们别无选择。如果我们不是作家,我们又没有欲望。"巴西作家西奥·索萨说："我不写作便收不到版税,而我更无饭可吃。"79岁的诺贝尔文学奖获得者贝克特说："有什么比写作更好呢?"西德名作家格拉斯说："我写作,是因为我没有本事做别的工作。"

中国人不喜欢讲长话,外国人也不喜欢讲长话,甚至还有限制讲长话的"绝招"。

冗长的讲话,啰唆的话语,费人的时间,令人生厌。为了制止那些冗长发言,人们想出了种种妙法:

在美国南方的一种聚餐会上,发言者要手握一块冰,讲多久就得握多久。

在南非的一些部落里,发言者需独脚站立,如果另一只脚一旦落地,就得自动停止讲话。

在英国肯特郡的一个俱乐部里专门给发言人制作了一个大型面具。一条与电钟相连的长舌从面具口中伸出,发言开始后,长舌同时摆动。到第八分钟时,面具上的眼睛眨动,提醒你发言该结束了。如果发言者滔滔不绝地再多讲两分钟,这巧妙的装置就会把整个房间的电源切断。

这样的办法,对应这样的人,能否也使他练到极致,还需要用实践来检验。

中国人多,各式各样的人才也多。七十二行,行行出状元。学外交的、搞法律工作的、做律师以及宣传工作等等,都需要培养自己的论辩能力，"论"与"辩"是一种辩证关系，要使它能达到"极致"，首先还应弄清"辩证法"是怎么来的？它的创始人是谁？

长期以来，对于辩证法的创始人这个问题，哲学家们众说不一，那么究竟谁是辩证法的创始人？林日葵在《学术论坛》1988年第一期撰文认为，弄清这个问题的关键是弄清古代辩证法的含义。从各方面的材料看，古代的辩证法至少有以下四个含义：

第一，辩证法是指交谈、议论、谈话的艺术；

第二，辩证法是进行论战；

第三，辩证法是指克服对方矛盾的方法；

第四，辩证法是指揭露思维矛盾，发现真理的办法。

根据以上辩证法的含义，它确定辩证法真正创始人应当是苏格拉底。原因有以下三个方面：

第一，在西方哲学史上，苏格拉底第一次提出辩证法的这个概念。

第二，苏格拉底第一次规定了辩证法（即讨论问题的艺术）的内容是在谈话和辩论中揭露对方论断中的矛盾并克服这些矛盾以求得真理的办法。

第三，苏格拉底的一生是在论辩中度过的。

中国人也具有这种论辩能力，特别是我们国家领导人历来就很重视培养这种能力。

周恩来《巧妙讽刺杜勒斯》的故事，就很说明这一问题。

周恩来是世界公认的卓越的雄辩家、外交家。

1954年，瑞士日内瓦会议，周恩来碰到了美国国务卿杜勒斯。当时，朝鲜战争刚刚结束不久。周恩来落落大方，不计前仇，伸出手去跟杜勒斯握手，不料杜勒斯心胸狭窄，把手缩了回去。哪料周恩来一点也不在乎,笑着说:"在朝鲜,我们志愿军一伸手,你们美国兵就一个劲地往后退!这个毛病,今天怎么传染给国务卿先生了!"经周恩来一说,杜勒斯难堪极了!

由此看来,培养好我们的"论辩能力"是很有用的,也是很有必要的。论辩能力,是一种综合能力,是由多种能力综合而成,大体有以下几个方面:

(一)语感能力

语感能力是语言文字的敏锐的感受能力,即如叶圣陶先生所说,是对语言文字的一种"正确而丰富的了解力"。而口语表达的语感能力,就是对口头语言的敏锐的感受力。

在论辩中,口语语感能力强,才能准确鲜明地表达自己的思想观点,也才能敏锐地发现对方在语言表达上的毛病或疏漏。如概念不清,用词欠妥,原则或原理表达不够清晰妥当等,以便及时进行驳诘、反击。

(二)反应能力

反应能力指迅速接受语言信息、处理语言信息的能力,也包括迅速思考,产生新的信息,并迅速发出新的信息的能力。

论辩中,接受信息反应要迅速及时。这就要求论辩者具有高度的语言感受敏感性,能即时发现对方论辩中的疏漏与失误,并通过敏捷的思考,产生论辩的新信息,提出辩驳意见。因此,论辩者的反应能力,可以说,就是指语言感受的敏锐性、思维的敏捷性和语言表达的即时性。

(三)逻辑思维能力

在论辩中雄辩有力地表达自己的主张、见解,并使对方心悦诚服地接受自己的观点,除了观点本身应具备科学性、真理性之外,语言表达应有逻辑性,蕴涵强大的逻辑力量,即要求论辩者要有高度的逻辑思维能力。

论辩者的逻辑思维能力,表现在两个方面:一方面是论辩者自己论述的逻辑性,应条理清楚,逻辑严密,具有雄辩的逻辑力量;另一方面是善于敏锐地发现对方论述中的逻辑错误,从逻辑论证的角度,以富有逻辑力量的驳法,轻轻驳倒对方。

(四)判断能力

论辩者应有较强的判断能力,一方面准确地判断自己的论辩效果,及时调整论辩策略与论辩技巧。另一方面,要准确即时地对对方的命题、观点、语言意象等做出判断,即时采取相应的对策。较强的判断能力来源于对问题(或命题)的分析和思想认识的较高的能力。只有认识能力强,才能抓住问题的本质,确保自己的观点的科学性和真理性。只有分析能力强,才能透过现象,条分缕析,使论据充分,辩驳鞭辟入里。这里,分析、认识、判断能力,起着不可低估的作用。

(五)语言的攻击能力

论辩中,无论主动出击或自卫、反击,都要求论辩语言具有较强的攻击能力,具有论辩色彩和雄辩力量,具有雄辩美。这是论辩中语言表达能力的重要方面,也是论辩语言的基本要求。

论辩语言的攻击能力,首先来自于语言的准确与鲜明,不要模棱两可、含含糊糊、吞吞吐吐。另一方面,还应适当运用修辞手法,加强语言的生动性,就会提高语言的攻击力和论辩色彩。

(六)创造性思维能力

具有良好的创造性思维能力, 可使论辩者在论辩中思路开阔,联想丰富,反应灵敏;可使论据新鲜而有力,论点新颖而确当,论辩技巧多变,论辩语言新鲜生动,幽默感人,从而保证了论辩的胜利。

综上所述,论辩能力是由多种能力构成的。论辩者论辩能力之高低,往往决定了论辩的胜负。只要人们在论辩实践中不断提高自己的诸多能力,是谁都有可能成为论辩家的。

只要你能努力把基本功练到极致,你就一定能成功,一定能成为社会所需要的人。最终能否成功?不靠父、母,不靠朋友来评说,一切取决于自己。

三十九 | 与人交往忌讳多
虚心求教勤苦学

萧伯纳告诉我们说："一个人要是没有什么主张,他就不会有风格,也不可能有。一个人的风格有多大力量,就看他对自己的主张感觉得有多么强烈,他的信念有多么的坚定。"萧伯纳的话,说到了我的心坎上,我深感过去由于好多事都没有个理想的结果,就在于我有时候也有主张,但没有进一步细致地思索,主张就不强烈,所以我的信念就没有那么坚定,这就是做事半途而废和失败的原因。

我要告诉我的朋友和我的孩子们："当你有了主张的时候,就一定要有强烈的愿望去实现你的主张,坚定些,勇敢些,把你主张的大旗高高举起,不到终点,绝不放下。"暗暗地告诉自己:"我想赢,一定能赢,结果赢了。"因为"机会"就在前面,等待着有准备的人,你要当好那个有准备的人。

要做一个有准备的人,首先你就应大胆地走出去,到现实生活中去,到实践中去,学会与人交往,在交往中,你要随时提醒自己:"每一个人都是我的老师。'三人行,必有我师',在老师面前都会学到有益的知识,积累你的知识,丰富你的知识。"与人交往也要事先有准备,没有准备,盲目地去学,就会乱了你的思路,要弃其糟粕,取其精华。

交往的知识十分丰富,古人"交友待客"就有其"道",就很有讲究。

孔子说:"上交不谄,下交不渎。"所谓"不谄不渎",就是我们现在所谓的不卑不亢。即对人既不低声下气,也不高傲怠慢。这是古人交友待客中一条十分重要的原则。《礼记》说得更为具体:"不失足于人,不失色于人,不失口于人。"失足、失色和失口指的是行动、态度和言论上的错误。就是说,一个人对待朋友,不应该在行动上不轨,态度上傲慢,言语上失误,如果有了,就应该勇于纠正。

明朝永乐年间一位学者薛瑄在《读书录》中这样说:"虚心待人,则于人无忤;自满者反是。"他把虚心看做是交友待客的根本态度,无疑极有见地。"人有不及者,不可以己能病之。"就是说,对才能比不上自己的,不应该凭自己比人家强而诋毁人家。对于胜于己的人固然要尊重,对于不及于己的人也应该谦虚。

交友要交什么样的朋友,宋代岭南大学者何坦在《西畴常言》一书中说:"交朋友必择胜己者,讲贯切磋,益也。"就是说,交朋友要交学问胜过自己的人,这样才能切磋琢磨,于己有益。

当然,人,各有所长,各有所短,即使学识不如自己的人,也可结为朋友,互相帮助,以求其共同提高。

(一)怎样增强社交能力

美国著名心理学家 F.L. 古德伊洛弗向青年们提出了增强社交能力的几点办法:

1.学会各种文体活动。一个能打桥牌、打球、滑冰、游泳、跳交谊舞,还能烧营火、做牛排的人,在许多场合下,会成为大家喜欢的人。

2. 关心周围的事,特别关心你要结交的人们所感兴趣的问题。

3. 做一个善于倾听别人言谈的人。应记住对待客人最有办法的人,总是那些有办法,让客人多谈话的人。善于掌握发问的时机和提出适当的问题是很重要的。

4. 克服羞怯的办法是把你的注意力坚定地集中在目前发生的事情上,而不要想着自己。当别人问你什么的时候,应马上予以回答,但不可滔滔不绝地说下去。

5. 最好不要谈论自己,或硬把谈话向自己的兴趣上引,要注意发现别人兴趣之所在。

6. 储备一些好故事和笑话,但不要坚持说出来。与朋友聚谈时,鼓励别人谈他们的故事、笑话。并在可笑之处发笑,在适当的时候也可以说一点自己的故事和笑话,以防止可怕的冷场。顺便说一句,学会笑也许是社交的最高艺术。

(二)与人交往八注意

1. 保持外表的整洁、干净。不一味讲究华丽,追求时髦,但要适当地打扮自己。

2. 要守约。跟别人约好或答应的事,一定要守信,否则就不要答应人家。

3. 绝不能在背后议论别人,或在一个人面前说另一个人的坏话,挑弄是非。

4. 待人要亲切,要有人情味,即使面对陌生人,在微不足道的小事和细节上,也要认真以礼相待,不要自视高人一等。

5. 要有强烈的正义感,对就是对,错就是错,不要见人说人话,见鬼说鬼话。

6. 做事要光明磊落,堂堂正正,不要以卑鄙、狡猾的手段去达到自己的目的。

7. 在与人交往时,应客观地、谦逊地表示自己的意见,不要固执。

8. 当别人需要你帮助时,只要不是非分的,要不假思索地答应,尽力而为。如超出了你的能力时,应直说缘由。

朋友,对以上几条,不妨试一试。你会发现,这样做是大有裨益的。

(三)人际交往十谈

在生活中学会处理人际关系,是一桩不可忽视的事情。无论是交友,或者在工作中,它往往是促使你成功的一个重要因素。有的人过于拘谨,也有人显得轻浮失当,不能在人际周旋。为此,提出人际交往中十点注意事项,希望它能帮助你走向成功。

1. 记住别人的名字,否则对方认为你对他重视不够。

2. 举止大方。这样使别人不觉得别扭,自己也坦然。

3. 培养轻松活泼的个性。这样可以让对方觉得与你一起是愉快的。

4. 切忌自以为是。做出"无所不知""无所不能"的样子,除了更加暴露自己空虚无能,也使别人反感。

5. 培养幽默风趣的言行。注意与人交往会幽默,幽默而不失分寸,风趣而不显轻浮。

6. 经常检查自己的不足。敢于承认而且纠正自己的缺点,那样的人很受欢迎。

7. 不乱发牢骚。做到心平气和,不仅自己快乐,也令别人感到舒服。

8.学会喜欢别人。与人相处要多看别人的长处,能与和自己意见不同的人融洽相处,是胸怀宏志之人,自然朋友也多,自己有了什么困难,别人会主动来到你的面前帮助你。

9.不要吝啬恭贺的语言,要恭贺有成就的人,安慰忧伤的人。

10.永远朝气蓬勃,切忌暮气沉沉。人的精神很重要,如果表现出死气沉沉,给别人第一印象就不好,别人很想与你交往,第一次一见面在人家的心中就悄悄失去了信心。朝气蓬勃的人,不仅自己感觉良好,给人第一的印象就会使人心情愉悦,给人以信心和力量。

(四)社交中的"黄金原则"

戴尔·卡内基的《怎样赢得别人好感》一书,提出了社交中的"黄金原则":

1.对朋友态度永远要谦恭,要常常微笑地同朋友交谈、交往。

2.对周围的人要时时保持友好相处的关系。寻找时机多为别人做些什么。比如,你的邻居病了,你能想到为他做一碗可口的汤,别人对你就会经久难忘。

3.当有人给你介绍朋友时, 你应集中精力记住人家的名字。人家就会觉得你这个人很有心。

4.要学会容忍,克服任性。要尽力理解别人,遇事设身处地为别人想一想。这总能让朋友感到亲切安全。

5.要培养耐心听别人说话的习惯。社交场合不可抢别人的话头自说自话。不要经常打断或反驳别人。学会有礼貌地倾听别人说话,鼓励别人诉述心声,别人就会感到你非常民主,十分平等,从而愿意同你相处。

(五)开口十忌

一忌浮夸。把土堆说成大山,把蚂蚁说成大象,乍看似有"气魄",实则信口吹牛。

二忌轻率。喜欢轻易许诺,满口应承,貌似慷慨,徒自轻浮。

三忌粗鲁。言语粗俗,缺乏修养,与社会文明格格不入。

四忌庸俗。开口只会议论吃穿玩乐,目光短浅,内心空虚。

五忌流气。油腔滑调,打情骂俏,满口脏话,品行低下。

六忌累赘。颠来倒去,啰啰唆唆,言不及义,听而生厌。

七忌牵强。生拉活扯,牵强附会,胡搅蛮缠,爱搞诡辩。

八忌露锋。炫耀自己,危言耸听,咄咄逼人,不留余地。

九忌诽谤。说长道短,无中生有,逢甲说乙,搬弄是非。

十忌虚伪。虚情假意,言不由衷,信口许愿,失却信任。

(六)餐桌上的五忌

一忌是生气用餐。因为人们在生气、发火时,会反射地抑制唾液、胃液等消化腺的分泌,食欲大大降低,消化能力明显减弱,影响食物的消化与吸收。并为胃肠道和其他器官患病制造了条件。

二忌用餐时大动脑筋。边吃饭边思考,由于开动大脑,脑部血液循环会加快,胃肠道中血液循环相对减少,不利于消化。

三忌用餐时高谈阔论,大声说笑。用餐时心情愉快是有益的,但也要有节制。高谈阔论,大声说笑,既不文雅又容易使饭粒误入气管,造成意外事故。

四忌狼吞虎咽。这种吃法由于食物没经过充分咀嚼,唾液不能充分与食物混合,进胃后要加重胃的负担,容易得胃病。

五忌硬性劝酒与"豪饮"。"硬性"劝酒、喜欢"豪饮",这种劝酒法和饮酒法都应列为禁忌。

学懂、用好这些知识,不光是个礼节、卫生常识的问题,这里面有许多因素能使我们磨炼成才,成就我们的事业。

四十　进出家门学问多
温馨和谐好工作

　　生活需要幽默。幽默人生，就是快乐人生，有幽默，就有快乐，有幽默，就有家庭的温馨和谐，就有做好一切工作的先决条件和牢固的基础。欧美学者说，幽默是他们的专利品，中国人不懂幽默，所以不会生活。这个说法很错，我们说，幽默不是"舶来品"，古人早就喜欢幽默，一代一代的人，都喜欢幽默。古代的俳优（即戏剧、曲艺）、寓言、笑话、民谣，有许多都带有浓厚的幽默色彩。老舍作品中的幽默语言，鲁迅杂文中的幽默成分，以及我国不少领导人潇洒的举止和幽默的谈吐，都曾给人留下极为深刻的印象。

　　在日常的生活中，与朋友交往需要幽默，与外国人交往也需要幽默，在家庭中兄弟、姐妹、夫妻之间，更需要幽默，有幽默，自然就有温馨和谐，生活就充满朝气，充满希望，工作信心百倍，效率提高。

　　幽默可以助人摆脱烦恼，是生活中优质的"去忧剂"。许多人曾感受过，人在患病长期休养时，难免烦恼和忧愁，若此时亲友前来探望，说上几句幽默的劝慰话，便可迅速排遣病人的不良情绪，甚至在一段时间内忘却病痛，从而树立起藐视疾病、战胜疾病的信心。

幽默也可做人际交往中的润滑剂，使人们的交往更自然、更顺利。如初识者相见，难免会感到拘谨甚至尴尬，而几句幽默而又得体的寒暄和问候，很快就可使对方自然和轻松起来。

幽默除了能起到各种润滑作用，使人性格开朗，乐观豁达外，还具有不可忽视的创造力量。它能够增强人的想象、联想、类比等创造能力。如幽默用于绘画，便可用夸张、讽刺的笔调，塑造一个个栩栩如生并使人回味无穷的漫画形象，从而用其外表的可笑诠释一些人心灵的愚昧、可悲、可憎，使人受到教益和启发。因此，有人说好的幽默画"比新闻社论更能阐明问题"。此外，许多科学家，在学术研究时的那种轻松、无拘无束、富于幽默的气氛，也充分起到了滋润人的心灵、启迪人的智慧的良好作用。

总之，幽默源于生活，是一种十分有效的"去忧剂""润滑剂""滋润剂"……生活需要幽默。

夫妻之间有一点幽默，可以增添一分情感，恩爱夫妻就是要无话找话说，多一点交流会更加和谐，夫妻之间进出家门打个招呼既不是客套、虚伪，也不是单纯的礼节应酬，而是夫妻情感交流的一种形式。夫妻进出家门打招呼可以产生以下心理效应：

第一，相互尊重。体现对配偶的存在与价值的重要和肯定，满足对方的尊严需要，从而激起对方协调、亲近等心理反应，有利于情感的和谐与共鸣。

第二，暗示作用。它一方面包含着商量的意思，即"亲爱的，我上班去了，你有什么话要告诉我吗？有什么事要我办吗？"另一方面增强对方的安全感，即"我上班去了，你不用担心"。

第三，对全天的心理起定型作用。人一天的心理基调，大都在起床至上班之间形成。如果夫妻分别上班时不理不睬，对方心理都会产生若有所失的感觉。在这种心理定型下，就可能引起若干不愉快的联想，进而产生防御心理和不良对策，像报复、挑衅、赌气等等，这就有意无意地给夫妻关系投下了阴影。

第四，出门打招呼可以避免误会。如果丈夫出门时不向妻子告别并说明去处，一旦回家晚了，妻子就可能怀疑他在外干什么见不得人的事，从而产生不必要的误会。

夫妻双方不仅出门要注意打招呼，在下班回家时，也应注意相互招呼。我国有句谚语说："出门观天色，进门观脸色。"进门的脸色、招呼与说话的语调、语气都能给那以后一段时间的夫妻共同活动定下基调。比如，丈夫进门看到妻子正忙家务，便招呼道："你辛苦了!"妻子心理会乐滋滋的，再累也心甘。如果丈夫进门后不理不睬，躺在沙发上抽烟，妻子就会不愉快，因为丈夫的行为似乎是说妻子该侍奉他，这就会损伤妻子的平等与自尊心理。因而给双方以后的活动蒙上一层灰色情感，双方的交流就会变得很困难，有时还会引起"内战"，使双方感情受损害。总之，夫妻进出家门时，不仅应该打招呼，而且要会打招呼，要根据当时的气氛，把话说得"甜"一点，让自己的关心、尊重、亲爱之情于细微处表现出来，使夫妻关系更加和谐与幸福，工作也会更加出色和完美。

莎士比亚说："有些人似乎永远不老。他们思想灵活，接受新见解，永无顽固保守之论；满足而永不自傲，安定而永不停止；他们能享受现实中最好的事物，又能发现未来的最佳事物"。温馨和谐的人"永不老"，能愉快地接受新事物的人"永不老"，知足常乐的人"永不老"，会享受的人"永不老"，善于发现未来最佳新事物的人更是"永不老"。

当然,"永不老"的人,他们的工作,就一定会收到丰硕的成果,而这种硕果累累的收获就来自于"温馨和谐"。

(一)恩爱相处就是和谐

夫妻之间,能恩爱互助,和谐相处,生活、工作定会是"吃甘蔗上楼梯——步步高,节节甜"。不论在国内国外,不管从事什么职业,在现实生活中这样的家庭是不少的,值得提倡。法国的皮埃尔·居里与居里夫人,一生恩爱如初,事业有成,双双获诺贝尔奖。1903年夫妇获物理学诺贝尔奖;居里的女儿爱琳与女婿弗雷德获1935年化学奖;美国的卡尔·F.科里与格蒂·科里夫人,获1947年诺贝尔医学奖。

在我们国家,有很多恩爱夫妻,双双工作业绩辉煌,一生相敬如宾,和睦相处,荣辱与共,白发到老,凡是到了任何一个结婚周年,都是他(她)们必庆的节日,他们把"结婚纪念称谓"随时记在心中:

一周年——纸婚

二周年——棉婚

三周年——皮婚

四周年——花果婚

五周年——木婚

六周年——糖婚

七周年——毛婚

八周年——铜婚

九周年——陶婚

十周年——锡婚

十一周年——钢婚

十二周年——丝婚

十三周年——花边婚

十四周年——象牙婚

十五周年——水晶婚

二十周年——磁婚

二十五周年——银婚

三十周年——珍珠婚

三十五周年——珊瑚婚

四十周年——红宝石婚

四十五周年——青玉婚

五十周年——金婚

五十五周年——绿宝石婚

六十周年——钻石婚

只要到了任何一个结婚纪念周年,总要"大庆或小庆"一番,相互交流情感,总结经验,谈论美好人生,其乐无穷。

(二)宽人责己也是和谐

现实生活中,有的人只顾自己不顾别人,自己错了反给别人过不去,"城隍老爷作报告——净讲鬼话"。有的还爱做缺德的事,坑害他人。

清代乾隆年间,南昌城,有一点心店主李沙赓,以货真价实赢得顾客满门,但其赚钱后,便掺假使假,对顾客也怠慢起来,生意日渐冷落。一日,书画名家郑板桥来店进餐,李沙赓惊喜万分,恭请题写店名。

郑板桥挥毫题写"李沙赓点心店"。墨宝苍劲有力,引来了不少人观看,但还是没人进餐。原来是"心"字少写了一点,李沙赓再三请求补上一"点"。但是郑板桥却说:"没有错啊,以前你生意兴隆是因为'心'有了这一'点',而现在生意冷淡,正是因为'心'少了一'点'。"李沙赓感悟,才知道经营人心的重要。从此以后,李沙赓痛改前非,以真心待人,重新赢得了人心,生意又红火起来。

(三)成人之美等于和谐

孔子说:"君子成人之美,不成人之恶,小人则相反。"又说"毁人的善以为善,狡奸怀诈以为智,希望他人出过错,耻于学习又羞于无能,这就是小人"。称赞人的长处,成就人的美德,都能使人产生一种由衷的喜悦。

掠人之美,作为自己的美;贪人之功,作为自己的功;窃人之善,作为自己的善,这都是应该严格警戒的。

曹操的曾祖父曹节素以仁厚著称乡里。邻居家的猪跑丢了,而此猪与曹节家里的猪长得一样。邻居就找到曹家说那是他家的猪。曹节也不与他争,就把猪给了邻居。后来邻居家的猪找到了,知道搞错了,就把曹节家的猪送回来了,连连道歉,曹节也只笑笑,并不责怪邻居。在当今的现实生活中,能主动关心、支持别人,成就别人的好事,也大有人在,这样的人越多,我们的社会就越和谐。

(四)知错即改就是和谐

在现实生活中,多数人还是能知错即改,这样对人对己都有好处。但却有少数人,表面上能说会道,就是有了错死不认账,谁也说服不了他,"夜壶镶金边——长了一副好嘴"。这样就不能和谐了,改了内外矛盾没有了,必然和谐。

能知错改错的人,对人对己,都有好处。有个《偶然中试是朱然》的历史典故。

　　清代,浙江嘉兴有个读书人名叫朱然,他平时不好好读书,考了几次,结果连秀才也没能考上。但到后来,他不仅考上了秀才,而且乡试中试,成了举人。那些当初同他一样不求上进的人很不以为然,认为朱然中举纯属侥幸。大家很不服气,便在他门上写了一句诗讽刺他:"偶然中试是朱然。"朱然也不分辩,一笑置之。第二年春天,朱然参加会试和迁试又高中进士,于是他把门上那句诗续成了这样一首诗:"偶然中试是朱然,难道偶然又偶然?世间多少偶然事,要知偶然不偶然。"

　　原来,朱然几次应试未中,数受挫折之后,便改弦易辙,日夜勤读,结果学问大进。他的连试连捷,正是发奋的必然结果,并非偶然。

(五)美在发现也是和谐

　　美与和谐息息相关,丑与和谐紧密相连。人有美丑,物也有美丑,同一个人,有人说美,有人说丑,倘若他思想品德高尚,却不会有一个人能说他不美;而同一件物,有人说美,有人说丑,是美是丑,却没有一个人能武断下判,只能各自去欣赏,去寻找重新发现。

　　广闻博见,有个《乱石铺街》的故事:"乱石铺街",不说它丑就够朋友啦!谁会说它美呢?可郑板桥发现了它的美。

　　从前,郑板桥有一次在扬州街头散步,发现路面乱石铺叠,大小胡同乱而有致,具有一种自然的美感,从中得到启示:书法要有自然天趣,大小不等,无定型规矩才好。从这个观点出发,他终于独创了一种书体"乱石铺街体",受到后人的赞赏。"乱石铺街体",最动人的地方在于有一种"参差美"。这种美,在美的世界中广泛存在,在书画中尤为突出。凡是脍炙人口的书画都乱中有序,乱而有章,龙飞凤舞,粗细不等,大小疏密,短长肥瘦,倏忽万变,这实际上都是"参差美"的表现。康有为有一段话,对"参差美"做了很确切又很有风趣的解释,他说:"如老翁携孙幼行,长短参差,而情真挚,痛痒相关。"

整齐划一,是一种美。但参差不齐,散乱无序,也是一种美。

(六)量体裁衣等于和谐

"量体裁衣"在这里指的是一个人做事,你自己心里应有杆秤,适合做什么,才去做什么,做事只要你尽了心努力了,实在办不到就不要勉强行事,如果你办得到,而且适合做那件事,但你不努力去做,就是懒惰的表现。你自己认识清楚了,走错了路,你改得早,你又下了决心,又努力在做,你的事业,仍将走向辉煌。在我们身边这样的事,不胜枚举,古今中外如此。

美国当代著名科普作家阿西莫夫,原是美国波士顿大学生物化学教授。但他早在从事博士论文研究的时候,就已经发现自己不太善于做化学实验。他曾回忆说:"我的手工操作笨拙,只要我一走近,不是摔了试管,就是试剂不好好地完成他通常的任务。这就是我后来选择写作生涯而不搞研究工作的许多理由之一。"阿西莫夫在15岁进入哥伦比亚大学的时候,就已经开始发表小说了,18岁时发表了他的第一篇科幻小说《被放逐的维思塔》;三年后,另一篇科幻小说《黄昏》的发表,轰动了美国。他从创作实践和教学实践的比较中进一步认清了最能发挥自己才能的方向:"我决不会成为一个第一流的科学家,但是我可能成为一个第一流的作家。因此,他毅然地告别了大学的讲台和实验室,成为一名专业作家。

事实证明,阿西莫夫的这一选择是明智的。四十余年来,他创作了二百四十余部科普作品,其中有不少佳品。美国著名天文学家和作家卡尔·萨根认为,阿西莫夫是"当代最伟大的解释家"。他的作品风行世界,中文出版已达二十种。

(七)跌而复生就是和谐

不论是当今和古今中外,都有不少的人在自己的事业上,经历了"倒下去,站起来,又倒下去,再站起来"的不懈奋斗,不等、不靠、不要,就靠自己,最后成功了。可在我们眼前,有那样一部分人,在计划经济的环境下长期养成了惰性,靠天靠地,就不靠自己,想想,这样下去能有和谐吗? 自身不和谐,小家不和谐,大家(国家)也不和谐。那些不等、不靠、不要,就靠自己,跌下去又站起来的人是值得称赞的。

施利华曾经是叱咤泰国商界的风云人物,他就有"回头再来的勇气"。他曾是一家股票公司的经理,为这个公司挣了几个亿,自己也因此发了起来。玩腻了股票,他转而炒房地产,把所有积蓄和银行贷款全部投入了房地产生意。但时运不济,1997 年 7 月的金融风暴把他从老板的宝座上拉了下来。除了一身债,施利华这个昔日的亿万富翁变得一无所有。面对命运的无情提弄,施利华曾经万念俱灰。经过几个月的心理煎熬,他终于鼓起回头再来的勇气,和太太开了一间做三明治的手工作坊,他每天头带小白帽,胸前挂着售货箱,沿街叫卖三明治。很多人尝了"施利华三明治"后,都喜欢上了他那独特的味道,施利华的小本生意越做越好,越来越红火,他的人生又重新鼓起了希望的风帆。

人生不可能不遭失败,不可能不需要回头再来。一个缺乏回头再来勇气的人,可能拥有过成功的人生阶段,但不可能赢得成功的人生。而每一个笑到最后的成功者，必然都具备回头再来的勇气。

（八）善于寒暄也是和谐

寒暄，是见面时谈天气好坏和生活琐事等内容的应酬话。人们在探亲访友或邂逅相遇时，都要说几句话，以沟通彼此之间的感情，创造出和谐的气氛。那么，寒暄之中要注意些什么呢？

初次见面，双方都有一种了解对方的愿望，彼此也都特别注意对方的举止言谈，因此，寒暄中的语言要体现出坦诚、真挚、热情，不要恭维、虚伪和冷淡。说话时要委婉而又恰到好处，寒暄之语不宜过多，能用"您好"表示的绝不赘言不止，能用一言以蔽之的绝不说三言五语。如果滔滔不绝地说个没完，会给人一种卖弄风骚之感，"查户口"式的问候会使人烦而生厌。

熟人相见，有的人平时缺乏语言修养，出言不逊，俗不可耐，见面时总是先骂上几句口头禅，或说上一句"他妈的，干什么去"等惹人讨厌的口头禅；也有的人在公共厕所见面时，不能避实言虚，竟说出"你吃饭没有"之类的话，有意无意之间造成双方的难堪或尴尬。这些，都应该注意避免。

人与人之间交往，有长幼之分、男女之别，故寒暄用语也应有区别。如同长辈相遇，要表示谦恭，见到同辈可以随便些，但不能让对方感到虚伪；碰到晚辈可等对方先开口，并应言而答；如果和同事、朋友相见，应当主动先说话，以体现出尊重与热情。但寒暄时，不要唠叨不休，特别是与女士寒暄时，切忌"拿腔拿调"，应该显得庄重而不呆板，热情而不轻佻。见面寒暄几句，是一般的生活常识，它不仅是社会交往的一种手段，而且几句正中下怀的寒暄话，可以为扩大其他话题找到突破口，避免"话不投机半句多"的现象。

(九)邻里和好等于和谐

俗话说:"远亲不如近邻",与邻里和同事搞好关系,和睦相处是一种和谐。与同事、邻里相处不要恃才傲物,要相互尊重。相互瞧不起,甚至用孤傲的态度,来对待对方,就更是大错特错,反之,你认为对方比你强,也不必盲目自卑,要有自信。

知之为知之,明白地告诉别人。"这个问题我不懂",并不丢脸。相反的,不懂装懂,说出许多外行话,甚至闹出笑话来,则会破坏你给对方的良好印象。

挺身而出,关心别人。你的邻居、同事突然间会遭到巨大的变故,这时你肯挺身而出,予以帮助,将会使对方感受到人世间的温暖。平时彼此间的一些嫌疑,此时也会冰释。

大度集群朋。相邻之间,难免会有各种矛盾、分歧,甚至闹一些小小的误会,或是背后说你的坏话,如果不是什么原则问题,应该一笑了之。也可在关键问题上做必要的说明,以澄清事实,并在自己的实际行动中有所表示。

嫉妒之心不可有。当一个你很熟悉甚至并不比你强多少的同事和邻里,突然在事业上获得较大的成功,你只应该羡慕,而不应该嫉妒。由嫉妒产生恨,寻衅闹事,或造谣中伤,更为可悲。

邻里、同事之间的交谈,要以平等又无害的话题为主。一旦看法倾于对立,要想法缓和气氛或转换话题,不必在小事上伤了相互间的和气;评论事物注意避免人身攻击,不用不恭敬的言辞,以防惹出不必要的麻烦;不要没完没了地与邻里、同事诉苦。

(十)别嫉妒人就是和谐

人与人之间要和谐,就一定不要去嫉妒别人。怎样才能克服嫉妒心？

1. 充分认识嫉妒的危害，危害至少有三：一是打击别人，二是贻误自己，三是腐蚀风气，于人于己于社会都有害。心理学告诉我们，凡是心理上厌恶的东西，行动上就能加强与之决裂的自觉性。

2. 不要产生对立情绪。嫉妒者认为别人进步了，于己"不利"，首先有对立情绪，就容易嫉妒别人。如果把别人看做"一家人"，就像对待自己家庭成员的进步一样，就不会产生对立情绪和嫉妒心了。

3. 正确对待自己。对别人的进步，既要不服输，又要服输。不服输就是不甘落后，正是为了进步；服输则是看到别人的长处，虚心向别人学习，也是为了进步。要正确认识自己，才能取长补短。

4. 不妨来个"心理位置互换"。俗话说：将心比心。这在心理学上叫"心理位置互换"。一旦嫉妒的阴影笼罩你的心头时，你可设想一下：要是我处于对方的位置，心里又有什么感受？这样一想，嫉妒心往往很快消失。

要克服嫉妒心，关键在于克服私心杂念。"心底无私天地宽"，无私才会坦荡乐观。

嫉妒还有历史根源，隋炀帝是个妒才者。

人们多知隋炀帝因妒功逼死元勋杨素，杀死名将高颖，却很少知道他妒才诛戮名士王胄、薛道衡的事。炀帝擅诗，不少作品流誉当时，因此他非常自负。人一自负，就怕别人比自己强。故史书有云："隋炀帝善属文，不欲人出其右。"他曾作《燕歌行》，令文士唱和。王胄的和作超过了他的原作，他大为恼怒，忌恨不已。光忌恨他觉得还不够，只有杀掉王胄心里才痛快。于是，他罗织罪名把王胄杀掉了。因王胄诗中有佳句"庭草无人随意绿"，刑前，炀帝便得意地问王胄："庭草无人随意绿,复能作出耶?"另一名士薛道衡并未在炀帝面前炫耀自己,只因他的诗中有佳句"暗牖蛛网,空梁落燕泥",脍炙人口,遂引起炀帝的嫉妒。于是,炀帝又罗织罪名,把薛道衡也杀掉了。谁有功、有才,就妒谁杀谁,这就是隋炀帝的为人。

隋朝灭亡,非常迅速,原因很多,外乏征伐之将是其一,内无运筹之士则更为重要。《隋书·炀帝纪》说:炀帝"猜忌臣下,无所专任,朝臣有不合意者,必构其罪而族灭之"。到头来自己也只落得个国亡身灭的下场,为天下笑。观隋之覆亡,足见妒才之害。

与嫉妒分手。许多人苦于被人嫉妒,许多人又困于嫉妒别人。人们都会说嫉妒是个坏东西,可见它至今仍缠住不少人的心灵。嫉妒作为一种变态心理,是同个人的思想品德、修养相关的。一个心胸狭隘、私欲严重的人,很难正确认识自己和别人,于是同嫉妒结友,也就不足为怪了。

嫉妒心具有明显的指向性,常指向比自己能干的人。嫉妒包括"嫉德":嫉妒那些思想上政治上积极要求进步,并做出成绩的人;"嫉才":嫉妒智慧、才华、学识超过自己的人;"嫉能":嫉妒工作能力、组织能力、活动能力乃至社交能力比自己强的人;"嫉名":嫉妒出了名或者得到提拔的人;"嫉财":嫉妒工资、收入比自己高的人。

嫉妒是一种腐蚀剂,它使团结涣散,关系紧张,嫉妒者自己也感到心神不安,有损健康。奉劝以嫉妒为友的人,赶快与之一刀两断,走进温馨和谐的大环境。

(十一)知恩必报就是和谐

有一个《半碗水救条命》的故事:

有两个人在沙漠中行走,正在他们口渴难耐时,碰见一个牵骆驼的老人。老人给了他们每人半碗水,一个人接过这半碗水,愤怒地指责老人过于吝啬,抱怨之下竟将半碗水泼掉了;另一个人接过这半碗水,他深知这一点水难以解除身体饥渴,但他却油然而生一种发自心底的感恩,并且怀着这份感恩之情,喝下了这半碗水。结果,前者因失去这半碗水而死在沙漠之中,后者因为喝了这半碗水,终于走出了沙漠。

这个故事使我们懂得:对生活怀有感恩之情的人,心态是平和的,心情也总是很愉快的,即使遇上更大的灾难,也能熬过去。常怀感恩之心的人,即使遭遇挫折,也会很快战胜挫折;而那些常常抱怨生活的人,他们总是生在福中不知福,即使遇上了福,也不会认为那就是福,他们无法从其中体会到快乐与幸福,更不会懂得感什么恩。

感恩不仅是中国人,外国人也很讲感恩,所以,就专门设有一个"感恩节"。感恩节的由来:

1620 年 9 月,102 名英国清教徒为了摆脱宗教和政治上的迫害,乘木船经过 65 天的航行,在 11 月 21 日抵达美国马萨诸塞州科德角的普洛文斯顿,一时找不到歇脚的地方,后来在普利茅斯找到了一个印第安人的村落,于是他们便在那儿定居下来。

这些英国移民在当地印第安人的帮助下,学会了狩猎、捕鱼等技能,又开垦荒地种植玉米、荞麦,并且获得了好收成。

为了庆祝丰收和增强同印第安人的友谊,这些移民在 1621 年秋,用猎取的火鸡,自己种的玉米、红薯、南瓜等做成佳肴,设宴招待印第安人。当时有 90 名印第安人带着五只鹿前来赴宴。白天除了大摆宴席外,还举行摔跤、射箭等比赛;夜晚,移民们和印第安人围着篝火跳舞唱歌。这样一年又一年,终于形成了一个固定的节日,这就是感恩节。

1795 年,美国总统华盛顿宣布感恩节为全国性节日,但日期并没有固定。1941 年美国国会将感恩节定为每年 11 月第四个星期四,一直延续到今天。

外国人知道感恩,我们中国人有传统的美德,更应知道感恩,无论是父母的养育、师长的教诲、配偶的关爱、他人的服务、大自然的赐予……人自从有了自己的生命起,便沉浸在恩惠的海洋里。

每个人只要明白了这个道理,就会感恩于大自然的福佑,感恩父母的养育,感恩他人的帮助,感恩社会的繁荣,感恩食之香甜,感恩衣之温暖,感恩蓝天白云的赏心悦目,感恩苦难逆境的磨炼。这样他的一生就会是快乐和幸福的。工作也会积极、主动而有成效。

四十一 回想历史"九次宴" 胜败存亡今可鉴

　　说到历史"九次宴",不是每个人都知道的事。当然,大凡提到一个"宴"字的,都关系着吃的问题。"宴"字还有一层意思,一般来说,官方请客叫"宴",民间就只说"请客吃饭";当然,还各有各的吃法,并且有三等三级之分。总之,叫"设宴"也好,叫"请客"也罢,都绝不光是为了吃,因为人必定与动物不一样,动物,不能叫"吃饭",只叫"猎食",饿了就要吃,吃没有目的,只要装满了肚皮就行,也不会与被吃者商量,不管你愿意不愿意。大鱼吃小鱼,小鱼吃虾,虾吃黄泥巴,凡是动物都如此,"动物世界"可以作证。

　　人吃饭就不一样,叫"设宴",叫"请客",都要事先策划,首先发个请柬,来个"请"字,请了来不来? 来了就看对象说话,就分"三等九级",重要客人,又有重要的事,级别就要高,其次可分别对待。就这样延续,从盘古开天辟地直到今天。

　　但"平民"我就有个问题还想不明白,当今,只要一说到"吃",就说"饮食文化""酒文化",饿了就吃,想吃就吃,为啥偏要加个"文化"? 皇帝吃饭都没有讲"文化"吗?

306

纣王的"酒池肉林",也称"荒淫之宴",好像确实没讲什么文化。

纣王和妲己这一对狗男女穷奢极侈,让人挖了一个 10 丈长、5 丈宽、2 丈深的大池子,当游泳池吗? 不是,倒满了酒,又让人宰杀了数百头牲畜、飞禽、猎物,把它们鲜嫩的部分切下来,精心烤炙,然后悬挂起来。当然还没有完,他让 100 名宫女和 100 名宫奴(不是太监),赤身裸体穿梭其间,舞蹈嬉戏或学动物状俯首翘臀饮酒吃肉。纣王和妲己看着这个 A 片真人秀,哈哈大笑,但是只觉得过瘾,并不刺激,又捉来几名怀疑有二心的大臣,让他们走一根烧红了的铜柱子,这又叫炮烙之刑……

一个国家一个君王到了这一步,离灭亡也就不远了,纣王的荒淫终于使商朝毁灭了,他本人成了暴君的代名词,酒池肉林也被作为了最为奢侈的生活的比喻,成为了以后君王引以为戒的教训。

这个"宴",就与动物猎食"差不多",说"差不多"还是有点不同,不同的是,他们懂得边吃边听,边吃边看,听唱歌,看跳舞。

这种生活,当然是"好生活",是神仙过的生活,要想永远过下去,必须保住它,要保首先就要保住一个"权",没有权,就看不到光屁股舞了。

有了"权",管他是父,是母? 是侄,是叔? 只要是对自己不利的,不好的,就把他杀掉,才有好日子过!

专诸刺王僚,叫做"勇者之宴",就是侄子为了夺回已丧失的大权,而杀死叔父。

春秋晚期,吴国的王僚篡夺了他侄子公子光的王位,公子光决定夺回王位,他听从了伍子胥的建议,收养了一名勇士专诸,让他学习西湖大鲤鱼的做法。这一天,公子光请王僚到府上赴宴,说他有个厨子很会做大王喜欢吃的鲤鱼,王僚虽然有疑心,但还是经不住美食的诱惑决定赴宴。他采取了严密的警卫措施,从王宫到公子光的府上一路上站满了卫队士兵,在公子光的府里也戒备森严,在宴会的厅堂里也全是卫兵,参加宴会的也只有王僚和公子光叔侄君臣二人,每一个近前上菜的服务人员或厨子,都要经过严格的搜身检查。一会儿公子光借口去卫生间而离席,这时,专诸端着一盘大鲤鱼来了,在门口几名卫士对他进行了例行的搜身后放他进入,专诸跪倒在王僚的面前呈献上鲤鱼,垂涎欲滴的王僚正准备动筷子,专诸突然伸手从鲤鱼的肚子里抽出了一把锋利的短剑,狠狠地刺向了王僚,利剑穿透了王僚贴身的铠甲刺入了他的胸膛,周围的卫士被这突如其来的行为惊呆了,少顷才如梦方醒把专诸乱刀砍死。公子光带着他的卫队从地下室涌了出来,很快控制了局势,不久他终于坐上了王位,史称王阖闾。

这是一起极为出色的行刺,它让专诸这样一个勇士彪炳青史,但从此宴会也成为了一个阴谋频现的场所。吴王阖闾开创了吴国的霸业,他在与越国的战争中负伤而死,他的儿子就是吴王夫差,从此又引出了吴国伐越、勾践卧薪尝胆、范蠡西施等一出出历史话剧。

公子光杀叔父,完全只是为了夺回已丧失的权力,可后来的"宴",就逐步变得异样了,变味了,也确实有点儿味了。

曹操大宴铜雀台,叫做"文学之宴"。

赤壁之战已经过去两年了,天下三分的局面初露端倪,曹操一边打理着掌控的半壁江山,一边屯田练兵,准备完成一统天下的大业,但此时天下并没有大的战事,曹操似乎感到可以有一丝的喘息,于是铜雀台建成了。落成典礼的当晚,曹操在铜雀台上大宴群臣,除了歌舞乐器的表演,武将们还进行了精彩的射箭比赛,文官们在曹操的儿子"天下第一才子"曹植的带领下,纷纷吟诗作赋展示着自己的才华,为曹操歌功颂德,而曹操也慷慨陈述自己继续匡复天下的决心,并借着酒意说自己并没有篡汉之心,最大的心愿就是死后墓碑上记刻着"汉故征西大将军",就知足了,群臣请曹操也赋诗一首来纪念这次盛况,曹操徐徐写下了"对酒当歌,人生几何,譬如朝露,去日苦多"。感慨自己年事已高却壮志未酬,但眼前的美酒盛况却令他陶醉"慨当以慷,忧思难忘,何以解忧,唯有杜康……"。赤壁之战也让他感到天下最优秀的人才并没有全部收揽于自己的帐下。不久前,他派名士蒋干去游说曾在赤壁打败过他的周瑜,周瑜对蒋干倒还讲老同学的情谊算是礼遇有加,但并不归降。"青青子衿,悠悠我心,但为君故,沉吟至今……周公吐哺,天下归心。"这首以后名扬天下的《短歌行》诞生了。这次宴会上,曹操还猛然想起自己的恩师蔡邕的女儿流散在匈奴部落,用重金把她赎回,这就是蔡文姬。文姬归汉后整理默写了大量流散的著作,自己还创作了《胡茄十八拍》,成为了传世名曲。

以此次盛宴为开端,曹操把铜雀台作为诗歌和文学创作的乐园,聚集了一大批有才华的文人,在铜雀台上创作了许多的传世佳作,这就是中国文学史上有名的建安文学。建安文学的主要成就在于诗歌。它继承和发扬了汉乐府的现实主义精神,真实地反映了时代的社会生活。建安诗歌以五言为主,亦有四言、杂言等,而以五言成就最高,为五言诗的发展铺平了道路。它影响了后世的文风、格律、文体乃至文学的精神。

这次宴,确实创作和发展了文化。我想,当今,人们所讲的"饮食文化""酒文化",可能就是这么传起来的吧!说得好听点,这也就是人们常说的"文化传承"。

"文化传承",有的传承得很好,有滋有味,有品位,有创造,有发展,带有进步性,值得提倡;有的"传承"就传歪了,传偏了,传变味了,传进了黑巷子,死胡同,当然也传进了四星级、五星级大酒店,有的地方也"创造、发明"了花样繁多的"宴"。有个叫"猴酒乐"的宴也很精彩,请客吃饭,吃腻了天上飞的,地下走的,水里游的,想吃别的。吃腻了四个腿的,只吃两只腿的,再吃没有腿的。

"猴酒乐"宴,正宗的"饮食文化"。怎么个吃法?贵客满座,主人坐中,上位之中,称上霸位,客人分坐左右,下座一般为随从、秘书、驾驶。这叫"上坐乌龟下坐客,两边坐的才是大老爷"。乌龟虽坐上席,只有发言权,没有决定权,一切由大老爷说了算。乌龟只管付钱,当然,只能是叫"秘书"办;乌龟只管陪酒,以示隆重,常常要喝世界七大鸡尾酒:亚历山大、阿美里卡诺、血腥玛丽、菲斯杜松子、牙买加甜酸鸡尾、曼哈顿、内格罗尼。乌龟高高兴兴,一个一个把酒的名字叫出来,请大老爷定夺。乌龟要使大老爷高兴,可以随便讲故事,说笑话,不管荤素,高雅与下流,要逗得大老爷咯咯地笑,这才是唯一检验标准。除此,乌龟没有其他的决定权。

开始杀猴,乌龟请大老爷给猴子命名:或叫秦桧,或叫汪精卫,或叫李登辉,或叫陈水扁。由大老爷"一锤定音"。判决也只有大老爷才有那个"生杀大权"。大老爷问猴:你是不是陈水扁?陈水扁,顽固不化,死不认罪,只是眨眼到处看。大老爷宣布:"验明正身,执行枪决!""执行庭"的"执行官",有时是随从,有时是"秘书",有时是专业"刽子手",狠狠一棒从"陈水扁"的头上砸下去,"陈水扁"一命呜呼!"刽子手"把脑花挖出来,放在酒里,乌龟高高举杯,请大老爷及其贵宾一一品尝："安哉,安哉!"周边客人,一齐围拢来,热烈鼓掌!

当今的"猴酒乐"宴,有人在现场见过欢乐的情景,而"九次宴"因历史久远,谁都没见过那种现场情景,不知是个什么滋味?可唯有韩熙载的夜宴,叫"保身之宴",留下了栩栩如生的现场情景。

在中国历史上写下了浓重一笔的大唐终于走到了尽头,它如同一只轰然倒地的猛犸象,那些执掌兵权的节度使、太守们,像秃鹫一样,分食了帝国的每一块领土,中国又一次陷入了分裂,史称五代十国。这其中的一个小国号称是唐朝的正统庶出,以唐为国号占据着江南一带富庶的地区,这个被称为南唐的小国,经济上富裕,又崇尚诗词绘画的艺术,几代皇帝也都极具才华,以最后一个皇帝——后主李煜最为出名,这一切都颇有盛唐遗风,但南唐在政治上软弱,军事上无能,仅凭长江天险苟活。在南唐朝中有一位三朝元老——韩熙载,他是唐末的进士,是当时著名的才子,他懂乐律,擅长诗文书画,而且富有政治才能。韩熙载本来是山东青州的士族,因父亲死于战乱,而避祸于江南,且在南唐做官,皇帝看重他的才华,让他做太子的老师,并兼做史书的编辑,后又用他的政治才能,让他做了吏部户部乃至兵部的尚书,在每一个职位上,他都做得有声有色。后主李煜准备封他为丞相,但有人举报说,韩熙载每晚都召集许多大臣在他家里聚会,有结党营私的企图。海纳认为,这其实是在南北分裂对峙的局面下,南方士族和统治阶层对北方士族既想利用又有所顾虑的反应。后主李煜派御用画家顾闳中夜探韩府,回来后目识心记,绘制了一幅《韩熙载夜宴图》送给后主李煜。这幅画是怎样描述这次夜宴的呢?它以韩熙载为中心,分"听乐""观舞""休息""清吹"及"宴散"五段场景,第一段韩熙载和宾客们宴饮,听仕女弹琵琶。第二段韩熙载的爱妾王屋山舞蹈,韩熙载亲自击鼓。第三段写客人散后,主人和诸女伎休息盥洗。第四段韩熙载更便衣乘凉,听诸女伎奏管乐。第五段一部分留宿客人和诸女伎调笑。但作为主角的韩熙载,眉头紧锁,若有所思,完全无视眼前的美酒美食美女美乐,他其实并不喜欢这样灯红酒绿的场面,这一切只为掩人耳目,来保全自己。李煜也觉得韩熙载不过是声色犬马,休闲娱乐而已,也就消除了对他的戒心,韩熙载最后在高位上得以善终。

宴会本身对历史并无影响,但这是现在能看到的古代唯一一次宴会场景,因这次宴会而留下的绘画作品《韩熙载夜宴图》,在中国美术史上有重大影响,《夜宴图》的表现技法堪称精湛娴熟,用笔挺拔劲秀,线条流转自如,色黑相映,神采动人栩栩如生。更重要的是使后人了解了那个时代的生活、服饰、陈设和美食的特征和细节。

九次宴中的"项羽和刘邦的鸿门宴"又称阴谋之宴;王羲之和兰亭序之雅士之宴;赵匡胤杯酒释兵权之夺权之宴;成吉思汗的斡难河之宴,又称崛起之宴,以致"猴酒乐"之宴,均与"平民"百姓无多大关联,唯一只有"乾隆的千叟宴"又称"落日之宴"。我们不论他出于何种目的,他总想到了"平民"百姓,不能不说是一件好事。

乾隆五十年(公元1785年)又一次举行了清廷从康熙朝开始五十年一次的盛典——千叟宴,这一年四方来朝,天下太平,仓廪谷实,又适逢庆典,为表示皇恩浩荡,乾隆帝在乾清宫办了这一次规模最为宏大的宴会。有三千多位70岁以上的老人应邀参加了这次宴会,他们大都是皇亲国戚,前朝老臣,也有从民间奉诏进京的老人,乾隆为90岁以上的老人一一斟酒,被推为上座的是一位最长寿的老人,据说已有141岁。纪晓岚还为这位老人作了一个对子"花甲重开,外有三七岁月;古稀双庆,内多一个春秋"。为这次饕餮盛宴,宫廷的御膳房准备了全套的满汉全席,老人们争先恐后、大快朵颐狼吞虎饮的同时,饱学鸿儒们纷纷赋诗吟对,为乾隆皇帝歌功颂德。千叟宴这场浩大豪宴,被当时的文人称做"恩隆礼洽,为万古未有之举"。

这是清朝统治者为了推行儒家仁孝思想,同时也是为了粉饰太平的一次盛宴,不过从尊敬老人孝敬老人这些中华民族传统美德的角度来看待这次宴会,并没有什么问题,当然对历史的影响也不大,能说上影响之外的只有在这次宴会上最终完善了世界上最为豪华的宴席——满汉全席,同时作为宴会的娱乐项目,各地的艺术团体纷纷进京献艺,并通过交流逐步形成了又一项国粹——京剧。但是环顾世界都发生了什么?千叟宴的同一年英国人瓦特发明了蒸汽机,西方开始了第一次工业革命;北美独立战争已经取得了胜利,一个新兴的国家美利坚合众国成立;法国已经在酝酿大革命,资产阶级即将以人权宣言为先导登上历史的舞台。而此时的中国还沉浸在天朝大国的美梦之中,无视世界的技术、制度变革,中国也像极了一个步履蹒跚的耄耋老人,固执而不思进取,这次盛宴可以说呈现了清朝和中国专制社会的最后一抹辉煌。

乾隆的"千叟宴",与历代皇朝以及其他的"宴"相比,以我之浅薄之见,应该说是一个思想认识上的进步,也是一个带有进步性的举动,算是做了一件大好事。那么后人为什么又称它叫"落日之宴"呢？其问题首先还是出在思想认识上，思想落后，目光短浅，而自然闭关自守，看不清外界政治、经济，特别是科技的发展对中国的间接和直接的影响，致使中国长期处于落后状态。当今的中国人，特别是年轻人，仍应记住和吸取深刻的教训，努力学习，向书本学习，向群众学习，到实践中去学习，把目光放远些，向世界学习，学习一切健康的有用的知识和先进的科学技术，使自己成为有用的人。

所以，我们应该知道，我们年轻人应该具备些什么？应该有些什么样的准备才能走向成功之路？我们将来会为国家去做些什么？我们应怎样才能走向世界？

世界上名人的成功之路应该具备的是：

（一）三大要素：德国生物学家巴斯德说，立志、工作、成功是人类活动的三大要素。立志是事业的大门，工作是登堂入室的旅程，这旅程的尽头就有成功。

（二）三大原则：法国天文学家载布劳利格，总结自己的经验有三大原则：广见闻、多阅读、勤实验。

（三）三把钥匙：法国大作家雨果说，人的智慧掌握着三把钥匙：一把开启数字，一把开启字母，一把开启音符。知识、理想、幻想就在其中。

（四）三条秘诀：爱因斯坦达到成功的秘诀有三条，"一是艰苦的劳动，二是正确的方法，三是少说实话。"

（五）三个要求：著名的生物学家巴甫洛夫对立志于科学的青年有三个要求，要学会做科学的苦工，要谦虚，要有热情。

学懂了这些之后，我们心中就有了底，就要去认真学习，做好准备，并应知道未来什么是有意义的，有价值的，有贡献于人类的事,需要我们去做。

对于未来,我们已经有了明确的指导思想和唯物主义的辩证方法,未来的路不论多么艰险,我们都有办法去克服,未来充满希望,洒满阳光,我们应毫不动摇地勇往直前,未来一定属于我们自己。

在前进中,我们始终注意记住六个"不忘记":

(一)不忘记随时"开启思考的大门",知道有个永远"进不去的大门"

人们常说:"要知天高地厚。"又说:"知人知面不知心。"天有多高?地有多厚?是容易知道的;可是别人的"心"有多高,脑袋瓜有多"厚",是难以知道的,甚至你永远无法知道,别人让你知道的,他首先是想知道你,你要想知道的,他不说出来,你就永远不知道。

"天有多高,地有多厚?"从地面算起,算到哪儿为止呢?这里所说的"天高",通常是指大气层的高度。过去认为它厚的约800公里,后来又探测到在距地面1000至2000公里高处仍有空气存在。近20多年,根据人造地球卫星和宇宙火箭考察的结果,在2000至3000公里的高空,也找到了空气分子。在远离地表16000公里的高空,还存在着气体的痕迹。

地有多厚?科学家们推断:地球内部可以分为地壳、岩石圈层、中间层和地核等不同性质的同心圈层。它们的厚度加起来就是地球的半径。

地壳在大陆上厚度平均为60多公里。从地壳以下到深达1200公里处的层圈叫岩石圈层。在岩石圈层以下到离地面2900公里间,叫中间层,或叫中间带。中间层以下,到地球的中心部分是半径达3471公里的核心,就是地核。其外核平均厚2200公里,内核半径为 1271 公里。

"天有多高，地有多厚"，有了答案。可那人的"心"，瞎猜它可能是天有多高，"心"就有多高，地有多厚，"心"就有多厚，这个话不是真理，因为动用卫星和宇宙火箭也可能探测不出结果来。

有个《巧媳妇请客》的故事：

有一位巧媳妇在家中请客，宾客满座。有位客人问道："今天共请多少人？"她忙着洗碗，随口说道："我这里有五十五只碗。每人一只饭碗；两人一只汤碗；三人一只菜碗。这样分配，正好用完。请你替我算一算，今天来了多少客人？"

巧媳妇给我们出了道题，是叫我们去思考，所以我说要随时"开启思考的大门"。

世界著名的成功学大师拿破仑·希尔曾著过《思考致富》一书。为什么是"思考"致富，而不是"努力工作"致富？研究表明，最努力工作的人最终绝不会富有，因为他没有运用自己的智慧。如果你想变富，你需要"思考"，独立思考而不是盲从他人。富人最大的一项资产就是他们的思考方式与别人不同。如果你做别人做的事，你最终只会拥有别人拥有的东西。

致富有捷径吗？成功学大师拿破仑·希尔的回答是肯定的。

拿破仑说致富的捷径是：以积极的思考致富并且有积极的心，相信你能，你就做得到!不管年龄大小，教育程度高低，都能够招徕财富，也可以走向贫穷。各行各业的人士，都不要低估思考的价值。

走捷径的人一定知道自己的目的地。不论中途遇到何种障碍，都必须继续下去，否则永远到达不了目的地。希尔列出了 17 项改变你的世界的成功法则，这些法则包括：设定目标；组织智囊团;培育吸引人的个性;应用信心;多付出一点点;创造个人进取心;培养积极心态;控制热情;加强自律;正确思考;控制注意力;激发团体合作;从逆境和挫败中学习;培养创造力;保持健康;预算时间和金钱;动用自然习惯的力量。

希尔强调:你必须培养积极的心态,应用这些成功的法则,影响、运用、控制及协调所有已知及未知的力量。你要能够为自己思考。

(二)不忘记中国是发明的国度,自己应理直气壮

英国学者著书介绍,中国的一百个世界第一。现代世界赖以建立的基本发明创造,可能有半数以上是源自中国。这一鲜为人知的事实是英国学者坦普尔在他所出版的《中国——发明的国度》一书中披露的。

坦普尔是在英国著名科学家李约瑟博士指导下编写这本书的,该书介绍了中国的一百个世界第一。他说西方人不了解上述事实,中国人自己有很长时间也对自己的成果一无所知。当耶稣会传教士向中国人展示一架机械钟时,中国人既惊讶又敬畏。而实际上首先发明机械钟的正是中国人自己。

除了指南针、印刷术、纸、火药是人们广为知晓的中国四大发明外,现代农业、现代航运、现代石油工业、现代气象观测、现代音乐、十进制数学、纸币、多级火箭、水下鱼雷、毒气、枪炮、降落伞、载人飞行、白兰地、威士忌,甚至蒸汽机的核心设计等等,都是源于中国。

坦普尔认为,人们之所以不知道这些重要的确凿的事实,中国人无视自己的成就,无疑是重要原因。如果发明创造者自己不再要求承认这些发明权,甚至连记忆都淡薄了,那么发明创造的享受者为什么还要恢复真相,为创造者争回发明权呢? 因此,有必

要从东方和西方两个方面纠正那种错误的看法。坦普尔指出，揭开真相的是杰出学者李约瑟博士一生中重要的成果。

坦普尔指出，中国农业发展最早，必须牢记这一个事实：为工业革命奠定基础的欧洲农业革命，只有在从中国引进各种思想和发明之后才得以出现。普及条播方式，加强中耕除草，采用"现代"播种方法，用铁制犁铧深翻土地，使用高效率的畜力牵引器具等都是中国首先创造的。

坦普尔还认为，今日的技术世界是东西方文明的共同产物，其紧密结合程度至今还令人难以想象。现在是人们都要认识和尊重中国贡献的时候了。

中国人，不论过去和现在都是善于发明创造的，34 岁的丘成桐教授，就是首获菲尔兹奖的中国人。

在 1983 年国际数学家大会上，有位荣获菲尔兹奖而闻名于世的中国数学家，他就是年方 34 岁的丘成桐教授。菲尔兹奖是国际数学界的最高奖，每四年颁发一次，表彰在数学上有卓越成绩的，年龄不超过四十岁的青年数学家。丘成桐是获得该奖的第一个中国人。他以在微分方程方面的很深造诣，彻底解决了著名的"卡拉比猜想"以及复变函数和广义相对论方面的两个猜想，开拓了数学研究的一个新方向。

丘成桐于 1949 年 4 月 4 日生于广东省汕头市，从小随父母移居香港。由于年幼丧父，家境贫寒，在艰苦的生活条件下，他刻苦学习，在香港培正中学和中文大学读书时，数学成绩最佳。后到美国加州大学伯克莱分校深造，22 岁获博士学位，现为美国普林斯顿高等研究院终身教授。这一事实说明，炎黄子孙的聪明才智，绝不比任何一个国家的人差。丘成桐在美国生活，工作了十年多，至今仍未加入美国国籍。1983年12月,他应中国科学院数学研究所所长华罗庚的邀请来华讲学。"我是中国人,要尽中国人的本分,要为祖国数学事业出力。"这就是丘成桐教授所表达的爱国之情,所以,他很理直气壮。

(三)不忘记扩大对外交往,为我们提供了机遇

有了机遇,绝不要放过,首先要学会与各种人交往,其次要抓紧机遇,迎接挑战。学会与他国人民交往。

在与外人的交往中,用眼的习惯都各不一样。眼睛在人类的交往与接触中,有很大的作用。世界各国人民举目用眼一般都有自己独特的风俗习惯。

瑞典人交谈时,喜欢你看着我,我望着你;而英国人在谈话时,互相对视的情况就要少得多。居住在美国西南各州的那发赫人非常注意教育小孩切莫打量自己的交谈者。南美洲维图托族和鲍罗罗族的印第安人互相攀谈时,眼睛务必东张西望,四处打量:如果某人对三个以上听众讲话,或者长官向一群庶民作报告,或某翁给伙伴们讲故事,他们必须背对听众,眼望远方侃侃而谈,酷似自言自语的神圣失常者。

日本人在闲谈时喜欢看着对方的脖子,他们认为直截了当地盯着谈伴的脸面是不礼貌的举止。非洲肯尼亚卢奥部族明文规定,女婿与岳母不得面对面交谈,若有话要讲必须背对着背,各向一隅;土耳其境内凡湖畔的居民信奉这样一种习俗:夫妻攀话伊始,双方都要闭目片刻,意为:"我聚精会神地洗耳恭听呢!"居住在安哥拉维拉省的基姆崩杜族人,每当宾客来临,便不断地眨巴左眼,表示欢迎,这时,客人则猛眨右眼,以示谢意。在波兰的亚斯沃、萨诺克、新宋奇、普热米什尔等地区,弟妹和兄长对话时,前者

自始至终都要眯缝着眼睛,含有谦卑之意。

在地中海诸国,人们普遍奉行一种信仰:呆滞的目光是不吉祥的凶兆,是邪魔的化身,它会给人带来灾难和祸害。这种迷信思想早在 17 世纪就十分盛行,至今并未泯灭消迹。故此,地中海各国的人们力避直眉瞪眼,愣怔而视,以免招惹是非,引起麻烦。他们习惯闪电式的狂视,羞于迅速收回目光。

阿拉伯人举目投眼的习俗却大相径庭,迥然不同。阿拉伯人认为,对攀话的人凝目而视乃起码的待人礼节,人人都应如此,个个务必这般。在那里,父母不厌其烦,日复一日地教诲子女:目光旁落地与人对话乃侮辱他人的行径,两眼直勾勾地望着对话人是尊敬庄重之举。

在对外交往中,我们应始终注意一个问题:"抓紧机遇,迎接挑战。"

我国著名国际问题专家宦乡提出:要赶上世界先进技术水平,我们现在就应该抓紧发展知识密集型和技术密集型产业。如果只是先发展基础工业和传统工业,即把西方国家 19 世纪 80 年代初的工业技术水平作为我们本世纪末要达到的目标,那么到 21 世纪初,西方的水平又向前发展了。我们同最先进的水平相差仍是 10 至 15 年。

宦乡认为,迎接新技术革命,我国重点是发展电子计算机、生物工程和光纤通信。对于其他的知识密集型产业如激光、核能等,以及其他劳动密集和资本密集的传统产业,如纺织、成衣等也要注意发展。

为了赶上国际工业技术水平,宦乡建议:

第一,建立一个效率很高的国际经济讯息系统;

第二,建立一个生产、科研、教育三结合的新技术密集和知识密集的基地;

第三,改革教育制度,将填鸭式教育方法改成能启发人的思维能力和创造力的教育方式。

(四)不忘记落后就要挨打,改变落后是我们的责任

中国有史以来就是一个发明大国,这是一个不可辩驳的事实,那为什么会长期落后呢? 其主要原因是历代统治阶级,出于私利搞愚民政策,对于民众的智慧,他们不是鼓励支持;对民众的发明创造,他们不是采取扶持、奖励,而是视而不见,听而不闻,不当回事,"折了厅堂放风筝——只顾风流不顾家"。

历史上有个《粪桶打大炮》的故事:

1841 年 1 月,清朝投降派琦善背着清政府与英军订立了《穿鼻草约》,英军在香港张贴告示,声称香港已属英国所有,对此,香港和广州各阶层爱国人民一致表示反对。为了维持"天朝"体面,道光皇帝于 1 月 27 日下诏对英宣战。他任命皇侄奕山为靖逆将军,户部尚书隆文、湖南提督杨芳为参赞大臣,调军队一万七千人,开往广东。

3 月,号称清朝"名将"的杨芳先于奕山到达广州。杨芳不学无术,看到英舰横行无阻,炮火猛烈,认为其中必有"邪术",于是他想出一条"妙计",名曰"以邪制邪"。他命令地方保甲遍收民间粪桶(马桶)载于木筏之上,出御乌涌炮台。他幻想马桶碰上英舰可使其炮火失灵。结果"妙计"不中用,英军长驱直入,逼进了广州城郊。当时,有人赋诗嘲讽杨芳说:"粪桶尚言施妙计,秽声传遍粤城中。"封建官僚不懂科技昏庸愚昧,由此可见一斑。结论:科技落后必遭挨打。

今天,我们中国人站起来了,国家繁荣昌盛了,鸟枪换大炮了,但切不可忘记历史教训,必须继续努力,奋力拼搏,发展科技,建立强大的国防,保卫幸福的家园,这是我们每个中国人特别是有高智慧的年轻一代,这是我们义不容辞的责任!

(五)不忘记摔倒之后,要学会站起来

我们在前进之中,不要怕失败,失败了要勇于站起来,继续向前,最后胜利必将属于自己。

摔倒之后能站起,并能获得成功的人,中国古已有之,不胜枚举。明代著名医学家李时珍,曾三次考举人,三次失败。后来他立志学医,经27年写成流传千古的巨著《本草纲目》。自学成才的苏阿芒在成名之前,曾连续三年报考某大学外语系,均未被录取,后来他发奋走自学之路。数年之后,他学会了意、英、德、法、俄、波兰、瑞典、捷克、西班牙等三十多个国家的文字,尤其在世界语言方面的造诣更深,被誉为"世界语大师"。

(六)不忘记积极推销自己,是自尊的表现

积极推销自己,首先要解决好一个认识问题,传统习惯认为,推销自己是不自量力,是自满的表现。这种观点和行为,应做具体分析,自己没本事,不好好工作,不认真学习,掌握知识,积累经验,老是觉得自己是千里马,没被发现,就千方百计,推销自己,那就是"叫化子不拿棍儿——找着受狗的气";反之,如果你一切都准备好了,自量自己的能力也有个十拿九稳,在某种特殊而又适当的情况下,不妨可以推荐一下自己,你说我不行,那就来个"空穿坎肩作揖——露两手你瞧瞧"。发达国家就提倡自己推销自己,他们认为,那是对自己能力的自信和自尊的表现,未尝不可呢?

我们的祖先就有自己推销自己的,而且成功了,还为国家作出了很大的贡献。"鉴真东渡"就很说明问题。

"鉴真东渡",使中日人民的友谊源远流长,唐代的鉴真和尚对这一友谊的发展作出了重大贡献。

鉴真是扬州人,十四岁出家为僧。鉴真是他的法号。公元742年,在中国留学的两个日本留学僧,到扬州大明寺(今法净寺)拜访鉴真,鉴真热情迎客,借机积极宣传佛教,日本留学僧听后十分感动,当即邀他到日本传播佛教,鉴真即速准备东渡。但第一次东渡没有成功,鉴真并不灰心,接着第二次、第三次、第四次、第五次都因遇到狂风恶浪而失败。这时鉴真已年过六十,双目失明,但他东渡日本的决心毫不动摇。745年1月,鉴真终于乘船到达日本,实现了东渡传教的意愿。

在日本,鉴真不仅传播佛教,还传播中国的雕塑和建筑艺术,并介绍中国的医药知识,对日本文化有很大影响。鉴真参与修建的唐招提寺,至今仍是日本人民的瞻仰圣地。

韩信在被杀头的关键时刻推销了自己,不但保住了自己的老命,而且受到了重用。

刘邦最初没有重用韩信,这使韩信十分苦闷。他工作没有干劲,而且还和一群人一起犯了法,依照法律要处以砍头之刑。执行那天,当韩信前面的十几个人都被砍了头时,他忍不住心中的悲壮情感,面对监斩的人大声呼喊:"汉王不是要争夺天下吗? 为什么要白白地杀掉英雄豪杰呢?"监斩的人听到韩信的话猛然一惊,觉得奇怪,便仔细打量一番韩信,发现韩信仪表堂堂,具有英雄人物的气概,于是将他释放。在交谈中,发现韩信十分有才华,志大才高,便把他推荐给了刘邦,从此,韩信受到刘邦的重用,他的军事天才也尽显发挥,为刘邦立下了汗马功劳。

四十二 | 快乐开心度人生
定了大事绝做成

　　快乐人生是一种习惯，当一个人浑噩度日的时候，他忘了阅读好书是一种习惯，当一个人工作疲惫的时候，他忘了认真休息是一种习惯。人一生应该当个"乐天派"，穷也快乐，富也快乐；工作也快乐，休息也快乐。也就是要会生活，会生活的人必定会工作，会快乐地去迎接生活，会对生活充满信心，充满希望，会去努力地做出为自己所预定的目标而开创优良美好的、全新的受人羡慕和爱戴的业绩来。

　　季米特洛夫有句名言："我们必须每天改正自己的缺点，提高自己的能力。能力可以达到百分之五十或者百分之八十，如果有自我批评精神，听取内行人的劝告，就能够达到百分之九十或者更多。"这些话说得好，我们应该随时反思自己，有了缺点，要勇于改正，赋予进取之心，来努力提高自己的能力。提高什么样的能力呢？知识是高山、是河流、是海洋，我们应量体裁衣，找准自己的位置，自己是通才还是专才，首先自己要认清自己。

　　何为"通才与专才"？通才，是指既有一种专业，又有广博的学识,基础扎实、思想活跃的人才;专才,是指精通一种专业的人才。通才与专才,是人才中两种不同的类型。

亚里士多德、达·芬奇、罗蒙诺索夫、张衡、沈括、郭沫若等,都可以说是通才;而伽罗华、李白、杜甫、怀素、陈景润等,则可以说是专才。

随着现代科学技术的发展,科学技术高度分化又高度综合,科学之间相互渗透、相互交叉,产生了许多边缘学科,目前学科门类已达两千种以上。为了适应现代科技发展的形势,世界各国都很重视"通才教育"。美国威斯康辛大学在确定学生的培养目标时指出:"不再培养株守一隅的狭隘的专家,而要为他的学生提供关于环境问题的广泛的普通教育,不管这个学生学业领域或职业前途如何。"法国学者提出高等教育应培养既有广阔得多的视野又对某些新的问题或新的设想有高度的造诣,不受科学的历史界线束缚的人。

我国近年来在教育方面进行了一系列的改革,逐步改变过去那种专业划分过细的现象,强调在传授知识的同时,培养学生发现问题、解决问题的能力。

不论你是通才还是专才,都必珍惜时间,努力学习,像现代著名爱国主义者沈钧儒先生那样"立志须存千载想,闲谈无过五分钟"。

这副楹联是沈钧儒先生在1947年6月写下的,沈老最珍惜时间,对无谓的闲谈是反对的,因为他的工作很忙,把有限的时间和精力都放在民族解放的事业上。他这种珍惜时间的精神,又是同革命理想之志统一的。立志要立大志,立"千载想"的大志,立志又要崇尚实干,绝不能无端消耗时间。

现在,大家都在为实现四个现代化争时间,抢速度,可有的人却空喊"忙呀""时间不够呀",而就是不切切实实地干,喜欢找人天南地北地聊天,正如鲁迅先生所说:"急不择言的病源,并不在没有想的工夫,而在有工夫的时候没有想。"沈老的这副楹联,对于一些不爱惜时间的人们,想来是有好处的。

我们应该像沈钧儒先生学习,珍惜时间,多读点书,多积累点知识,去迎接新的挑战。

(一)专与博相结合

现代信息的大容量决定了你想成为全才是有可能的。必须选择专攻的方向去突破,才会有所建树。但是这种专,又不能离开一定的博。现代科学的特点是相互联系相互渗透,边缘科学层出不穷。如果你不具备广博的知识,就不能触类旁通,有所创新,因此,要专与博相结合,才能相得益彰。

(二)积累与学习相结合

信息的广度与深度,为积累提供了坚实的基础。积累的目的是为了运用,因此,还必须不断地学习。

(三)继承与创新相结合

创新的过程也就是在继承的基础上创造性地突破,它是继承的目的,它是一种质变的飞跃。

(四)目标与调节相结合

每个立志成才者,一旦确定了既定的目标,就得百折不挠地坚持下去,但随着现代信息的传播,你还得学会控制与调节,甚至修正原定的目标,使其更加科学合理,最后达到成功。

(五)现实与未来相结合

在现代信息面前,使你得以充分了解当今所发生的一切世事。但信息仅仅是提供思考的材料。这就需要你在充分的信息面前见微知著,推断未来。这样你在一大堆信息面前才不是被动的。

懂得了通才与专才的知识和特点,我们应该向季米特洛夫所说的那样,"要听取内行人的劝告",专业要专攻,专业必专攻,有个"名人三诀录",通才、专才都需读,并且应记住:

著名物理学家爱因斯坦成功的"三大秘诀":要做艰苦的工作,要有正确的方法,要少说空话。

法国生物学家巴斯德勉励后辈的"三大要素":立志、工作、成功。

俄国生物学家巴甫洛夫对青年的"三大祝愿":循序渐进、谦虚、热情。

英国化学家戴布劳克利治学的"三大原则":广见闻、多阅读、勤实验。

著名作家高尔基创作有"三借":借哲学形态化为思想,借科学形态为假设的理论,借文学形态化为形象。

郭沫若期望青年具备"三大基础":思想基础、科学基础、语文基础。

美学老人朱光潜要求自己的"三此主义":此身、此时、此地。

苏步青教授倡导的"三种学风":严肃、谦虚、刻苦钻研。

著名学者李泽厚"成功三道":提高时间效率,学会看书,培养独立思考和研究能力。

三国魏人董遇活学"三余":冬者岁之余,夜者日之余,阴雨者晴之余。

南宋哲学家朱熹读书有"三到":心到、眼到、口到。

北宋大文学家欧阳修做文章多在"三上":马上、枕上、厕上。

"内行人的劝告"，精彩，简练，深入浅出，我们应该细细地品尝它的内涵和哲理。不管你是通才或是专才，一定会有很大的帮助，我们应该虚心地学习，不懂不要装懂。

"好问则俗，自用则小"这是周恩来在青少年时期写的一篇文章中的一句话。意思是说，经常请教别人，自己的知识就能丰富，独自一人琢磨，不与他人共同研究，知识领域就会狭小，进展缓慢。

古往今来，有学问的人无一不是勤学好问。孔子就是"入太庙，每事问"。他周游了列国，每到一处都对那里的政事、风土人情进行了解，遇事爱问。

孔子的三千弟子、七十二贤人，在孔子面前也是靠发问获得知识的。流传至今的《论语》《孝经》等书，就是孔子和他弟子的问答记录。数学家华罗庚认为，"学问学问除自学外，还要不耻下问"。他的一生，就是在这种思想的指导下，才取得举世瞩目的成就的。

当然，好问也要注意方式方法。首先，态度要诚恳，发问要谦虚，不能用咄咄逼人的语气。其次，发问前后自己也要多加思考，不能当思想懒汉。如果问而不思，则得来的知识也是不能牢固的。

圣西门这样说过："必须让有天才的人独立，而人类应当深刻地掌握一条真理，即人类要使有天才的人成为火炬，而不要让他们忙于私人利益，因为这种利益会降低他们的人格，使他们放弃真正的使命。"

一个人一旦立了志，有了目标，就绝不放弃，这样的人就有可能成为火炬，古今中外，数不胜数。

《聊斋志异》的作者蒲松龄，自幼聪明，才智过人，但每次赴考都名落孙山。由于落第对他打击太大,他便愤而放弃科举考试,转而著文。为激励自己发奋写作,他在自己压纸用的铜条上刻了一副对联——

有志者,事竟成,破釜沉舟,百二秦关终属楚

苦心人,天不负,卧薪尝胆,三千越甲可吞吴

这副对联,运用项羽破釜沉舟,大破秦兵和越王勾践卧薪尝胆、灭吴雪耻这两个历史故事,表达了自己不达目的,绝不罢休的决心。

从此,蒲松龄埋头撰书,从不懈怠。为了收集素材,他专门设了一个茶摊,供往来路人饮用,通过闲谈,得到不少素材,终于创作出了《聊斋志异》一书,为我国古典文学树起了一块丰碑。

世界著名的政治活动家,第二次世界大战期间的英国首相温斯顿·丘吉尔,曾经比我们任何人都讨厌学习。

丘吉尔1874年生于英国牛津郡的一个贵族家庭。他从来没有学过法语和拉丁语,最讨厌数学,在预备学校念书,成绩总是班里倒数第一名。他立志当军人,但连续三次投考军事学校都落第了,直到第四次才考上。

大学毕业后,22岁的丘吉尔随部队进驻印度。这时他才开始醒悟到自己的无知:“我什么也不知道,太可怜了。从今以后再也不能这样下去了。”他下决心发愤自学,并且付诸行动。他让国内的亲友邮来课本书籍,刻苦攻读,充分发挥自己的天赋,把这些知识融会贯通。他一刻不忘“我曾是个劣等生”,把注意力和记忆力都用在学习上。他的求知欲极强,像干涸的沙地吸水那样拼命接受知识。他这段时间的学习,为他以后成为一个擅长写作和演说的名人打下了基础。

退伍后,丘吉尔曾担任记者,他写的新闻报道,常吸引着广大读者。26岁时,当选为国会议员,开始了他的宦海生涯。

一个人只要自己善于思考,树立雄心壮志,并决心为你所既定的目标而奋斗,不达目的不罢休,最后的胜利一定属于你自己。

你的事业成功了,还应不断地学习,活到老,学到老,快乐开心度人生。那么,怎样才算快乐开心呢?

(一)学点插花艺也"开心"

插花艺术构成的基本规律是多样统一和不对称的均衡,具体要掌握"六法":

(1)高低错落:花朵的位置要高低前后错开,切忌插花在同一横线或直线上。

(2)疏密有致:每朵花每张叶都具有其观赏效果或构图效果,过密嫌繁杂,过疏显空荡,有疏有密恰到好处。

(3)虚实结合:花为实,叶为虚,有花无叶欠陪衬,有叶无花缺实体。

(4)仰俯呼应:上下左右的花朵枝叶要围绕中心顾盼呼应。

(5)上轻下重:花苞在上,花朵在下,浅色在上,深色在下,显得均衡自然。

(6)上散下聚:花朵枝叶基部聚拢,似同根生;上部疏散,多姿多态。

插花为了开心,种花也开心,可千万别种有毒的花。据有关专家研究,有52种含有致癌物质的植物不宜在家庭种植。这52种植物是:石粟、变叶木、细叶变叶木、蜂腰榕、石山巴豆、毛果巴豆、巴豆、麒麟冠、猫眼草、泽漆、甘遂、续随子、高山积雪、铁海棠、千根草、红背桂花、鸡尾木、多裂麻疯树、红雀珊瑚、山乌桕、乌桕、圆叶乌桕、油桐、木油桐、火殃勒、芫花、结香、狼毒、黄芫花、了哥王、土沈香、细轴芫花、苏木、广金钱草、红芽大戟、猪殃殃、黄毛豆付柴、假连翘、射干、鸢尾、银粉背蕨、黄花铁线莲、金果榄、曼陀罗、三梭、红凤仙花、剪刀股、坚荚树、阔叶猕猴桃、海南蒌、苦杏仁、怀牛膝。

有的花虽无毒，也很美丽，所以人们常在室内摆放一些花草美化居室和观赏。须知，有些花卉所散发的气味对健康不利，因而不宜在室内久放。比如：

①月季花：香味会使某些人闻后突然感到胸闷不适、憋气与呼吸困难。

②紫荆花：它所散发出来的花粉，若与哮喘或呼吸道疾病患者接触过久，会使病情加重。

③兰花：人若闻其香味过久，会由于过度兴奋而导致失眠。

④夜来香：晚上能大量散发出强烈刺激嗅觉的微粒，如闻之时间长了，会使老年高血压、高血脂、心脏病患者感到头晕目眩，郁闷不适。

⑤郁金香：花朵含有一种毒碱，如果长期与它接触，会使人的毛发加快脱落。

⑥夹竹桃：人若闻其花朵散发出的气味过久，会导致昏迷、呕吐、腹泻，甚至智力下降。

室内应摆放君子兰、百日红、牡丹、芍药、杜鹃等花卉，这些花既赏心悦目，又无害健康。

但有的花卉既美丽，还可使室内空气新鲜。比如：吊兰，是净化空气的能手，一盆吊兰置于室中，24 小时能将室内的二氧化碳、过氧化氯和其他挥发性气体吸净，这些有害气体被送到根部，经土里的微生物分解,变成吊兰的营养物质。

夜间释放新鲜氧气的花卉常见的有仙人掌、虎皮兰、虎尾兰、凤梨、龙舌壮、肥厚景天、紫花景天等。仙人掌类植物之所以能在晚上吸收二氧化碳,释放氧气,这是因为它们原产于热带干旱地区,为了减少水分蒸发,吸收二氧化碳,它们的表皮气孔,白天半闭,晚上释放,这是植物在生长过程中实现水分自我保护机制的作用。

(二)学点集邮也"开心"

世界三大热,旅游热、体育热、集邮热,在这三热中,又以集邮热更为普及。在美国和西欧一些国家,人们宁可将钱购买邮票,也不将钱存入银行。他们认为邮票不仅可以保值,而且可以增值。美国将近四分之一的人集邮。有200多种集邮刊物。日本的家庭一般有三个册子,即账簿、相册和邮册。美国宾夕法尼亚州的邓普尔大学,还办了集邮系,毕业后能获得学士学位。

世界上第一枚邮票的由来:传说在1840年,英国绅士罗兰·希尔在伦敦街上散步,看到一个送信的人,把信交给一个少女看,然后向她要邮费。这个姑娘看了一下说:"我没有钱,把信退回去吧。"送信人便和姑娘吵起来。罗兰·希尔看到这种情况,代她付了钱。姑娘说:"先生,我家很穷,没钱付邮费收信。我和哥哥事先约定,假若他身体安好的话,他就在寄给我的信封上画个圈圈,我看到这个标记就不必取信了。"罗兰·希尔便向英国政府建议,发行一种邮票,寄信由发信人出钱买邮票,并将邮票贴在信封上,作为邮资已付的凭证。英国政府采纳了他的建议,于1840年5月首次发行世界上第一枚邮票。罗兰·希尔被选为皇家邮政大臣。

有趣的邮票传说。世界各国的青年因制度、地域、文化的不同,表达爱情的方式也就各有千秋了。最近几年,美国、英国、法国、德国等国家流行一种"无字的情书"——邮票。邮票贴的位置不同,表达的"语言"也不同:

邮票倒贴,意味着我已经爱上了你,但不敢冒昧地向你开口求婚。

邮票向右斜贴,意味着我向你发誓,我以后再也不生你的气了。

邮票向左倾贴,意思是很抱歉,你能给我一个改错的机会吗?

两张邮票对贴,那就表示看到你和别人那样情意绵绵,我就火冒三丈了。你务必想着我,给我更多的柔情。

两张邮票并贴在一起,表示你是多么漂亮!作为你的朋友,我感到无比骄傲和自豪!

两张邮票倾斜对贴,表示我只想和你一个人单独在一起,请别带上你的朋友,好吗?

两张邮票倾斜贴在信封的上端,表示为什么我俩的关系仅只是握手而已呢?

三张邮票贴在一起,表示你真的爱我吗? 我等着你的答复。

我们集邮,只是一种爱好,一种情趣,而不是为了发财,什么都为了钱也没什么意义。不能像夏洛克,他是外国名著中的四大吝啬鬼之一,英国作家莎士比亚所创造的《威尼斯商人》中夏洛克是资本原始积累时期旧式高利贷商人的典型。他为了清除在威尼斯放债的敌手,竟设置圈套,后来又乘人之危,强要对方胸前的一磅肉,最后终因失败破产。

(三)学会化妆也"开心"

随着生活的提高,人们讲究一下容貌美是很自然的。化妆是美容的手段之一。化生活妆是通过恰到好处的方法,强调和突出面容本来所具有的自然美,遮盖和减弱某些不足,达到使人美观、精神的效果。具体方法如下:

1. 上底油。在洗净的脸上搽点护肤油,盖住毛孔,保护皮肤。

2. 上粉底。淡淡地扑上一点粉底霜,以调整不够理想的肤色,但不可过多,以免盖住皮肤的光泽。

3. 搽胭脂。两颧刷些胭脂,向四周匀开,使脸色红润,给人一种健美之感。

4. 画眼睛。用眉笔在靠近睫毛的眼眶边,上下各画一条眼睑线,以突出眼睛的神采。

5. 描眉。眉毛要画得真实自然,眉形不好的还要略加修拔。

6. 涂口红。一般人按照本人嘴形涂抹即可,年轻人宜用淡色或桃红色,显得娇艳,中年妇女用色可稍重一些,可保持庄重。

姑娘画妆四忌。有些姑娘喜欢用化妆品美化自己,可有时却被化妆品破坏了她的自然美。这里选四种最常见的毛病,请对照一下自己:

1. 过火的唇线。天生有一片较厚的上唇,如果唇膏涂得太宽,就会平庸粗俗。

2. 太深的眼线。如在眼睛周围画上厚厚的黑线,会使你老气,如果你把眼线画得淡一些,看来会比较年轻。

3. 太浓的眉毛。应该用细细的羽毛状线条来填补稀疏眉毛的空隙。如果画得又宽又显眼,会使你显得蠢笨。

4. 胭脂的边缘。胭脂使你双颊近似健康的玫瑰色,其边缘逐渐变淡,与皮肤融合。胭脂与周围皮肤之间,不要有截然的分界线。

化妆与人的发型也有关,所以,应知道哪些女性不宜留长发:长发飘逸秀美,但不是所有的女子都适合留长发。

1. 额头窄小,鼻梁低陷者。此类型的女性脸部缺乏立体感,如果留垂直长发,脸部两侧被遮盖,更显不出五官来。

2. 后脑勺扁平者。一般来说,额头微圆,后脑突出的头型,适合梳理各种发型。后脑扁平的人,则不宜留直长发,将头发剪短,梳理得较为蓬松会漂亮得多。

3. 颈部粗短者。颈部粗短者,缺少挺拔美,若再将头发留长,就更强调了头与肩部的压缩感。

4. 身材矮胖者。矮胖的女性最好打扮得干净利落,适合留短发,若长发披肩,会显得更矮小。

5. 头发稀少者。头发稀少又要留长发,会显得头发更少,丝毫不能增加美感。

(四)做个好丈夫也"开心"

怎么才算个好丈夫呢?现在的女青年,并不都希望自己的丈夫有"气管炎"(妻管严),他们都需要自己的丈夫具有忠诚、豁达、体贴的本质。

忠诚,就是说要始终如一。忠实于妻子,忠实于爱情。不朝三暮四,不背着妻子寻欢作乐,搞不正当的关系,这应该成为当丈夫的第一条准则,也是建立幸福美满家庭的可靠基础。

豁达,就是说要胸襟开阔、思想开朗,在生活小节上不要斤斤计较,这是处理夫妻关系的一个极好处方。在思想与作风、工作与学习、计划开支、孩子教养等重要问题上,丈夫应多担当起一些责任。对于那些无伤大体的生活小事,则不耿耿于怀,这样能使你减少烦恼,生活更有情趣。

体贴,是指对妻子要关心爱护。一般地说,妻子由于心理和生理的关系,在工作、学习和生活上会遇到比丈夫更多、更大的困难,做丈夫的应善于体贴、关怀和帮助,主动承担一些繁重的家务劳动,尤其在妻子生病、怀孕、产后,丈夫更应在家务、饮食、脾气等各方面给对方体贴和照顾。

青年朋友们,当你新婚燕尔时,更应考虑如何做一个好丈夫的问题,使爱情永葆青春。

(五)常进厨房也"开心"

在一般家庭中,应学会主动常进厨房,一可增强家庭成员之间的感情;二可起到锻炼身体的作用;三可懂得一些家用常识。比如"食醋的奇特妙用":

1. 在果汁罐头中加一点醋,可以消除果汁中的铁锈味;

2. 将鱼放入滴有少许醋的清水中,能刺激鱼外吐泥沙;

3. 水壶底有了水垢,只要加些醋和水,烧开后即可除净;

4. 温水瓶中有了积垢可放入一杯醋,倒入开水,经过 12 小时后,积垢便会自然脱落;

5. 新买的铁锅烧红后,倒几毫升醋,可刷去铁锈;

6. 新买的瓷制餐具、茶具、酒具放入 10% 的醋水中煮 2—3 小时再使用,可除去新瓷器所含的微量铅,能避免铅毒危害身体;

7. 餐后的食具、茶具、酒具用 1% 的食醋液消毒,能防病毒性肝炎、痢疾、肠炎等疾病;

8. 新上漆的家具用醋擦拭后,不仅可以提高光洁度,而且可以除漆味:

9. 银、铜、铝制器皿变暗发黑或生锈时,用醋涂一遍,干后用清水冲洗,即可恢复光亮;

10. 在牙膏中滴 2 ~ 3 滴醋刷牙,数次后能除去吸烟者牙上的烟垢,使牙齿洁白;

11. 在温热的洗澡水中,加少许醋,能使皮肤光润,肌肉放松,更感舒适;

12. 洗绸缎等丝织品时,在水中加点醋,可使丝绸保持原有的鲜艳光泽;

13. 衣服上沾染了颜色或水果汁污迹,用几滴醋轻搓几下,就能去掉;

14. 在清水中加一汤匙醋,可把玻璃和家具擦得更为洁净;

15. 用棉花蘸醋塞在鼻孔,可止鼻出血;

16. 失眠症患者,睡前喝一杯加醋的冷开水,可以助你安然入睡。

此外,还有"厨师心得"告诉你,"烹调用水有学问":

在日常烹调时,如能把水加得适当,不仅可使饭菜营养成分损失少,而且能使烹调出来的食物更加味美可口。

1. 炒煮蔬菜时,最好加入开水,这样做出的菜既脆又嫩,营养成分损失也少。

2. 谷物中维生素 B_1 的损失与蒸煮时间成正比,所以饭食蒸煮时间要短,最好用沸水下锅。

3. 豆腐下锅前,先在开水中浸泡 10 分钟,可以除去异味。

4. 蒸鱼、蒸肉时,水滚后下锅可使鱼和肉的外部突然遇热而收缩,内部鲜汁不致流失,熟后味美有光泽。若炖鱼、炖肉则宜冷水下锅,这样既除腥味又增鲜味。

5. 煮鸡蛋或煮鸭蛋时,先将蛋放在冷水中浸泡,再放入热水里煮,这样蛋壳不易破裂,还容易剥壳。

6.蒸馒头时,应用冷水,这样蒸出的馒头外观美、口感好。油炸馒头前,应先在冷水里浸一下再炸,这样省油,且外焦里嫩。

7.用鲜肉炖汤时,应待水开后再下肉;用腌肉炖汤,则宜冷水下料。

(六)善于安慰别人也"开心"

家庭成员以及人与人交往交流,不仅是为了获取知识信息,而且也是为了彼此感到温暖与抚慰。当一个人情绪上、心境上处于低潮的时候,采取适时适当的安慰方法,就是"雪中送炭"。

怎样使安慰收到"立体效果"呢?

1.书信式。口头劝慰发生的效力时间短,供人熟思的机会少,那么书信则能扬其所长,发生效力的时间长,勾起深思的触点多。一封妥帖切实、饱蘸感情色彩、渗透哲理真谛的劝慰信能够使被安慰者从自我烦恼的旋涡中走进柳暗花明的新天地,写在纸上比说在口上的更深刻,隽永意味更浓。

2.礼物式。人各有所爱。当得知己送来平时喜好的礼物时安慰感会油然而生,感受到其中的寓意,一束鲜花,能使病榻前的羸弱身体为之一振,感受到大自然的芳香和艳丽,使病人对康复充满信心,倍添乐观;一盒贝多芬第九交响曲的磁带,能使徘徊于坎坷途上的朋友领略到人生的变奏曲,从浑厚、激昂的乐曲声中憧憬未来,奔向光明;一株翠绿的松柏盆景,能使遭受磨难的落难人坚信自己的正义,培养起刚毅的性格……这种借物寓情的安慰往往会产生微妙的作用,使对方了解自己的绵绵之情和独到的匠心。

3.闲逛式。当人处于烦闷时,独自苦思的居多,而这种"静"不利松弛情绪。此时,陪被安慰者出去溜达一下,或郊游,或逛街,边

"游"边叙,边逛边聊,也许在大自然的美景中,在说话的交流中,把包袱卸掉。在中日围棋擂台赛中,中国队主将聂卫平胜了日本片冈聪八段,但形势仍极为严峻,日方还有四员大将,人们盼望聂再取胜,造成他心理的巨大压力。他牌桌上的老朋友万里副总理劝慰他:"不要老想着围棋,去打打牌,打打网球。"果然,他在临战前夕,南下南宁,打桥牌,并得了冠军。这种闲逛式能使心理积淀恢复原状,有利疏通和心理平衡。

4.无声式。人是有感情的,表示感情的安慰未必都要用语言表达。有时候用眼神、动作表示能起到"此时无声胜有声"的作用。在汉城举行的亚运会上,中国足球队经过奋力拼搏,还是未能打进决赛圈。当时球场上的运动员都热泪满面,这时教练在几个队员肩上轻轻地拍了几下,给运动员以无穷的回味和感情上的抚慰。

在安慰中,具体采用何种形式,要根据被安慰者的意愿和特点来选择。

后　记

一个人，从小开始，就应该知道自己这一生应该做一件大事，还是该做两件大事？目标明确了，决心下定了，就应该从始而终，毫不动摇，努力去追求。

记得拿破仑这样说过："想得好是聪明，计划得好更聪明，做得好是最聪明又最好!"任何一个伟大的目标，伟大的计划，最终必然落实到行动上。成功开始于明确的目标，成功开始于心态，但这只相当于给你的赛车加满了油，弄清了前进的方向和路线，要抵达目的地，还得把车开动起来，并保持足够的动力。

不管你决定做什么，不管你为自己的人生设定了多少目标，决定你成功的永远是你自己的行动。只有行动赋予生活以力量，只有你的行动，决定你的价值。

世界上没有任何事情是不可能的，如果你有成就事业的强烈愿望，你已经成功了一半，剩下的就是用你的心去实现它了。

你若渴了，水便是天堂；你若累了，床便是天堂；你若失败了，成功便是天堂；你若病苦了，幸福便是天堂。你若没有拥有过其中的一样,你断然不会拥有别的一样。天堂是地狱的终极,地狱是天堂的走廊。当你手中捧着一把沙子时,请千万不要把它丢弃,因为金子就在其中蕴藏。

传承美德,传承健康文明,传承民众所需的大众文化,是民众的呼呼,是民众的渴求,坚持传承,是"平民"对广大民众应尽的责任。

有钱并不意味着幸福。

这该是上苍的公平之处,谁该拥有"幸福",上苍把权利赐予了每一个人。所有人的机会都是平等的,不会因为你是有钱人,你的快乐和幸福就会比穷人多。同样,也不会因为你是穷人,你就天生该受苦,你的快乐和幸福就会比有钱人少。

上苍给"幸福"设定了门槛,这个门槛,需要用心灵去跨越。所以,我们总是看到那些驾着奔驰、宝马、克林顿轿车的夫妻,坐在驾驶室里脸上总是面无表情;总是看到那些衣食无忧、家财万贯的家庭,为了金钱而使亲情冷若冰霜。反倒是那些寄居城市角落的下岗工、打工仔,有说有笑,把日子过得从从容容、快快乐乐。

有人把"幸福生活"作为一种目标来追求,要去学他,就是一种误导。实际上,"幸福"并不是可以用来追求的,"幸福"在很大程度上是自身的一种修养,一种感觉,那些有智慧的人,心灵平静的人,对人生感悟至深的人,往往能轻轻松松地最先抵达目的地。

沧桑变化,世事无常。

人生在世,有顺畅的,有坎坷的,一言难尽。特别是有坎坷的,然而他却有一颗跌而复生的"心",有一股回头再来的勇气,一旦遇到坎坷事,没有消沉,没有退缩,没有灰心,睁大眼睛,盯着希望!

人的一生是不可能被注定的,人来到了这个世界上,就是为了体验惊喜与激情,跌宕也在所难免。所以,尽一切可能改变自己,丰富自己,享受生活中的各种惊喜,传承健康文明,这才是我们来到这个世上的目的!

万德雄

2007 年 8 月 8 日